NEW 바이러스 쇼크

NEW 바이러스 쇼크

| **1판 1쇄 발행** | 2021년 4월 19일
| **1판 4쇄 발행** | 2023년 2월 10일
| **지은이** | 최강석
| **발행인** | 신은희
| **발행처** | ㈜에듀넷
| **전 화** | 1833-5536
| **주 소** | 경기도 안양시 동안구 엘에스로 142
금정역SK v1센터 621호
| **팩 스** | 031-453-8500
| **홈페이지** | https://book.goodteacherac.com
| **e-mail** | educaremk@educare.ac
| **출판등록** | 2017년 5월 11일
| **등록번호** | 제385-2017-000041호
| **ISBN** | 979-11-90115-10-0

NEW

VIRUS SHOCK

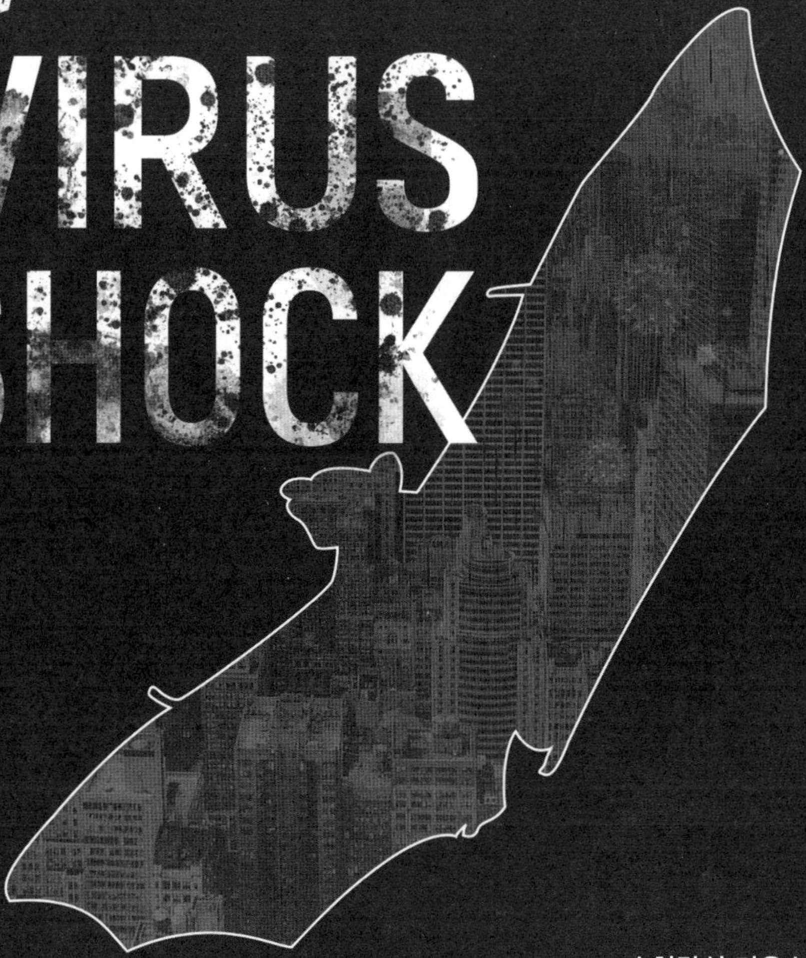

| 최강석 지음 |

NEW 바이러스 쇼크

(주)에듀넷

추천의 글

코로나19 팬데믹은 지구 환경이 건강하고 동물이 건강해야 인류의 건강도 보장받을 수 있다는 경고를 우리에게 보내고 있다. 신종 바이러스 출현으로 많은 사람들이 고통을 받았고, 많은 동물들이 자신의 의지와 관계없이 희생되었다. 앞으로도 우리가 경험하지 못한 바이러스로 그 역사가 반복될지도 모른다. 이제 바이러스는 모든 생명이 건강하게 공존하며 살아가기 위하여 무엇을 해야 하는지 근본적인 질문을 한다. 이 책은 바이러스에 대한 통찰과 혜안을 제시하며, 독자에게 그 고민에 대한 답을 발견하게 해줄 것이다.

한호재 (서울대학교 수의과대학 학장)

코로나 대유행 1년……. 먼 길을 달려와 뒤돌아보니 뿌옇게 어른거리는데 『NEW 바이러스 쇼크』를 읽고 나니 점점 선명해진다. 아직까지 인류는 험로를 헤매고 있는 것처럼 보이지만, 우리가 살고 있는 아름다운 지구는 오랜 세월을 견디고 이 자리에 있고, 파괴와 창조의 교차점에서 우리는 잠을 청하고 꿈을 꾸며 아침을 맞는다. 선뜻 여행을 떠날 수 없는 현실 속에서 이 책을 읽으면, 오랜 시간 흥미진진한 바이러스 역사로의 여행을 떠날 수 있다. 바이러스가 먼저였을까, 생명체가 먼저였을까? 바이러스가 적인가, 아군인가? 지구와 인류의 과거, 현재 그리고 미래를 밝혀주는 『NEW 바이러스 쇼크』. 바이러스 역사를 잘 알았다면 더 좋은 해법을 가지고 조금 수월하게 1년을 견뎌왔을 것 같은 느낌이 든다. 저자의 폭넓고 깊은 지식과 사고가 담긴 『NEW 바이러스 쇼크』를 읽으면서 저자와 다양한 소통을 하고, 저자의 지혜를 단편적으로나마 배웠다. 이 책은 과거를 아우르고 현재를 해설해주며 미래를 밝혀주는 등불과 같은 책이다. 자연을 탐구하는 젊은이는 생명의 신비를 꿈꾸고, 질병의 완치를 찾는 학자들은 새로운 답을 찾게 하는 바이러스 역사서이다. 코로나바이러스가 우리에게 일상이었던 1년, 포스트 코로나 시대로의 항해를 위한 지침서로 권해드린다.

신형식 (대한인수공통감염병학회 회장/대전을지대학교병원 감염내과 교수)

세상의 거대한 판이 다시 움직이고 있다! 경제의 파고가 출렁이고 있다! 이번에는 바이러스가 그 판의 중심에 서서 그동안 경험하지 못한 길을 만들어가고 있다. 기업은 어떤 선택을 해야 할까? 이 질문에 대해 『NEW 바이러스 쇼크』는 그 새로운 길에 들어선 당신에게 세상을 바라보는 새로운 눈을 갖게 해줄 것이다.

권태신 (전국경제인연합회 부회장)

에이즈와 에볼라를 거쳐 신종플루와 코로나19에 이르기까지, 박쥐에서 시작해 닭, 돼지와 말을 거쳐 사람에 이르기까지 최근 몇 년간 인류와 생태계에 지각변동을 일으키고 있는 바이러스에 얽힌 실타래를 차근차근 풀어내는 이야기. 바이러스에 대한 사실적 정보를 씨실로, 이에 대응하는 우리의 현재 상황을 날실로 엮어 바이러스와 함께 살아가야 하는 미래를 현명하게 조망할 수 있게 도와준다.

이은희 (하리하라, 과학저술가)

프롤로그

칠면조의 경고

미국의 한 시골 사람이 시장에서 칠면조 병아리 한 마리를 샀다. 그 칠면조는 시장에서 팔려 가는 내내 자신의 미래가 암울하다는 생각에 두려움으로 떨었다. 그러나 주인이 시골집 마당에 내려놓는 순간까지 아무 일도 일어나지 않았다. 오히려 주인은 집에 도착하자마자 마당 한 구석에 울타리를 촘촘히 치고, 보금자리와 모이통, 물통을 정성스레 마련해주었다. 그리고 칠면조를 그 울타리에 다소곳이 넣어주었다. 다음 날 아침 9시가 되자 주인은 인자한 미소를 지으며 울타리로 와서 모이통에 모이를 넣어주고, 물통에는 물을 부어주었다.

"어? 주인이 나를 모이로 유인해서 해치려고 하는 것이 아닐까?"

밤의 적막 속에 맹수의 습격이라도 받을까 봐 밤새 움츠리고 있던 칠면조는 두려운 마음에 선뜻 다가서지 못했다. 그러나 머뭇거리는 것도 잠시 허기를 채우려는 본능에 주인이 가져다준 물과 모이를 정신없이 먹어 치웠다. 좋은 날이든, 궂은 날이든 매일 아침 9시가 되면, 주인은 한결같이 칠면조에게 모이와 물을 가져다주었다. 매일 똑같은 일상이 반복되면서 칠면조는 주인에 대한 경계심을 서서히 내려놓았다. 주인의 따스한 보살핌과 평화로운 환경 덕에 칠면조는 하루가 다르게 통통하게 살이 붙었다. 주인은 그런 칠면조를 보면서 흐뭇한 마음을 감추지 못했다.

"주인은 나를 해칠 생각이 전혀 없어. 오히려 나를 보며 행복해하는 거! 건강한 나의 모습은 주인의 기쁨인 거야!"

칠면조는 아침이 기다려지기까지 했다. 주인의 모습이 보이면 득달같이 다가가 그의 손에 쥐어진 모이를 보면서 빨리 달라고 마당 여기저기를 뛰어다녔다. 주인이 자기를 사랑한다는 믿음은 날이 갈수록 굳건해져만 갔다.

행복 지수가 극에 달하던 천 일째 되는 날, 칠면조는 어느새 주인의 허리춤에 닿을 정도로 커졌고 무게는 25킬로그램에 달했다. 이날 아침은 쌀쌀한 늦가을 기온 탓도 있었지만 왠지 적막감과 함께 스산한 기운이 스며들었다. 추수감사절 전날이었다. 칠면조는 개의치 않았다. 곧 주인이 자신을 위해 모이를 들고 나타날 것이기 때문이었다.

주인은 아침 9시가 되자 언제나처럼 칠면조 울타리에 나타났다. 그러나 칠면조의 기쁨은 잠시, 주인은 어제의 주인이 아니었다. 그의 손에는 충격적이게도 모이 대신 식칼이 쥐어져 있었던 것이다. 주인의 눈빛에는 예전의 온화함이 사라졌고 맹수의 살기만 가득했다. 칠면조의 삶은 천 일로 마감됐다.

이 이야기는 영국 철학자이자 노벨문학상 수상자인 버트런트 레셀이 제시한 '칠면조의 교훈'을 스토리텔링 한 것이다.

칠면조는 분명 주인과의 첫 만남에서 생물학적 본능으로 그가 자신을 해칠지도 모른다는 경계감과 두려움을 느꼈을 것이다. 그러나 칠면조는 이러한 위기감을 무시한 채 주인에 대한 그릇된 믿음으로 비극적인 최후를 맞았다. 칠면조에게 왜 이런 일이 생겼을까?

칠면조는 천 일 동안 단 한 번도 주인이 자신을 해칠 것이라는 경험을 하지 못했다. 자신에게 유익한 주인의 행동만 보았을 뿐이다. 주인의 다정한 행동은 단지 추수감사절에 가족 친지와 함께할 칠면조 요리를 위해 칠면조가 무탈하게 잘 자라주길 바라는 데서 비롯된 것일 뿐이었는데 말이다. 칠면조는 주인의 사심을 낌새조차 알아채지 못하고, 자신이 경험한 영역 속에 갇혀 미래를 예측하는 잘못을 범했던 것이다. 물론 칠면조가 그 사실을 알았다고 하더라도 대비할 수 있는 방법이나 수단은 없었을 것이다.

"우리가 축적하고 발전시켜온 과거의 경험으로 미래의 모든 것을 예측하고 대비할 수 있는 것은 아니다. 어쩌면 오히려 그 경험의 덫에 갇히는 순간 우리의 미래 또한 갇혀버릴 수도 있다."

불행하게도 일상생활에서도 '칠면조의 교훈'과 같은 상황이 자주 벌어진다. 우리는 매일 규칙적으로 이어지는 일상 속에서 과거의 경험에 근거하여 판단하고 현재의 성취에 만족하고 안주한다. 과거의 경험이 미래를 만들어가는 하나의 과정이긴 하지만 과거의 경험에만 연연해 돌발적으로 다가오는 미래의 위험과 충격에 대한 신호를 간과하며 살아간다. 그러나 지금까지 조짐이나 징조가 없다고 해서, 미래에 닥칠 위험이 존재하지 않는다고 믿는 것이 얼마나 위험한 일인지 알게 될 것이다.

쿠오바디스

2020년은 우리 인류가 '칠면조의 교훈'이 주는 경고를 감지하지 못한 채, 허무하게 무너져버린 충격적이고 전례가 없는 한 해로 역사에 길이 남을 것이다. 이 비극적인 역사의 주인공은 그동안 한 번도 경험한 적이 없는 새로운 바이러스일명 바이러스 X인 코로나19CoronaVirus Disease 2019, COVID19 바이러스이다. 2020년 경자년 1월 1일 0시를 기해서 중국 정부가 우한시에 있는 재래시장을 전격 폐쇄하면서, 국제사회는 미래 위험에 대한 신호를 비로소 감지했다.

칠면조가 천 일 동안 미래의 위험에 대해 낌새조차도 느끼지 못한 것처럼, 인류는 2019년까지 이 신종 코로나바이러스가 지구상에 존재하는지조차 알지 못했다. 지금까지 경험해보지 않은 신종 코로나바이러스였기에 '증거의 부재'를 '부재의 증거'라고 믿고, 그 잘못된 믿음 속에서 미래의 위험 신호를 감지하지 못했던 것이다. 이것은 전 세계에 바이러스 팬데믹 쇼크라는 비극을 불러왔다. 우리 인류는 백신이나 치료제라는 생물학적 방어 무기조차 준비하지 못한 채 1년 내내 마스크 착용, 사회적 거리두기, 모임 통제, 국경 통제 등 강력한 물리적 통제에 의존해야 했다. 단 일 년만에 전 세계 1억 명이 넘는 누적 확진자가 발생했고, 누적 희생자도 200만 명이 훌쩍 넘어섰다.

진정 이것이 증거의 부재가 맞는지 한 번쯤 생각해보자. 우리가 애써 부재의 증거라고 믿고 싶어 위험의 증거를 발견하려는 노력을 소홀히 한 것은 아닌지 되돌아봐야 한다. 2002년 중국 광둥 재래시장에서 사스중증급성호흡기증후군, Severe Acute Respiratory Syndrome, SARS가 출현했으나 찻잔 속의 태풍처럼 잠시 소용돌이치다가 만 과거의 경험 속에 갇혀 동일선상에서 코로나19 사태를 바라보지는 않았는지 말이다. 어쩌면 칠면조와 주인의 만남에서 경계심과 두려움이라는 경고의 신호가 있었던 것처럼, 박쥐와 인간의 접촉에서 코로나19 팬데믹 쇼크의 위험 신호가 있었던 것은 아닐까사스도 코로나19도 모두 박쥐 바이러스 유래임

심지어, 우리는 코로나19의 위험 신호를 받고 나서도 과거의 경험 속에서 갇혀 있었던 것은 아닐까? 코로나19 바이러스의 정체에 대하여 사스SARS 수준으로 너무 쉽게 생각했는지도 모른다. 그러나 이 바이러스는 인간에게 잔혹하고 영악했다. 감염병 방역에 관한 과학기술과 의료 기술이 하루가 다르게 발전하고 있다고 자신하는 이 시대에, 유행 초기 바이러스 정체에 대해 너무 몰랐기에 바이러스의 침공 앞에서 속수무책으로 당할 수밖에 없었다. 여전히 코로나19의 많은 부분이 베일에 싸여 있으며, 그 정체를 파헤치기 위해 험난한 과정을 걷고 있다.

인류와 코로나19 바이러스의 싸움이 시작된지 일 년이 지나서야 인류는 바이러스에 대항하는 반격의 무기를 손에 쥐게 되었다. 백신 개발 역사에서 전례 없는 속도로 코로나19 바이러스 백신을 개발했다.

1년이 채 걸리지 않았다. 심지어 그동안 개발하려고 엄두조차 내지 못한 새로운 형태인 메신저 RNAmRNA 백신이 첫 주인공이다. 그 이외에도 기존의 백신 개발 방식을 과감히 벗어던진 백신들이 등장했다. 바이러스의 공격은 여전히 만만치 않을 것이다. 그럼에도 불구하고 영화 〈인터스텔라Interstellar〉의 주인공 쿠퍼가 말했듯이, 우리는 답을 찾을 것이다. 늘 그래왔듯이.

지금 인류는 코로나19 이후의 세상에 대하여 바이러스 X에게 인류 지속가능성의 길을 묻고, 거기에 대한 답을 얻어야 할 지점에 서있다. 안타깝게도 경험 법칙상 예상하지 못한 시점에, 예상하지 못한 장소에서, 예측하지 못한 경로를 통해 또 다른 새로운 병원체가 모습을 드러낼 것이다. 제2, 제3의 코로나19 바이러스가 지구촌 어디에선가 허술한 사각지대를 노릴 것이다. 그 빈틈을 메꾸고 차단하는 노력이 중요하지만, 그 문제를 해결하는 것은 현재 상황에서는 여전히 어려운 난제이다. 칠면조가 가지고 있던 한계처럼, 우리는 여전히 '증거의 부재'라는 울타리 속에 머물러 있기 때문이다.

이제 코로나19 충격에서 조금씩 벗어나면서, 포스트 코로나 시대를 말하기 시작한다. 한낱 눈에 보이지도 않는 나노 물질에 불과한 바이러스 입자 앞에서, 하루가 다르게 발전하는 방역 기술 개발에도 불구하고 21세기 첨단 사회가 신종 감염병에 얼마나 취약한지를 여실히 깨달아가고 있다. 이제 우리는 바이러스 앞에서 많이 겸손해졌으며, 바이러스에게 인류가 걸어갈 길을 묻고 그 길에 서서 인류 지속가능성에 대한 답을 찾기 시작한다. 그동안 바이러스에 대한 많은 새로운 사실들이 밝혀졌고, 바이러스에 대항하는 새로운 방역 기술들이 급진적으로 발전했다. 그러한 제반 여건의 변화에 따라 그동안 발표된 많은 연구 결과를 반영하여 기존 책의 내용을 단장해서 새롭게 출간하게 되었다. 전작 『바이러스 쇼크』에서는 신종 바이러스에 대한 이해의 폭을 넓히고 위험 상황을 올바르게 판단하고 대처하는 데 필요한 기초 지식을 제공한 바 있다. 이 책 또한 신종 바이러스에 대한 많은 지식을 제공하고 있으며, 바이러스에 어떻게 맞서야 하는지 그 답을 찾아가는 데 필요한 교양 안내서가 되어줄 것이다. 그럼 이제 인류를 위협하는 바이러스 쇼크에 대해 탐험을 시작해보자.

CONTENTS

추천의 글 • 4
프롤로그 • 7

제1장
21세기 생존 패러다임, 인류와 코로나바이러스의 전쟁

01 | 코로나19, 인류 생존의 새로운 길을 묻다 • 18
02 | 아직도 꺼지지 않은 중동 지역의 불씨, 메르스 • 46
03 | 코로나바이러스가 인류에게 던진 최초의 경고, 중국 사스 • 62
쉬어가는 페이지 | 인류를 공포로 몰아간 바이러스 감염병 유행의 역사 • 80

제2장
바이러스의 정체 그리고 존재 이유의 실체를 파헤쳐라

01 | 지구의 지배자, 바이러스의 신비한 세계 • 88
02 | 지구 생명의 진화와 함께한 바이러스의 역사 • 120
03 | 생활 도처에 함께 숨 쉬고 있는 바이러스 • 138
쉬어가는 페이지 | 영화 <감기>에 등장한 치사율 100퍼센트 호흡기 감염 바이러스의 공포 • 152

제3장
바이러스 X, 어떻게 인류를 위협하는가

01 | 꿈틀거리는 야생 바이러스 판도라 상자 • 158
02 | 잊을만하면 깨어나는 신종 바이러스의 불씨 • 180
03 | 도처에 놓여있는 위험한 바이러스 화약고 • 195
쉬어가는 페이지 | 영화 소재로 애용되는 '좀비 바이러스'의 실체는? • 220

제4장
21세기 새로운 패러다임 팬데믹, 인류의 지속가능성을 위협하다

01 | 바이러스 팬데믹의 어두운 그림자 • 226
02 | 꺼질 듯 되살아나는 바이러스 유행의 불씨 • 254
03 | 급속하게 꺼지고 있는 바이러스 폭풍 • 279

제5장
팬데믹의 종말을 위하여

01 | 먼저 할 일, 우리를 지킬 수 있는 것 • 296
02 | 생명을 지키는 강력한 힘, 면역체계 • 313
03 | 하루 만에 진범 찾기, 분자 진단 혁명 • 328
04 | 인류 비장의 무기, 백신과 치료제 • 340

에필로그 • 372
바이러스 쇼크 Q&A • 380
참고문헌 • 388

NEW
VIRUS SHOCK

수천 년 동안 수백만 마리가 넘는 흰 백조를 보고 또 보면서
견고하게 다져진 정설이 검은 백조 한 마리 앞에서 무너져버렸다.
검은 백조 한 마리로 충분했다.
-나심 탈레브, 『블랙스완』 중에서-

제1장

21세기 생존 패러다임, 인류와 코로나바이러스의 전쟁

01 | 코로나19, 인류 생존의 새로운 길을 묻다
02 | 아직도 꺼지지 않은 중동 지역의 불씨, 메르스
03 | 코로나바이러스가 인류에게 던진 최소의 경고, 중국 사스

• 쉬어가는 페이지: 인류를 공포로 몰아간 바이러스 감염병 유행의 역사

01
코로나19, 인류 생존의 새로운 길을 묻다

경자년 태양 아래

태양이 바다에 미광을 비추면
나는 너를 생각한다.
희미한 달빛이 샘물 위에 떠 있으면
나는 너를 생각한다.

독일 시인 괴테의 시 「연인 곁에서」의 시작 구절이다. 2003년 국내에서 개봉된 영화 <클래식>에서 준하조승우 분가 주희손예진 분에게 건넨 쪽지의 시구로 유명해졌다. 이 영화를 보면 한 번쯤 지난 학창 시절의 아련한 추억을 떠올릴 법하다. 영화에서 준하와 주희의 사랑은 일상적 상황과 돌발적 상황이 바퀴처럼 물려가면서 이어질 듯 진행이 되지만 결국은 서로 이어지지 못하고 끊어지고 만다. 영화에서 보여주는 것처럼, 우리 일상은 의지대로 원하는 대로만 굴러가는 것은 아니다. 우리의 삶에는 돌발적 상황이 존재하기 마련이다. 그리고 그러한 상황은 삶의 환경을 반전시키기도 하고 심지어 인생의 축을 뒤흔들기까지 한다.

새해가 되면 많은 사람들이 이글거리며 떠오르는 새로운 태양과 마주하기 위해 밤새 동해안으로 달려간다. 새로운 태양은 아침 7시 26분 독도에서 떠올랐다. 아마도 이글거리며 떠오르는 태양이 바다에 미광을 비출 때 그 자리에 있었다면 감격하여 환호하며 박수를 쳤을 것이다. 지난해 못다 이룬 것에 대한 아쉬움을 떠나보내고 올해는 분명 나아질 것이라고 다짐과 더불어 새로운 성취를 생각하며, 소망이 이루어지기기를 간절히 기도했을 것이다.

2020년 경자년 새해의 태양은 우리에게 특별했다. 새로운 태양이 태평양 어딘가에 미광을 비추고 있을 즈음, 우리의 바람과 전혀 다른 일이 바로 이웃 나라에서 버젓이 벌어지고 있었다. 중국 정부는 2020년 1월 1일 0시를 기해 전격적으로 우한 재래시장에 폐쇄 조치를 내렸다. 중국 정부가 우한시의 한 재래시장에서 '괴질 폐렴 발생' 사실을 세계보건기구WHO에 보고한 직후에 일어난 일이었다. '우한에 원인 모를 집단 폐렴 발생'은 경자년 새해의 태양이 서쪽으로 채 사라지기도 전 언론을 통해 흘러나오기 시작했다. 2003년 지구촌을 떠들썩하게 했던 사스SARS 공포가 떠오른다고 덧붙인 기사들도 여기저기서 나오기 시작했다.

그럼에도 불구하고 세상은 새해의 부푼 꿈에 취해 있었기에, 그리고 그런 류의 뉴스들은 잊을만하면 지구 어디에선가 들려오곤 했기에, 신종 질병 출현 뉴스는 그저 그런 해외 토픽 정도로 치부되었다. 우리의 삶과는 아무런 상관이 없는 것 같았다. 그 뉴스를 보면서 2015년 10월 서울 K 대학 실험실에서 원인 미상의 집단 폐렴 사태사료의 오염된 곰팡이가 원인이었음를 떠올렸다는 지인이 있긴 했다. 일부 언론에서는 제2의 사스 악몽이 시작되는 것이 아닌가? 하는 우려의 시각을 보내기도 했지만 그것이 우리 인류에게 닥쳐올 엄청난 지구적 재앙의 불씨가 될 것이라고는 아무도 생각하지 못했다.

중국 우한 비극의 씨앗

"글로벌 위험이라는 것은 운명처럼 우리에게 닥치는 것이 아니라 인간의 손과 머리의 합작품이며, 기술 지식과 경제적 이익 계산의 결합에서 나온다."

독일 사회학자 올리히 백이 그의 저서 『글로벌 위험 사회』에서 했던 말이다. 글로벌 위험이란 일상의 영역이 아닌 극단의 영역에서 미처 대비하지 않은 돌발적 상황에서 나오는 인간의 합작품임을 명시하였다.

하루하루 지나면서 우한의 괴질 폐렴에 관한 뉴스는 점점 그 크기를 키우고 있었다. 얼마 지나지 않아 우한 재래시장을 폐쇄시킨 장본인이 알려지지 않은 바이러스라는 뉴스가 흘러나오기 시작했다. 그동안 인류가 경험해본 적 없는 미지의 바이러스, 일명 '바이러스 X'였다. 2002년 출현한 사스바이러스SARS-CoV와 유사하지만 새로운 코로나바이러스라는 결과가 발표되었다.

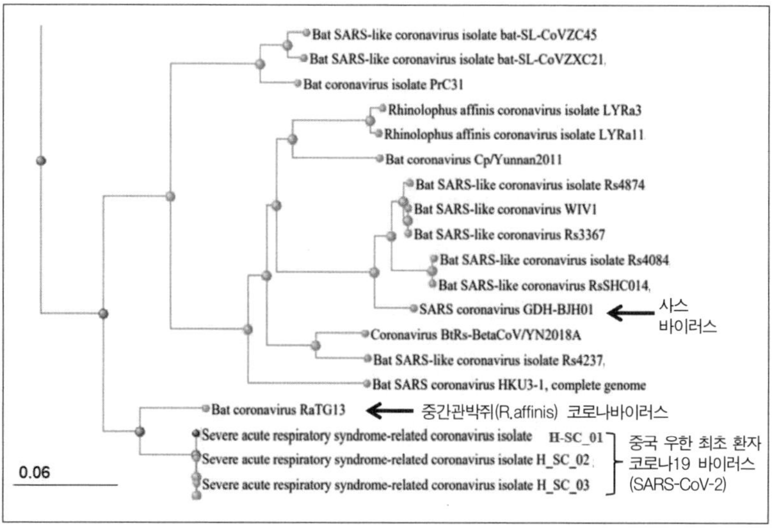

2019년 12월 중국 우한에서 분리된 코로나19 바이러스는 중국 동굴박쥐(중간관박쥐) 코로나바이러스가 조상인 것으로 밝혀졌다.

"그 바이러스는 분명 우리가 경험하지 못한 새로운 박쥐 바이러스일 것이다."

신종 코로나바이러스가 괴질 폐렴을 발생시킨 범인이라는 언론 기사를 접하면서 그때 필자의 뇌리를 스친 생각이다. 사스바이러스가 박쥐 바이러스였기에, 사스바이러스와 유사한 바이러스들이 중국 동굴 박쥐에서 수많이 보고되어 왔기에 충분히 예측할 수 있는 상황이었다. 그 예측은 적중했다. 얼마 지나지 않아 바이러스 유전자 지도가 공개되면서, 바이러스 국제분류위원회 전문가들은 그 바이러스를 사스바이러스 사촌 격인 사스-코로나바이러스2형SARS-CoV-2으로 분류했다. 지금부터는 편의상 코로나19 바이러스라 부르겠다. 세계보건기구는 신종 감염병을 코로나19COVID19라 명명했다.

코로나19 바이러스는 중국 동굴 박쥐들 사이에서 존재하는 여러 종류의 코로나바이러스 그룹 중 한 그룹에 명확히 포함되었다. 박쥐 유래 코로나바이러스였던 것이다. 이처럼 매우 신속하게 박쥐 유래 바이러스로 판단할 수 있었던 것은 그나마 중국 과학자들이 그동안 야생 박쥐가 가지고 있는 다양한 코로나바이러스를 광범위하게 수집하여 분석해 놓았던 덕분에 가능했다.

코로나19 팬데믹의 비극은 어떻게 시작되었는지 최초 집단 발생 사례 상황으로 거슬러 올라가 보자. 유행 초기 상황은 중국 우한 진위탄 병원 후앙 박사 등 중국 과학자들이 의학 저널 〈랜싯Lancet〉 지에 최초 환자들에 대한 연구 결과를 긴급 발표하면서 상세하게 알려졌다. 이 논문에 따르면, 2019년 12월 1일 우한시에서 고열과 기침을 동반한 최초의 폐렴 환자가 발생했다. 발표된 논문대로라면 이 환자는 잠복기를 감안할 때 최소 11월 하순에 감염되었을 것이고, 중국 최초 집단 발생지인 재래시장을 다녀간 적이 없는 사람이었다. 그로부터 열흘 뒤 세 명의 환자 중 한 명이 우한 재래시장화난 수산물 도매시장을 방문했고, 다시 나흘이 지난 12월 중순 이후 그 재래시장을 방문한 사람들을 중심으로 매일 폐렴 환자가 속출하기 시작했다. 우한시의 비극은 이렇게 시작되었다. 그해 12월 동안 원인 불명 폐렴 환자가 41명 발생했는데, 그중 27명이 그 재래시장을 방문한 것으로 역학조사 결과 밝혀졌다. 세상에 처음 알려진 코로나19의 첫 집단 발생 사건이 이렇게 우한 재래시장에서 시작되었던 것이다.

우한의 비극, 그것은 서막에 불과했다. 중요하고 불행한 사실은 세계 최대 인구 대국인 중국, 그것도 하필 사통팔달 교통요지인 대도시 우한의 한 가운데 위치한 재래시장에서 최초로 집단 발생했고, 또 하필 그 시기가 중국인들의 이동이 가장 많은 춘절을 앞두고 있는 절묘한 시점이었다는 것이다사스도 춘절을 앞두고 발생하여 춘절을 전후로 크게 유행했으며, H7N9 인플루엔자도 매년 춘절 전후로 유행이 반복됨.

코로나19 바이러스 출현! 이 사태가 단지 박쥐가 퍼트린 운명 같은 재앙일까? 아니면 올리히 백이 말한 것처럼 인간이 자초한 것일까? 그리고 왜 하필 중국 재래시장에서 시작되었을까? 안타깝게도 이 사태는 이미 오래전부터 그 불씨를 안고 있었다.

바이러스 시한폭탄, 중국 재래시장

1931년 미국의 한 보험회사에 근무하던 허버트 하인리히Herbert Heinrich는 『산업재해 예방의 과학적 접근』이라는 책을 출간했다. 그는 이 저서를 통해 수많은 산업재해 사고 통계자료를 분석하여 흥미로운 이론을 제시했다. 대형 재앙이 일어나기 전 29건의 재난사고가 발생하고 그 이전에 300건의 사소한 사건이 일어난다고 주장했다. 이 이론은 오늘날 각종 재해 및 재난 안전 분야에서 도그마처럼 자리 잡은 하인리히 법칙1:29:300 법칙이 되었다.

그에 따르면 대형 재앙은 결코 우발적으로 일어나지 않는다. 그 이

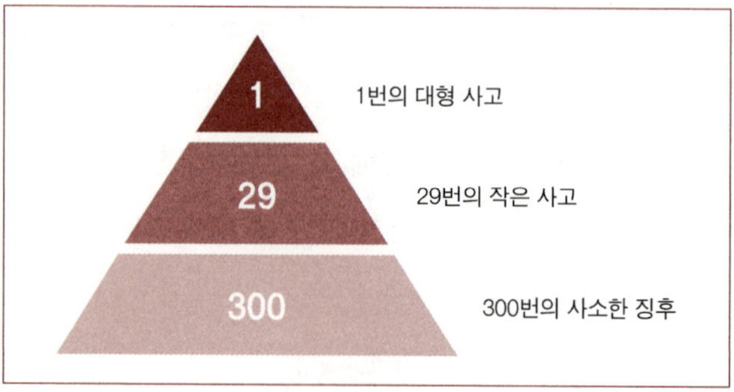

하인리히 법칙(Heinrich's Law): 하인리히는 1번의 대형 사고가 일어나기 전 29건의 재난사고가 발생하고 그 이전에 300건의 사소한 사건이 일어난다고 주장하였다.

전에 수많은 재난과 사건들이 발생하여 대형 재앙의 징후를 보인다. 인과의 법칙인 것이다. 그래서 사소한 사건이 발생하였을 때 단지 사소한 문제라고 치부하지 말고 그 원인을 제대로 인지하고 차근차근 예방책을 세워야 한다. 설마가 사람을 잡는다는 말처럼 잦은 사고에도 불구하고 재발 방지에 노력하지 않는다면 궁극적으로 대형 재앙을 불러올 수 있다. 아니나 다를까 코로나19 팬데믹에 대한 하인리히 법칙의 징조는 이미 중국 재래시장에서 나타나고 있었다.

코로나19 사태를 계기로 중국 재래시장이 신종 바이러스 화약고로 주목받기 시작했다. 사실 오래전부터 감염병 전문가들은 각종 동물을 거래하는 중국 재래시장을 신종 바이러스가 언제 터질지출현할지 모르는 시한폭탄을 안고 있는 거점 지역으로 지목하고 주시해왔다. 2013년 중국에서 출현한 H7N9 인플루엔자바이러스가 재래시장을 중심으로 창궐할 때 이미 예견되어 있었는지도 모른다.

중국 재래시장은 각종 가축뿐만 아니라 다양한 야생동물을 현장에서 도축해서 팔거나 거래하는 곳이다. 거기에서 파는 가축들은 여기저기 마을에서 사가지고 온 것이다. 바이러스 입장에서 보면, 재래시장은 다양한 바이러스들이 모일 수 있는 절호의 기회를 제공해준다. 오리가 가지고 있던, 닭이 가지고 있던, 야생 조류가 가지고 있던 다양한 인플루엔자바이러스들이 재래시장에 모이면서 바이러스 뒤섞임이 일어날 수 있다.

이러한 과정을 통해 2013년 중국 상해에서 H7N9 인플루엔자바이러스가 탄생했다. 대부분 감염자는 중국 재래시장을 중심으로 발생했는데, 주로 생닭이나 생고기를 만지는 과정에서 H7N9 바이러스에 감염되었다. 중국에서 1,568명이 H7N9 바이러스에 감염되었고 이 중 766명이 사망했다. 엄청나게 치명적이다.

다행히 2017년 가금 조류에 H7N9 백신 접종을 시작하면서 진정되었다. 그러나 끝날 때까지는 끝난 것이 아니다. 또다시 신종 바이러스가 나타날 여지는 항상 도사리고 있다. 중국 조류 인플루엔자가 근절되지 않는 한, 재래시장에서 각종 가축 판매를 전면 중단하지 않은 한, 야생 조류에서 바이러스가 제거되지 않은 한 말이다.

또한, 재래시장에서는 가축만이 문제가 아니다. 그보다도 더 큰 위험이 도사리고 있다. 바로 그곳에서 팔고 있는 야생동물이다. 중국 우한에서의 코로나19 바이러스 출현에 야생박쥐의 역할을 주목하고 있다. 2020년 1월 22일 자 미국 〈비즈니스인사이드〉 지에 실린 중국 우한 재래시장 탐사 기획보도에 따르면, 그 재래시장은 수산물을 사고파는 시장이라고는 하지만 닭, 당나귀, 양, 돼지와 같은 가축뿐만 아니라 여우, 오소리, 쥐, 고슴도치, 뱀, 박쥐, 사향고양이 등 우리가 상상하지 못하는 다양한 야생동물을 파는 가게들이 즐비하다고 한다. 중국 웨이보에 실린 중국 우한시의 '대중목축야생동물'이라는 가게의 메뉴판 사진이 외신을 통해 알려지면서 화제가 되었다. 기사에 따르면, 그 가게에서 고기로 판매하는 야생동물종만 무려 42종이 된다고 한다.

이들 야생동물들은 어디에서 왔을까? 누군가가 돈벌이를 위해 야산에서, 들판에서, 양자강에서, 호수에서 잡아 왔을 것이다. 상인은 이 동물들을 언제 어디서 잡았는지도 모를 것이며, 건강 상태가 어떤지도 모를 것이다. 다만 우한 재래시장의 좁은 케이지에 가두어놓고 팔려나가기만을 기다릴 것이다. 그리고 주문한 소비자가 보는 앞에서 동물을 비위생적이고, 비윤리적으로 도축하여 팔 것이다. 이런 과정 속에서 상인과 소비자는 야생동물 또는 그 생고기에 직접 접촉할 수 있는 위험에 항상 노출되어 있다.

이들 야생동물은 우리가 알지 못하는 다양한 바이러스를 가지고 있을지도 모를 일이며, 야생동물과 접촉하는 과정에서, 심지어 가축과 접촉하는 과정에서 바이러스 뒤섞임으로 신종 바이러스가 생성될 수 있다. 또한, 도축하거나 생고기를 만지는 과정에서 사람들을 감염시킬 위험을 가지고 있다. 이러한 과정을 거치면서 재래시장 야생동물이 신종 바이러스를 배양하는 역할을 하게 되는 것이다. 2019년 12월 중국 우한에서 코로나19 바이러스가 이 과정을 통해 출현했을 것이라고 많은 학자들이 추정하고 있다. 실제로 2020년 1월에 진행된 우한 재래시장에 대한 역학조사 결과, 재래시장 내 야생동물 판매 가게에서 집중적으로 신종 코로나바이러스가 검출되었다는 중국 질병통제센터의 발표는 강력한 방증이다.

누구냐, 넌?

"바이러스 중 왕은?"
"코로나바이러스이지. 왕관을 쓰고 있거든."

어느 날 지인과 대화를 나누다 농담 반 진담 반으로 했던 얘기다. 코로나19 사태가 벌어지고 나서 일 년이 훌쩍 넘도록 코로나바이러스 모형 그림이 텔레비전 화면을 차지하지 않은 적이 하루도 없었다. 그래서 코로나바이러스 모형을 보여주면, 그게 코로나바이러스라는 것을 누구나 금방 알아차린다. 그 만큼 코로나19가 우리 생활에 미치는 파급력은 막대하다. 사실 바이러스 종류는 너무나 많고 그 모양도 다양하고 제각각이다. 광견병공수병바이러스처럼 탄환 모양의 바이러스가 있는가 하면, 지렁이처럼 생긴 에볼라바이러스도 있고, 밤톨처럼 생긴 인플루엔자바이러스도 있다. 코로나바이러스는 공처럼 생긴 모양에 끝이 뭉뚝하다. 그 돌기가 마치 왕관라틴어 corona의 형상을 하고 있다고 해서 코로나바이러스라는 이름이 붙여졌다바이러스에 관한 기본적인 성질은 2장에서 자세히 설명함.

코로나바이러스는 어떻게 탄생하고 어떻게 진화했을까? 과학자들은 지구상에 존재하는 각종 코로나바이러스의 유전자 정보를 분자시계

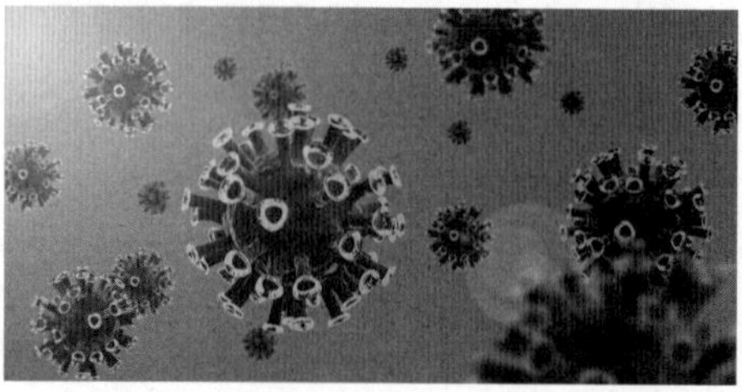

왕관 모양을 한
코로나바이러스

도구를 사용하여 분석·추적해왔다. 원시 코로나바이러스는 최소한 수만 년 전에 지구상의 알 수 없는 생명체를 서식처숙주로 해서 탄생했다. 그 원시 코로나바이러스는 특정한 원시 동물에 서식하면서 진화를 거듭하다가, 기원 전 약 8,000여 년 전 조류bird 코로나바이러스와 박쥐 코로나바이러스로 분화하게 되었다. 코로나바이러스가 서식처로 삼은 박쥐와 조류는 모두 날아다니는 동물이다. 따라서 아마도 원시 코로나바이러스의 서식처가 된 동물도 비행 능력이 있던 숙주가 아니었을까 하는 상상을 해본다. 이들 바이러스는 오늘날 각종 동물에서 서식하는 코로나바이러스의 조상 바이러스로 자리 잡았다. 숙주가 생물학적 다양성을 만들어가는 진화 과정 중에, 다양한 박쥐종과 조류종 안에서 숙주 영역을 확장해 나갔을 것이다.

이렇게 진화를 거듭하던 조류 바이러스와 박쥐 바이러스는 기원전 3000년 전후로 마치 진군하는 군대처럼 서로 경쟁이라도 하듯 지구의 또 다른 동물종으로 서식처를 확장해 나갔다. 조류 바이러스는 닭, 오리, 칠면조 등 다양한 조류종을 중심으로 숙주 영역을 확장해 나갔고, 박쥐 바이러스는 사람, 돼지, 소, 개, 고양이, 심지어 쥐 등 다양한 포유류 동물종을 중심으로 숙주 영역을 확장해 나갔다. 태초의 지구에서 탄생한 RNA 유전물질코로나바이러스 게놈은 RNA 형태임은 진화·분화되는 동물종을 따라 보다 다양한 모습으로 발달하였다. 그리고 그 존재를 유지하고 존속시키면서 지구상 생명체를 점령해버렸다.

환절기마다 걸리는 감기도 바이러스가 일으키는 질병이고, 그중 하나가 사람 코로나바이러스다. 이 바이러스마저도 그 역사를 수천 년 전으로 거슬러 올라가면 조상이 박쥐 바이러스로 귀결된다는 사실을 알게 된다.

2016년 중국 관박쥐종에서 서식하던 박쥐 바이러스가 양돈장 새끼 돼지에게로 넘어오면서 치명적인 급성 설사를 일으키는 사건이 발생하였는

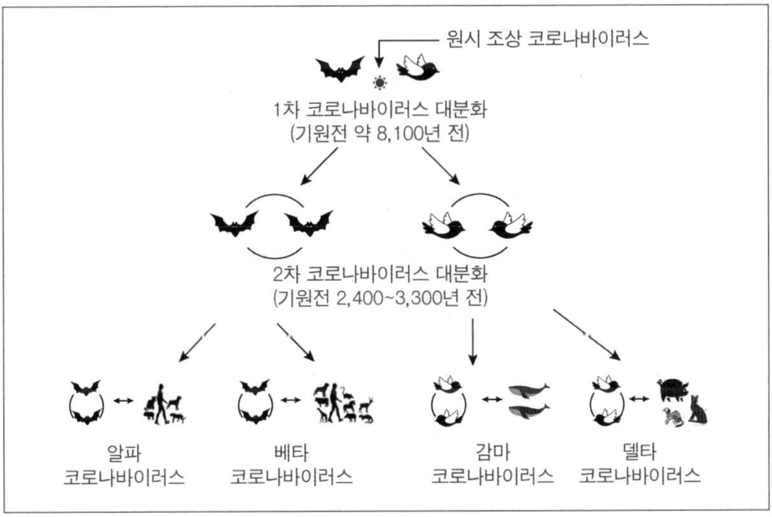

코로나바이러스의 진화 과정: 원시 코로나바이러스는 두 번에 걸친 대분화를 통해 다양한 척추동물에서 진화하여 적응했다. 코로나19 바이러스는 베타 코로나바이러스에 속한다.

데, 이 바이러스가 사람으로 넘어올까 과학자들이 한때 긴장하기도 했다. 이렇듯 박쥐에서 사람으로, 박쥐에서 돼지로 바이러스가 넘어오는 과정은 우리 눈에는 매우 위협적이고 두려운 일이지만, 어찌 보면 바이러스의 세계에서는 그냥 바이러스가 진화하는 과정에 불과할 뿐이다.

바이러스 탄생의 비밀

"도대체 이 끔찍한 바이러스는 어디서 나타났을까?"

코로나19 팬데믹이 진행되면서, 사람들은 코로나19 바이러스 탄생의 비밀에 대한 질문을 하기 시작했다. 그러면서 그럴듯한 논리로 무장한 학자들의 주장에, 다양한 음모설과 조작설이 더해져 퍼지기 시작했다. 2020년 1월 말 인도의 한 과학자가 〈bioRxiv〉에 코로나19 바이러스가 실험실에서 조작된 바이러스라는 논문을 발표하면서 한때 소동이 있었다. 요지는 코로나19 바이러스의 돌기 유전자의 네 군데에 인도, 태국, 케냐 등 여러 나라에서 유행하는 에이즈바이러스 유전자 조각을 삽입해서 표시했다는 것이었다. 그러나 이는 마치 『바이러스 쇼크』라는 방대한 원고의 몇 단어가 다른 책의 단어와 동일하다고 해서 표절이라고 보는 수준이다. 사실 이 정도의 변이는 자연계 동물 코로나바이러스에서 흔히 일어나는 일이다그 논문은 과학적 근거 부족으로 곧바로 철회됨.

그해 9월에는 홍콩 출신의 한 박사가 박쥐 바이러스의 돌기 유전자를 실험실에서 조작하여 합성해서 만든 것이라는 주장을 펴기도 했다. 돌기 유전자를 조작했다고 치더라도 바이러스 유전체 골격은 복사한 박쥐 바이러스와 동일해야 하는 것인데 전혀 그렇지 않았다. 그래서 그 박사의 주장은 학계에서 받아들여지지 않았다. 전 세계 수많은 과학자들이 코로나19 유전체를 분석하고 있는 상황에서, 사실 바이러스가 실험실에서 조작되었다면 수많은 바이러스 학자들이 그 조작의 흔적을 찾아냈을 것이다.

자연계 박쥐 바이러스를 수집하다, 실험실에서 바이러스를 배양하다 실수로 유출했다면 자연계 바이러스와 동일하기 때문에 감별할 수 없다. 그나마 설득력이 있는 것이 중국 우한 바이러스 연구소에서의 실험실 유출 정도라고 볼 수 있다. 실험실 바이러스 폐기물이 제대로 소독되지 않은 채 연구소 밖으로 유출되었을 경우 가능할 수 있다. 그러나 그러한 시나리오 정황을 확인할 수 있는 과학적 증거는 아직까지 어디에도 존재하지 않는다.

현재까지도 명확한 과학적 증거는 없지만 학자들 사이에서 가장 유력하게 거론되는 코로나19 바이러스 탄생의 과정은 박쥐 바이러스가 알 수 없는 생물학적 경로를 통해 사람에게 노출되었고, 사람에 적응하는 단계로 갔을 것이라는 추정이다. 필자도 그런 주장을 지지하는 그룹에 속한다.

코로나19 바이러스가 어떻게 출현했는지 그 단서를 발견하기 위해 중국 과학자들은 2019년 12월 중국에서 출현했던 바이러스 전장 유전체를 신속하게 분석했다. 그 바이러스는 전체적으로 동굴박쥐의 코로나바이러스를 매우 닮았으나, 유전자 일부가 일치하지 않았다. 특히 바이러스 표면 돌기 부분에서 차이가 발견되었는데, 그 부분은 바이러스가 숙주 세포에 달라붙는 중요한 부위였다. 이것은 박쥐 바이러스가 바로 사람에게로 넘어온 것이 아니라, 매우 우연한 극단적 상황에서 제3의 코로나바이러스와 서로 뒤섞임유전자 재조합을 통해 감염이 용이한 구조로 바뀌어 사람에게로 넘어왔음을 말해주는 것이다.

중국 과학자들은 코로나19 바이러스에 돌기 유전자를 제공한 제3의 코로나바이러스를 찾아 나섰다. 뱀, 쥐 등 다양한 동물들이 중간 매개 동물로 이름을 올렸으나 학계에서 인정받지 못했다. 그러던 중 2020년 3월, 중국 과학자들이 중간 매개 동물로 유력한 용의자를 찾아냈다. 1년 전 동남아시아에서 중국 남부 광동성으로 밀수하다 적발된 천산갑포유동물에서 코로나19 바이러스 돌기 유전자를 가진 바이러스를 우연히 찾아낸 것이다. 천산갑 코로나바이러스의 돌기 유전자를 제외하면 코로나19 바이러스와 구조가 많이 달랐지만 이 설이 가장 유력하게 받아들여지고 있다. 그러나 박쥐 바이러스와 천산갑 바이러스가

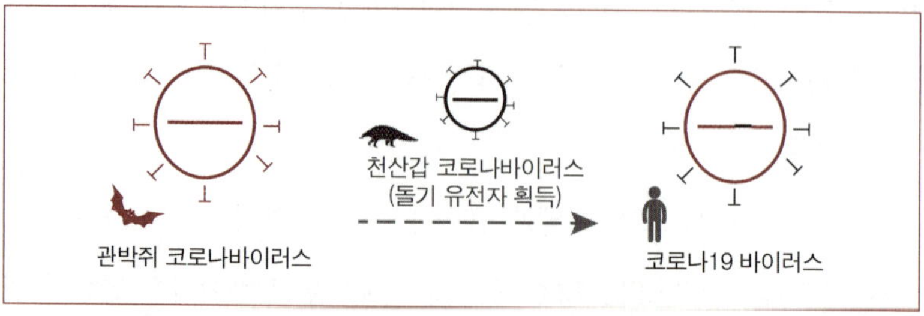

유전자 분석을 통하여 추정한 코로나19 바이러스의 출현 과정: 중국 관박쥐 코로나바이러스가 천산갑 코로나바이러스의 돌기 유전자를 획득하면서 코로나19 바이러스가 되었다고 추정한다.

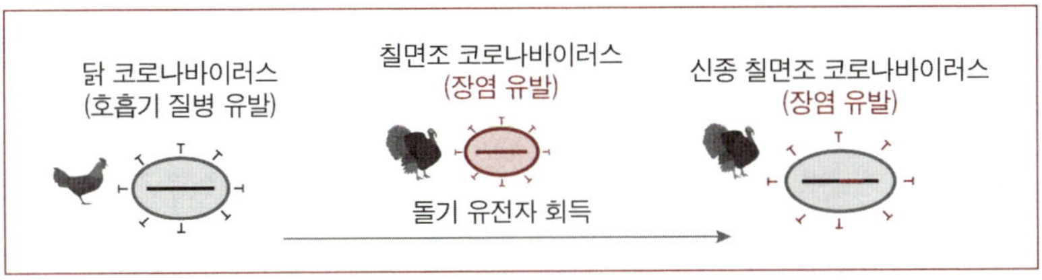

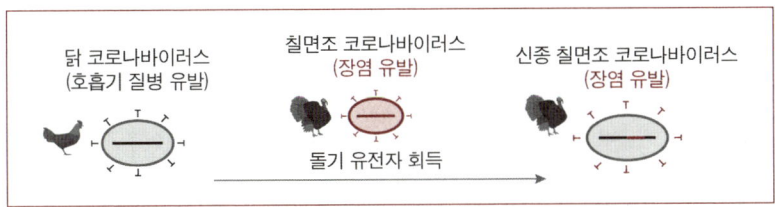

1990년대 미국 칠면조 산업에 큰 피해를 입힌 신종 코로나바이러스의 출현 과정: 닭 코로나바이러스가 칠면조 코로나바이러스 돌기 유전자를 획득하면서 신종 코로나바이러스가 출현했다.

언제, 어느 공간에서 재조합이 일어났는지, 박쥐에서 재조합되었는지, 천산갑에서 재조합되었는지, 아니면 두 바이러스가 사람에서 재조합되었는지 여전히 많은 부분이 미스터리로 남아있다. 가장 그럴듯한 소설을 쓰자면, 그 박쥐 바이러스를 가진 박쥐와 그 천산갑 바이러스를 가진 천산갑이 하필 같은 공간에 있었고, 그것을 취급하는 사람의 손에 묻혀 서로 뒤섞이는 과정이 발생했으리라고 보는 것이다. 그러한 공간을 제공할만한 장소 중의 하나가 야생동물을 사고파는 재래시장이다. 여러분들도 어떻게 이 바이러스가 탄생했을지 나름대로 한 번 상상해보라.

필자는 이러한 형태의 바이러스 뒤섞임 과정을 보면서 문득 미국 칠면조에서 출현한 신종 코로나바이러스가 떠올랐다. 1990년대 중반, 신종 코로나바이러스가 갑자기 출현해 미국의 칠면조 산업에 큰 피해를 입힌 바 있다. 미국 과학자들이 바이러스 전장 유전체를 분석했을 때, 놀랍게도 이 바이러스는 닭 코로나바이러스 유전체가 칠면조 코로나바이러스 돌기 유전자를 획득하면서 재조합된 신종 바이러스였다. 즉, 닭 코로나바이러스가 칠면조 코로나바이러스와 뒤섞임 과정을 거치면서 등장했다는 것이다. 동물에서 신종 코로나바이러스 출현을 연구하다 보면, 사람 신종 코로나바이러스 출현 과정에 대한 힌트와 암시가 보인다. 바로 코로나19 바이러스는 칠면조 신종 코로나바이러스의 데자뷔인 것이다.

칵테일 파티 효과

코로나19 팬데믹은 천만 명이 넘는 인구가 모여 사는 대도시 한복판에서 시작되었다. 세계 최대 인구 대국인 중국의 후베이성 우한이다. 우한은 중국의 동서남북을 이어주는 사통팔달 교통의 요지로 양자강장강이 가로질러 흘러가는 중국 본토의 강호 지역 가운데에 위치한 곳이다. 삼국지에서 그 유명한 적벽대전이 일어났던 곳의 인근 지역이기도 하다. 인류를 위협하는 신종 바이러스가 대도시에서 시작된 경우는

칵테일 파티 효과 : 시끄러운 파티장의 소음 속에서도 사신에세 의미 있는 정보에 집중하는 현상이다.

매우 이례적이다.

외신 보도에 따르면 2020년 1월 중순 이후 중국 우한과 인근 도시에서 매일 감염자가 폭증하면서, 중세기 흑사병 시대에서나 있을 법한 대탈출극이 21세기에 버젓이 벌어졌다. 중국 정부는 1월 23일 대중교통 운행 중단, 주민 자택 격리와 함께 우한시 봉쇄국제공항 봉쇄 포함라는 전례 없는 초유의 특단 조치를 내렸다. 그러나 도시 봉쇄 전에 이미 우한시를 탈출한 사람들이 절반이나 되었다는 보도가 나왔다. 우한은 거리에 다니는 사람이 보이지 않을 정도로 공포와 불안이 가득한 유령도시로 변했다. 우한에 거주하는 자국민을 철수하는 국가가 늘기 시작했다. 심지어 중국과의 국경 차단을 취하는 국가도 늘어났다. 1월 20일 한국에서도 중국 우한시로부터 입국한 사람 중 처음으로 확진자가 발생했다. 1월에만 열 명의 확진자가 추가로 발생하자 중국에 대해 국경을 봉쇄하라는 요구가 빗발치기도 했다.

이 상황에서 우리는 어떤 선택을 하는 것이 현명했을까? 필자는 국경 봉쇄를 하든, 입국자에 대한 코로나 검역을 강화하는 정책을 쓰든 이미 코로나19의 폭풍을 완전히 차단하기에는 늦었다고 판단했다. 우한시는 우리나라로 치면 대전에 해당하는 중국의 교통요지이며, 국제적인 인적 교류도 결코 적지 않은 도시이다. 우한 텐허 국제공항에서만 연간 천만 명이 넘는 승객이 출입하고 있으며, 우리나라를 포함하여 여러 나라 기업의 공장이 입주해 있다. 우한에서 집단 발생한 지 한 달이 훌쩍 지난 상황에서 우한이 봉쇄되었기에 코로나19는 감염자여행객를 통해 이미 세계 여러 나라로 확산되었을 것이고, 세계가 거미

줄처럼 복잡하게 연결되어 있는 초연결 사회에서 국가 간 전파도 이미 있을 것이라고 판단했기 때문이다. 결과론적인 이야기이지만 당시 어떤 선택을 했던 세계 각국은 1년 이상 코로나바이러스 쇼크에 시달려야 했다. 코로나19 팬데믹 상황을 차단하기에는 엎지러진 물이었던 것이다.

2020년 북반구가 더운 날씨로 접어들면서, 환기가 잘 되고 높은 기온에서는 생존 기간이 짧아지는 호흡기 바이러스의 특성상 코로나19도 전 세계적으로 소강 국면으로 접어들 것이라는 예측이 많았다. 그러나 오히려 가을 환절기를 대비해야 한다는 주장이 설득력을 얻었다. 매년 환절기면 불청객처럼 괴롭히는 호흡기 질병인 계절 독감이 유행했기 때문이었다. 사실 우리나라는 기온이 올라가면서 감염자도 확연히 감소하는 경향이 나타나고 있었다K 방역의 성과도 작동함.

필자도 그 주장을 지지하는 편에 서 있었다. 독감의 사례처럼, 북반구가 여름철일 때 남반구는 겨울철이기 때문에 남반구에서의 유행 상황을 주시하고 남반구에서의 유행이 가을 환절기 때 국제교류 때문에 북반구로 치고 올라가는 상황을 대비하는 것이 좋다고 생각했다. 계절 독감 유행의 경우 그런 방식으로 백신을 준비하고 대응한다. 그러나 남반구 겨울철에 브라질에서 2차 대유행이 폭발적으로 나타나는 등 어느 정도 예측이 들어맞아 가는가 싶더니, 정작 북반구에서의 유행 예상은 보기 좋게 크게 빗나갔다. 여름철 북반구에서도 바이러스는 거침이 없었다. 미국에서 여름 내내 코로나19 유행이 커져만 갔고, 더운 지역인 인도와 동남아시아에서도 그 유행은 산불처럼 번져갔다.

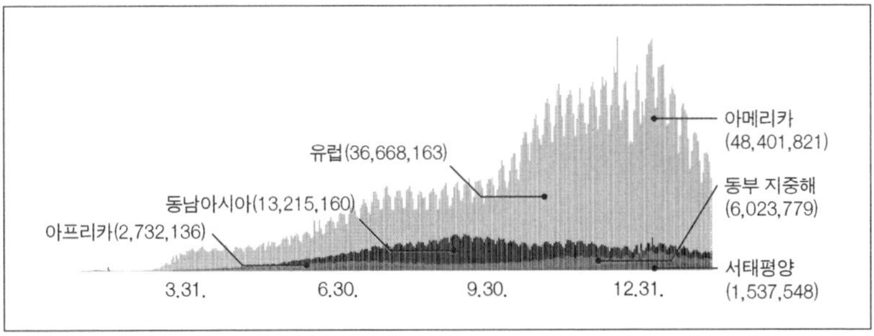

2020년 내내 대륙별, 나라별 유행 주기가 달라지면서 지속적으로 코로나19 확진자 수가 증가해왔다.
〈출처: https://www.who.int/health-topics/coronavirus〉

2020년, 지금껏 경험하지 못한 강력한 코로나19 바이러스의 거침없는 진군에 전 세계는 일 년 내내 허우적거렸다. 과거 그 어느 때보다 강한 방패를 들이댔지만, 세계 곳곳에서 침공해 들어오는 바이러스의 습격을 막아내지 못했다. 코로나19가 등장한 지 일 년이 지난 시점에 이미 1억 명이 넘는 코로나19 확진자가 발생했다. 가히 거침없는 바이러스의 진군이었다.

팬데믹 폭풍이 서서히 지나가고 있는 와중에서야 하는 말인데, 혹여나 우리가 코로나19라는 바이러스를 너무 얕잡아 본 측면이 있지 않았는지 뒤돌아봐야 한다. 코로나19의 감염 증상은 열이 오르면서 독감 증상으로 시작되는데, 바이러스의 일차 공격 지점은 상기도특히 코점막이고, 폐까지 침투하면 치명적이다. 감염자 중에 상당수가 냄새나 맛을 제대로 못 느낀다고 한다. 이들 감각을 관장하는 중추신경이 감염되었음을 쉽게 짐작할 수 있다.

호흡기 상기도가 바이러스 증식 장소코 분비물 채취 검사를 하는 이유임이다 보니, 바이러스에 노출되기도 쉽고 배출도 매우 용이하다. 전염력이 강한 이유가 여기에 있다. 이 바이러스의 무서운 무기는 인간이 눈치 채지 못하는 상태에서 바이러스를 배출한다는 것이다물론 증상이 있는 시기에는 당연히 바이러스를 배출함. 전체 확진자 중 40퍼센트가 증상이 없다고 하는데, 증상도 없는 감염자무증상 및 잠복기 말기 상태가 다른 사람을 감염시킬 수 있는 것이다. 이 무기는 사스SARS에서는 볼 수 없었던 것이다. 치사율이 사스와 비교할 수 없을 만큼 낮았을 때 눈치를 챘어야 하는데, 처음에는 코로나19가 그런 무기를 가졌는지조차 알지 못했다. 무기는 너무 강력했다. 만약 코로나19 확진자와 접촉한 적도 없고, 아프지도 않다면 여러분은 코로나19 검사를 받으러 가겠는가?

인간 집단 사이에 트로이 목마처럼 숨어있는 바이러스는 그것을 물리적 방역으로 차단하고 색출해내는 것을 아주 힘들게 만들었다. 코로나19 팬데믹을 초래한 바이러스의 비밀이 여기에 있다. 이 바이러스는 인간이 통제하기에 너무 영리하고 사악한 바이러스이다.

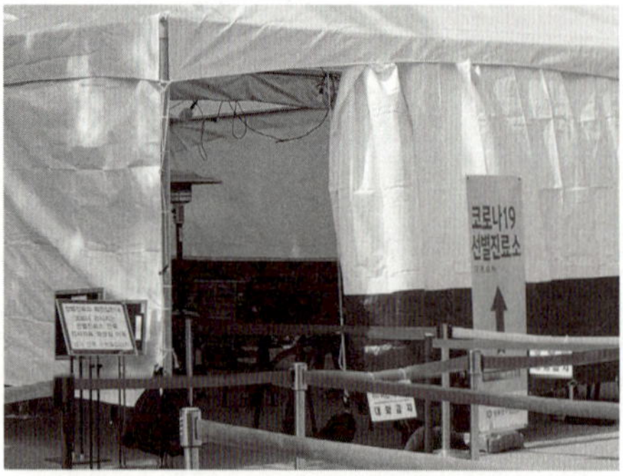

2020년 코로나19 유행 당시 누구나 검사를 받을 수 있도록 마련한 선별진료소

꽃으로도 때리지 마라

"바이러스 앞에서는 누구나 공평하다."

이 말은 바이러스에 노출되면 누구도 바이러스 감염에 자유로울 수 없다는 의미에서 자주 거론된다. 정말 바이러스 앞에서는 누구나 공평할까? 필자는 최소한 그렇지 않다는 편에 서 있다.

불행하게도 바이러스 팬데믹 역사를 살펴보면 바이러스는 불평등했고, 불공정했다. 아니 사람들을 잔인하게 차별했다는 표현이 더 맞을지도 모르겠다. 누구나 걸릴 수 있다고 하지만 좁은 공간에서 매일 많은 사람들과 부대끼며 살아가야만 하는 사람은 바이러스 감염 위험이 높은 반면, 여유롭고 쾌적한 환경에 사는 사람은 그렇지 않다. 바이러스에 감염이 된 이후에도 바이러스는 사람들을 차별한다. 젊고 건강한 사람은 증상도 거의 없고 사망자도 손에 꼽을 정도이지만, 고령층특히 75세 이상과 기저질환자는 이 바이러스 감염에 상당히 치명적이다. 코로나19 백신이 개발되었지만 백신도 공정하게 분배되지 않는다. 모든 사람이 동시에 백신을 맞으면 가장 이상적이지만, 현실은 그렇지 못하다. 그럴 만큼 충분한 물량이 준비되어 있지 않다. 백신을 충분히 확보한 선진국과 그렇지 못한 개발도상국 사이에 불공정이 존재한다.

코로나19 바이러스가 들불처럼 번지면서, 지구촌 곳곳의 취약한 집단에 잔혹하게 파고들어 힘든 자는 더욱 힘들게, 가난한 자는 더욱 가난하게 만들었다. 2021년 1월 국제구호개발기구 옥스팜이 세계 경제포럼WEF에서 발표한 「불평등 보고서」에 따르면, 코로나19 팬데믹으

취업자 수 증감폭 -98만 2000명	직전 기록 : -128만 3000명 (1998년 12월 이후 최대)
취업자 수 감소기간 11개월	직전 기록 : 16개월 (1998년 1월~1999년 6월 이후 최장)
60세 이상 취업 수 증감 -1만 5000명	직전 기록 : -4만 명 (2010년 2월 이후 첫 감소)
청년 확장 실업률 27.2%	통계 작성 이래 최고
'그냥 쉬었음' 인구 271만 5000명	통계 작성 이래 최고

2021년 1월 고용 현황
〈출처: 통계청〉

로 전 세계적으로 이미 수억 명이 일자리를 잃고 빈곤과 기아에 직면했으며, 코로나19 팬데믹 여파로 전 세계 빈곤인구하루 6천 원 미만으로 생활하는 인구가 향후 10년간 최대 5억 명 증가할 것이라고 한다.

하루하루 먹고 살아가기 힘든 사람들에게는 집합 금지 상황이 곧 일자리 상실을 의미한다. 설령 일자리를 가진다 하더라도 바이러스에 쉽게 노출될 수 있는, 밀폐되고 밀집되어 밀접 접촉이 일어나는 환경에 놓이게 된다. 거기에 비위생적인 생활 환경은 아픈 자들을 더욱 아프게 만든다. 쾌적하고 여유로운 공간에서 사는 부유한 사람들과는 비교되지 않을 만큼 바이러스에 노출될 확률이 높은 것이다. 이제 바이러스 팬데믹을 통해 인류의 지속가능성을 위해 불평등·불공정 문제에 물음을 던져야 한다.

두더지 게임, To be or Not to be

"지구의 모든 생물종은 점진적 가변성을 가진다. 단 하나의 공동 조상에서 유래되어 진화에 의해 다양성이 증가되며, 자연 선택의 환경에서 생존에 유리한 형질이 후대에 전수되어 서서히 우점종으로 자리 잡는다."

찰스 다윈이 '종의 기원'에서 주장한 자연선택설에서 말하는 요지이다. 자연선택설은 동물 바이러스의 진화 과정을 연구하면서 '아! 바로 이거구나!'라고 항상 느끼는 결론이다. 바이러스는 머무르지 않는다. 바이러스는 자신의 정체성의 본질은 유지하되, 자신의 몸 어딘가를 수시로 수정·변형하면서 보다 더 정교하게 만들어간다. 정교하지 못한, 숙주 환경에서 불리하게 수정된 것은 도태되고, 유리하게 변형된 것은 승리의 잔을 든다.

코로나19 팬데믹이 지속되면서 여러 가지 예기치 않은 돌발 변수가 여기저기서 나타났다. 그중 하나가 사람에서 동물로의 코로나19 감염 사례이다. 세계 여러 나라에서 확진자와 밀접 접촉한 반려동물개, 고양이, 동물원의 동물사자, 호랑이, 농장 동물밍크에서 그런 상황이 발생했다. 우리나라에서도 고양이와 개에서 코로나19 감염 사례가 발생하면서, 감염된 동물이 다시 사람에게 바이러스를 전파할까 봐 우려하고 있다. 현재 상황에서는 그런 일이 일어날 가능성이 거의 없다. 동물 감염은 거의 다 감염의 종착역더는 다른 개체나 사람으로 전파하지 않음이라고 볼 수 있다. 이런 동물에서는 밀접, 밀집, 밀폐의 환경적 여건이 바이러스와 함께할 가능성이 낮기 때문이다. 너무 걱정하지 않아도 되지만, 감염자가 동물과 접촉하지 않도록 행동하는 것이 동물에게도 사람에게도 상책이다.

예외적이 사건이 하나 있었다. 족제비과 동물이 이 바이러스에 취약한데, 족제비과 동물인 밍크를 키우는 농장에서 감염 사례가 발생했다. 2020년 4월 네덜란드의 밍크 농장에서 코로나19 감염자인 농장 근로자로 인해 처음으로 발생했다. 뒤이어 스페인, 덴마크, 미국 등지에 있는 밍크 농장에서도 발생했다. 그런 와중에 밀집 사육하는 밍크 농장에서 발생한 코로나19는 결국 덴마크와 네덜란드에서 사람에게 감염되는 스필오버spillover 상황이 발생했다. 코로나19 바이러스를 동물에서 사람으로 전파한 유일한 동물은 밍크가 되었다. 문제는 사람과 동물 사이에 스필오버가 발생하다 보면 예상치 못한 변이 바이러스가 등장할 수 있다. 실제 덴마크에서 그런 변이 바이러스가 등장해서 전 세계를 긴장시키기도 했다. 그러면서 이들 나라에서 사육 중인 밍크 수천만 마리를 대량 살처분하는 상황이 벌어졌다. 모피 생산이라는 인간의 탐욕에서 비롯된 비극이었다.

인류와 바이러스 간에 두더지 게임이 시작되었다. 코로나19 백신을 개발하기 이전 세계 각국은 바이러스 확산을 물리적으로 차단하느라 다양한 전략을 가지고 모든 역량을 총동원했다. 이에 바이러스는 인류의 대항으로부터 살아남기 위해 변이를 가속화한다. 세계 어디에선가 변이 바이러스가 등장하면 전 세계가 긴장하며 주목한다. 새로운 변이 바이러스는 이전 바이러스보다 전염력이 얼마나 강해졌는지가 뉴스의 헤드라인을 장식한다.

S형 코로나19 바이러스가 등장하는가 싶더니, 얼마 지나지 않아 V형이 뉴스에 나오고, 다시 유럽 GH형에 이어 영국 B.1.1.7형이 기사를 장식한다. 말레이시아에서, 영국에서, 브라질에서 또 다른 변이 출현 기사가 넘쳐난다. 앞으로도 변이 바이러스에 관한 뉴스는 계속 등장할 것이다. 바이러스 변이가 지속적으로 누적되면서 변종 바이러스의 출현 우려도 깊어지고 있다. 변종 출현은 돌발적인 상황이라 예측할 수 없다. 바이러스의 변종이 출현할 때마다 백신이나 치료제 개발에 대항하는 바이러스의 영악한 실체를 우리는 가슴 졸이며 보게 될 것이다.

바이러스 변이는 럭비공과 같다. 인류는 코로나19 백신을 한시라도 빨리 접종해서 집단면역을 통해 코로나19 바이러스를 잠재우려 하고

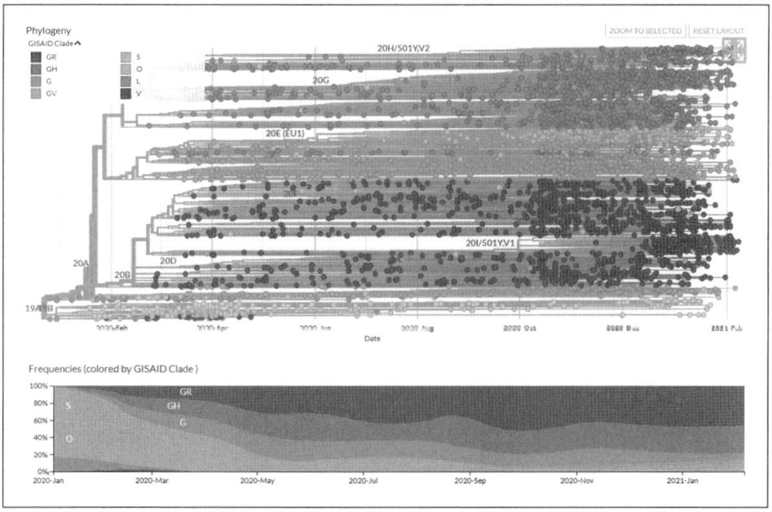

코로나19 바이러스 출현 이후 바이러스 분화가 가속화되면서 우점종 타입이 변하고 있다.
〈출처: https://www.gisaid.org/hcov19〉

있다. 현재로서는 집단면역만이 유일한 방책이기 때문이다. 코로나19 바이러스와의 전쟁에서 인류도 절대 만만한 존재가 아니다. 비록 초기에는 속수무책으로 바이러스에 당하기만 했지만, 이를 무력화시킬 최종 병기인 백신 개발에 전 세계가 역량을 총동원했다. 경이롭게도, 일 년도 지나지 않는 2020년 12월, 인류는 드디어 코로나19 백신을 개발하는 데 성공했으며, 백신 접종을 시작하면서 서서히 바이러스를 제압하기 시작했다백신 이야기는 4장에서 다시 설명함.

백신 접종의 속도로 보면 집단면역을 형성하기까지 수년이 소요될 것이라는 암울한 전망을 내놓기도 한다. 과연 코로나19 백신 접종 시대에는 바이러스가 어떤 방향으로 생존의 몸부림을 치게 될까? 아마도 집단면역을 통해 면역 장벽이 견고하게 형성될 때까지 바이러스 유행은 멈추지 않을 것이다. 백신 접종을 통해 인류가 바이러스 전파를 통제하려고 하면, 그 과정에서 백신 면역에 취약한 바이러스는 차단당할 것이고, 백신 효능을 저하시키는 바이러스는 생존의 몸부림을 칠 것이다.

집단면역을 이루는 장벽이 낮고 약하면 바이러스가 변이를 통해 트로이 목마처럼 그 틈새를 비집고 들어와 조용히 감염시킬 수 있게 되고, 그것이 누적되면 백신을 무력화할 수준까지 강력해질 수 있다. 그러한 틈새를 허용하지 않으려면 바이러스가 사람들 사이에 퍼져나갈 수 없도록 강력한 집단면역을 가져야 하며, 집단면역의 강도도 강해야 한다. 신속하고도 강력하게 백신 면역을 형성하는 게 절실한 이유가 여기에 있다. 백신 접종 시대에도 사회적 거리두기, 마스크 쓰기 등 물리적 통제는 지속되어야 한다. 또한, 바이러스 변이에 대응하는 무기를 곧바로 만들 수 있도록 바이러스 감시를 지속적으로 강화해야 한다.

코로나바이러스 팬데믹의 불씨가 될 수 있는 것은 코로나19만이 아니다. 2012년 중동 지역에서 출현했던 메르스MERS 코로나바이러스가 아직도 중동 지역에서 발생하고 있다. 2015년 메르스 발생으로 우리나라는 사회적으로 엄청난 홍역을 치렀다. 그 경험이 코로나19 팬데믹에 대항하는 우리나라 K 방역의 밑거름이 되었다고 해도 과언이 아니다.

우리는 결국 해결할 것이다. 늘 그래왔던 것처럼.

02

아직도 꺼지지 않은 중동 지역의 불씨, 메르스

바이러스, 모든 것을 삼키다

2015년 6월, 여름 기운이 완연한 어느 더운 날, 저녁 식사 약속이 있어 서울의 한 단골 식당에 들어섰을 때의 광경을 아직도 잊을 수 없다. 그 식당은 꽤 넓은 규모임에도 평소에 미리 좌석 예약을 하지 않으면 자리 잡기가 쉽지 않은, 맛있다고 꽤나 소문난 식당이었다. 평소 같으면 손님으로 가득했을 그 시간에 손님이라곤 단 한 테이블, 바로 필자의 지인들이 전부였다. 식당 주인은 귀한 손님을 맞는 듯 우리 테이블을 위해 정성을 쏟았다. 그 당시 손님 발길이 뚝 끊긴 식당에 대한 뉴스가 여기저기서 흘러나오고 있었다.

“아이고, 제발 저런 뉴스를 내보내지 말았으면 좋으련만, 이렇게 자꾸 내보내니 손님이 더 없어.”

주인의 푸념이 이어졌다.

"확진자가 여기 근처 지나가지도 않았는데……."

이유는 단 하나, 우리나라에서 메르스중동호흡기증후군, Middle East Respiratory Syndrome, MERS가 발생했기 때문이었다. 2015년 5월 20일, 국내에서 처음으로 메르스 환자가 발생했다. 발생지 중동 지역을 방문했다가 5월 4일 국내로 입국한 감염자였다. 5월 20일 확진 판정이 나기 전까지 그 환자는 수도권의 여러 병원을 돌아다녔고, 가는 병원마다 바이러스를 전파하고 다녔다. 제2의 사스SARS가 되는 것일까? 메르스 사태 초창기, 폭발적인 감염자 수 증가로 전 세계의 이목이 우리나라에 쏠렸다. 한국으로의 여행 자제령이 내려졌고 한국 방문객은 급감했다. 평소 중국 관광객으로 가득 찼던 서울 명동 거리가 한산해졌다. 마지막 환자가 발생한 7월 5일까지 총 47일간 186명의 환자가 발생했고, 불행하게도 38명이 사망했다.

짧고도 긴 수개월 동안 메르스라는 감염병은 우리 사회를 들었다 놓았다 했다. 많은 사람들이 건강한 삶을 갈망하며 병원을 찾았다가 날벼락이라도 맞은 듯 병원 내 전파를 통해 메르스에 감염되었다. 병원으로 호송된 환자들의 경위가 위험하다는 뉴스가 하루가 멀다 하고 흘러나왔다. 첫 메르스 환자에 의한 일차 확산의 진원지였던 경기도 평택시는 한동안 사람의 발길이 뚝 끊겨 유령 도시처럼 변했다. 사람들이 많이 모이는 행사는 대부분 취소되었다. 환자 발생 지역에 있는 학교 중 상당수는 휴교령을 내리기도 했다. 어느 지역이든 메르스가 발생하면, 감염자의 동선과 겹친 사람들은 바이러스 공포에 전전긍긍했다. 메르스 감염자가 특정 지역 지하철을 이용했다는 사실이 알려지자 그 지하철을 이용하는 사람들은 너도나도 마스크로 무장했다. 기침이나 재채기라도 하면 주변 사람들의 매서운 눈초리를 의식하지 않을 수 없었다. 6·25 전쟁 때의 난리는 난리도 아니었다고 여기저기서 탄식이 흘러나왔다.

사람들은 왜 그렇게 메르스에 대해 공포심을 가지고 있었을까? 일단 바이러스에 노출되면 누구든 가리지 않고 자신의 의지와 관계없이 그 몹쓸 병에 걸릴 수 있고, 치명적인 결과를 초래할 수도 있었기 때문이다. 이렇듯 감염병, 특히 치명적인 신종 감염병은 병증 그 자체보다 과도하게 포장된 두려움과 공포를 만들어내고, 이를 확대·재생산한다. 그러면 사회적 활동들이 위축되고 그 피해가 사회 곳곳에서 휘몰아치듯이 일어난다. 세계 어느 곳이든 신종 감염병 출현에 대한 공포와 사회적 충격은 반복적으로 나타날 수 있다. 그 이전에 발생했던 사스2003년, 신종플루2009년, 에볼라2014년 사태 때도 그랬다. 저명한 바이러스 학자 네이선 울프Nathan Wolfe는 이 사태를 예측이라도 한 듯 '바이러스 폭풍Viral storm'이라고 표현했다.

2015년 우리나라는 메르스 종식을 선언했다. 메르스 유행 초기에는 사상 초유의 사태에 다소 혼란을 겪었지만 모두 병원 내 감염으로 끝났다. 지역사회 전파 사례 하나 없이 성공적으로 마무리되었다. 2003년 홍콩발 사스는 세계적 확산의 도화선이 되었지만, 한국발 메르스는 한국의 병원 내 감염에서 끝났다. 우리는 아직도 메르스 환자가 지속적으로 발생하고 있는 중동 지역과는 분명 다른 문제 해결 역량을 보여주었다. 메르스 사태는 감염병에 대한 우리 사회의 안전의식을 새삼 일깨우는 계기가 되었다. 비록 짧은 기간의 충격이었지만 메르스는 우리가 감염병을 대처하는 데 있어서 무엇을 준비해야 하는지 숙제를 남겼다.

알리 자키 박사의 결심

2012년 6월, 사우디아라비아 중동 홍해 근처 항구도시 제다Jeddah 시에 있는 한 사설병원에 60세 남성이 고열과 호흡곤란 등 심한 폐렴 증세를 호소하며 중환자실에 입원했다. 이 남성은 비옥한 토지와 대추야자가 풍부한 인근 곡창지대 비샤Bisha 지역에서 철물점을 운영하고 있었다. 그는 병원에서 폐렴을 완화하기 위해 항생제 치료를 집중적으로 처방받았지만 나아지지 않았다. 병원의 집중 치료에도 불구하고 입원한 지 11일째 결국 신부전으로 사망했다.

그 병원에 근무하던 이집트 태생의 바이러스 학자 알리 자키Ali Zaki 박사는 호흡기 괴질 환자의 사망원인을 조사하고 있었다. 병원 진단연구실에 환자 객담 검체가 도착하자 환자의 사망 원인을 찾아내기 위해 여느 때와 마찬가지로 연구실에서 배양하고 있던 원숭이 콩팥 세포에 환자 객담 검체를 접종했다. 며칠이 지나 세포 속에서 바이러스가 증식하는 것을 발견했다. 이미 알려진 호흡기 질환 유발 바이러스 검사를 했지만 모두 음성 판정이 나왔기에, 이 바이러스가 기존에 알려진 호흡기 바이러스가 아닌 새로운 신종 바이러스임을 직감했다. 2003년 중국 사스 사태를 순간 떠올렸다. 그의 우려는 현실로 다가왔다. 코로나바이러스Coronavirus 검사에서 양성반응이 나왔으나 사스바이러스는 아니었다. 그는 이 바이러스가 또 다른 신종 바이러스임을 알아챘다. 그리고 네덜란드 에라스무스 연구소 롱 퐁시에Ron Fonchier 박사 팀에게 자신이 검사한 결과와 함께 바이러스 샘플을 보내 신종 바이러스를 분석해 달라고 요청했다. 네덜란드에서 날아온 검사 결과도 알리 자키 박사의 검사 결과와 일치했다. 더욱이 그 바이러스는 박쥐 코로나바이러스와 매우 유사한 신종 코로나바이러스임이 밝혀졌다. 그 소식을 듣고 알리 자키 박사는 고심했다.

"이 바이러스가 퍼지면 얼마나 위험할까? 만약 모르고 방치한다면 그건 재앙이 될 것이다."

그는 결국 자신이 발견한 신종 코로나바이러스의 출현을 국제사회에 급히 알려야겠다고 생각하고, 9월 15일 이 바이러스를 발견한 사실을 편지로 써서 국제감염병기구 소식지인 '프로메드 메일ProMed Mail'에 보냈다. 그 편지는 9월 20일 자로 인터넷을 통해 전 세계에 공개되었다. 반응은 즉각적으로 나왔다. 그의 편지가 공개되자마자 며칠 뒤 영국 런던의 한 병원에서 알리 자키 박사의 사례와 매우 유사한 카타르 환자가 입원해 있으며, 이 환자 역시 동일한 바이러스가 검출되었다는 소식이 전해졌다. 이어서 최근 중동 지역 폐렴 사망자들에 대한 역추적 조사도 이루어졌다. 사우디에서 첫 환자가 발생하기 두 달 전에도 요르단의 폐렴 환자 두 명이 메르스에 걸려 사망한 것으로 뒤늦게 밝혀졌다. 이것은 사우디아라비아에서의 첫 환자가 발생하기 이전 중동 여러 지역에 이미 메르스바이러스의 전파가 이루어지고 있었음을 암시했다.

알리 자키 박사는 그의 노력으로 메르스가 세계에 알려지게 되었음에도 불구하고 검체 시료를 사우디아라비아 보건 당국의 승인 없이 네덜란드 연구소로 불법적으로 반출한 혐의에 대해 당국의 조사를 받았다. 그리고 그가 다니던 병원에 사직서를 제출해야만 했다.

알리 자키 박사에 의해 초창기 묻힐 뻔했던 메르스의 출현 사실이 밝혀지자마자, 중동 지역 보건 당국과 영국에서 대응 조치가 이루어지기 시작했다. 나중에 감염병이 확산되면 누군가 괴질의 원인을 밝혔겠지만 그의 노력이 없었다면 많은 사람이 감염병에 무방비로 노출되어 중동뿐만 아니라 영국에서도 메르스 환자가 속출하는 재앙으로 번졌을지도 모른다.

블랙스완

"수천 년 동안 수백만 마리가 넘는 흰 백조를 보고 또 보면서 견고하게 다져신 성설이 검은 백조 한 마리 앞에서 무너져버렸나. 검은 백조 한 마리로 충분했다."

이 말은 나심 니콜라스 탈레브Nassim Nicholas Taleb가 그의 저서 『블랙스완』에서 한 말이다. 아직도 백조가 모두 흰색 깃털을 가지고 있다고 믿는가? 아마도 전 세계적으로 선풍적인 인기를 끌었던 『블랙스완』이 출간되기 전까지는 많은 사람이 그렇게 믿었을 것이다. 필자 또한 어릴 적부터 최근까지 백조는 모두 흰색 깃털을 가졌다고 알고 살았다. 나심 니콜라스 탈레브의 저서를 통해 검은 백조의 존재를 알기 전까지 최소한 그랬다.

서구인들은 1697년 네덜란드 출신의 선장 윌리엄 드 블라밍Willem de Vlamingh이 호주 서부 지역에서 우연히 검은 깃털을 가진 백조를 발견하기 전까지, 백조는 당연히 흰 깃털을 가졌다고 믿었다. 검은 백조가 존재한다는 것 자체가 서구인에게는 기존 관념과 패러다임을 뒤엎는 엄청난 사고의 혼란과 충격이었을 것이다. 백조라고 이름 붙인 새의 정체성이 무너지는 순간이었기 때문이다.

나심 니콜라스 탈레브는 그의 저서에서 '블랙스완'의 의미에는 세 가지 속성이 내포되어 있다고 했다. 블랙스완은 과거 경험상의 관측치를 벗어난 극단의 영역에서 발생하기에 그 사건이 매우 예외적이고 예측이 거의 불가능하지만희귀성, 일단 발생하면 엄청난 충격과 파급

블랙스완: 극단의 영역에서 발생하여 엄청난 충격과 파급 효과를 가져오는 것을 의미한다.

효과를 가져오고엄청난 충격 파장, 사건이 발생한 후에야 소급하여 예견을 설명할 수 있는예견의 소급 설명 속성이 있다는 것이다. 존 캐스티John Casti는 이 같은 상황을 'X 이벤트Extreme Event'라고 정의한다. 우리나라에도 '설마가 사람 잡는다'는 비슷한 의미의 속담이 있다. 이 말은 '그럴 리가 없다고 믿고서 마음을 놓고 있거나 사건을 의도적으로 축소 또는 부정하는 데서 큰 문제가 발생한다'는 의미를 담고 있다.

2002년 중국 광둥에서 야생 박쥐로부터 사스바이러스가 출현한 이후, 바이러스 학자들은 밀림이나 깊은 산속에 숨어있는 야생동물이 가지고 있는, 인간에게 전이될 수 있는 위험한 바이러스를 조사해왔다. 그럼에도 불구하고 야생 박쥐로부터 출현한 신종 바이러스들을 예측하지 못했다. 야생 박쥐 신종 바이러스는 왜 이처럼 극단의 영역에 존재하게 되었을까? 과학자들이 전 세계에 분포하고 있는 야생 박쥐를 집중 감시함으로써 수많은 미지의 야생 바이러스를 발견했음에도 말이다.

메르스도 블랙스완이 가지는 세 가지 속성을 그대로 보여주고 있다. 이 책에서 소개하는 사스, 코로나19 바이러스들도 모두 블랙스완의 속성을 가지고 있다. 사실 중동 지역에서는 바이러스에 관한 조사가 거의 이루어지지 못했다. 정정 불안과 여러 가지 정치 사회적 배경이 작용했을 것이다. 그리고 중동 지역의 야생 박쥐가 신종 바이러스를 출현시킬 것이라는 예측을 전혀 하지 못했을 것이다.

메르스바이러스가 왜 당시 중동 지역에서 출현했을까? 이것은 신종 바이러스가 출현할 때마다 공통적으로 제기되는 질문이다. 누구도 예측하지 못한 상황에서 극단적으로 발생하기 때문이다. 여전히 바이러스의 출현 과정은 미스터리로 남아 있다. 현재까지 밝혀진 사항으로는 중동 지역 감염 낙타와의 직간접적 접촉을 통해 바이러스가 사람에게 전이되었다는 것뿐이다. 낙타가 사람들 사이에 감염병을 퍼트릴 것이라고 누가 상상이나 했겠는가?

2015년 5월 이전, 메르스 추가 환자의 발생은 중동 지역, 특히 사우디아라비아 지역에 집중되어 있었다. 메르스바이러스가 마치 '중동'이라는 저수지를 채운 것 같았다. 중동 지역에서 주기적으로 유행 파동이 일어나면 저수지에 가득 찬 바이러스라는 물이 출렁거렸다. 그때마다 바이러스는 저수지 둑을 흘러넘치듯 중동 지역을 벗어나곤 했다. 중동 지역 메르스 유행 파동의 강도가 특히 강했던 2014년 초에는 바이러스가 중동 지역 외부로 가장 빈번하게 흘러넘쳤다. 중동 지역과 인적 교류가 잦은 유럽에서의 발생 빈도가 상대적으로 많았지만, 그렇다고 아시아나 북미 대륙에서 메르스 발생 사례가 없었던 것은 아니다.

중동 이외 지역에서의 메르스 발생은 한결같이 예측 가능성이 매우 낮고 임의적인 성격을 가지고 있다. 한국의 사례도 마찬가지였다. 중동에서의 메르스 사태가 남의 일인 양 "설마 국내에 들어오겠어?" 하는 안이한 생각이 지배하던 때 마치 기습 공격이라도 하듯이 우리나라에 들어왔다. 2015년 5월 4일 중동을 방문하고 돌아온 단 한 명의 메르스 감염자가 '블랙스완' 사태를 몰고 올 것이라고는 아무도 예상하지 못했다.

낙타의 수난

필자가 처음으로 낙타를 접한 것은 2003년 몽골에서였다. 그 당시 한국국제협력단Korea International Cooperation Agency, KOICA 수의학 전문가로 몽골 정부 기관에 파견되어 활동하고 있을 때였다. 좀 더 낙타와 친숙해진 것은 몽골 남부 지역 샤인산드Shainsand 지역 유목민 농가들을 방문했을 때였다.

몽골 유목민에게 낙타는 옛날 우리나라 조상들의 소와 같은 존재이다. 낙타도 소와 마찬가지로 참으로 온순한 동물이다. 사람을 적대적으로 대하지 않는다. 한번은 구제역 검사를 위해 낙타를 채혈할 일이 있었다. 낙타는 채혈하는 순간에도 미동하지 않고 약간의 엄살 같은 소리를 낼 뿐 가만히 있었다. 그래서 소나 돼지처럼 채혈을 하기 위해 단단히 붙들고 있을 필요가 없었다. 구제역은 발가락이 두 개인 동물들이 걸리는 감염병인데 낙타도 두 개의 발가락을 가졌다. 낙타가 구제역에 걸리면 소와 돼지처럼 발가락과 입 주위에 물집이 생긴다. 그래서 구제역에 걸린 낙타는 발 통증으로 짐 운반과 같은 일을 할 수가 없게 된다.

낙타는 메르스에 걸린다. 중동에서 가축으로 사육하고 있는 등 봉우리가 한 개인 단봉낙타가 바로 그 불행의 주인공이다. 몽골에서 사육하는 등 봉우리가 두 개인 쌍봉낙타도 메르스에 걸릴까? 쌍봉낙타를 키우는 지역에서 메르스가 발생하지 않았기 때문에 지금으로서는 판단하기가 쉽지 않다. 다만 같은 낙타이기 때문에 쌍봉낙타도 메르스에 걸릴 수 있는 개연성이 높다.

메르스에 걸린 낙타는 사람처럼 독감과 유사한 심한 증상을 보이지는 않는다. 단봉낙타를 대상으로 실험한 논문 자료에 의하면, 낙타에 메르스바이러스를 주입해도 약간의 콧물 정도만 보이고 바로 회복한다고 한다. 그렇다 보니 자세히 관찰하지 않으면 단봉낙타가 메르스에 걸렸는지 잘 알 수 없다. 실제 중동 지역에서 감염 낙타의 대부분은 아무런 증상을 보이지 않았다. 그래서 중동 사람들도 증상이 나타나지도 않는 낙타와 무턱대고 접촉을 피하기는 어려웠을 것이다. 그래서 중동 지역의 메르스 환자 수백 명이 낙타가 메르스에 걸렸는지도 모르고 접촉했을 것으로 추정된다. 감염된 낙타가 메르스를 옮긴다는 사실을 알고 있었다면 사람들은 그 낙타와의 접촉을 피했을 게 분명하기 때문이다. 만약 메르스에 걸린 낙타가 심한 독감 증상을 보였다면 낙타 주인에 의해 쉽게 발견되었을 것이다. 그리고 그런 낙타가 발견되는 즉시 방역과 검역 조치를 곧바로 취했을 것이다.

낙타가 사람에게 메르스를 옮기는 주범 역할을 했다는 증거는 여러

중동 지역에서 메르스를 전파한 동물로 지목된 단봉낙타

곳에서 나왔다. 실제로 중동 지역 메르스 환자들을 대상으로 감염 경로를 분석 조사한 결과에 따르면, 병원 내 감염 사례를 제외하고는 대부분 감염자들은 낙타와 직·간접적으로 접촉했던 것으로 밝혀졌다. 또한, 중동 지역 농가에서 사육하는 여러 가축들을 조사했을 때, 낙타에게서만 유일하게 메르스 감염 증거인 항체가 나왔다. 중동 지역 낙타 대부분은 메르스바이러스 항체를 보유하고 있었다. 심지어 일부 어린 낙타에서는 메르스바이러스까지 검출되었다.

세계보건기구는 메르스 감염 방지를 위해 중동 지역을 여행하거나 방문할 때 낙타나 낙타 체액 접촉 금지, 멸균하지 않은 낙타 우유 섭취 금지, 낙타 생고기 섭취 금지 등을 권장했다. 사람에게 메르스 바이러스를 옮기는 중간 전파 매개체 역할을 하는 동물이 중동 지역 단봉낙타라는 것은 기정사실이 되었다. 이 사실이 알려지자 중동을 포함하여 여러 지역에서 낙타에 대한 메르스 검사가 이루어졌다. 낙타가 메르스바이러스를 가지고 있을지도 모른다는 두려움이 사람들 사이에서 퍼져나갔기 때문이다. 우리나라에서도 2015년 6월 초, 국내 메르스 환자가 속출하기 시작할 당시 낙타에 대한 메르스 감염 여부 조사가 이루어졌다. 당시 국내에서는 동물원 등 10개소에서 단봉낙타 36마리, 쌍봉낙타 10마리, 총 46마리의 낙타를 사육하고 있었다. 다행히도 메르스에 감염된 낙타는 한 마리도 발견되지 않았다. 몽골에서도 쌍봉낙타에 대한 메르스 검사가 있었는데, 거기에서도 메르스에 감염된 낙타가 발견되지 않았다. 메르스에 감염된 낙타가 발견된 지역은 아프리카 북부와 중동 지역뿐이었다.

사우디아라비아 제다시의 한 병원에서 처음 메르스바이러스를 분리했을 당시, 알리 자키 박사가 메르스 환자 발생 이전에 병원에 입원했던 환자 2,400명의 보관 중이던 혈액 샘플을 급히 꺼내어 메르스 검사를 진행했다. 다행히도 메르스 사망자가 입원하기 이전에 입원했던 환자들 중에서 메르스에 걸린 사람은 단 한 명도 없었다. 이것은 그 이전에 메르스 감염자가 존재하지 않았다는 것을 시사한다.

메르스바이러스는 사람의 감기 바이러스처럼, 낙타가 원래 가지고 있던 바이러스일까? 만약 그렇다면 왜 지금에서야 메르스바이러스가 퍼지는 것일까? 평생 낙타와 살았던 농민들이 이제야 메르스에 걸리는 이유는 무엇일까? 무엇이 문제일까? 하는 다양한 의문이 생길 것이다. 낙타는 중동 지역 농민들과 수천 년 동안 접촉하면서 살아온 가축이다. 사람과의 접촉이 빈번하게 되면 그 동물로부터 바이러스가 전염될 확률이 높아지는 것은 당연하다. 그런 논리를 적용하면 메르스바이러스는 몇 년 전이 아니라, 낙타의 가축화가 진행되었던 수천 년 전 사람에게 넘어왔어야 했다.

과학자들은 바이러스의 기원을 찾기 위해 과거에 중동 지역에서 연구를 위해 채혈해서 보관 중이던 낙타 혈청을 꺼내어 조사하기 시작했다. 놀랍게도 사우디아라비아 반도에 있는 발생 지역의 낙타뿐만 아니라 북부 아프리카에 서식하는 낙타에서도 메르스 항체가 광범위하게 발견되었다. 항체가 검출된 시점도 최소 30년 이전부터였다. 이것은 과거 최소 30년 이상 이들 지역 낙타들이 이미 메르스바이러스에 광범위하게 감염되었다는 사실을 방증하는 것이었다.

그런데 왜 그동안 아프리카 지역에 메르스 환자가 없었을까? 왜 지금에서야 아라비아반도에서만 메르스가 나타났을까?

이 질문의 답으로 그럴듯한 가능성 두 가지를 제시할 수 있다. 사람에게는 감염되지 않지만 메르스바이러스와 유사한 바이러스가 낙타들 사이에서 존재하고 있어서, 항체 교차반응이 나타났을 수 있다. 그런데 그런 바이러스를 낙타에게서 찾아내지는 못했다. 아니면 오래전 낙타들 사이에서 이미 메르스바이러스 또는 그 조상 바이러스가 존재했던 것인지도 모른다. 가장 그럴듯한 가능성은 낙타 코로나바이러스가 2012년에 어떤 환경적 변화에 의해 사람에게 감염이 가능한 바이러스로 갑작스러운 변신을 겪었다고 추정하는 것이다. 과거의 신종 바이러스에서도 그러하듯이, 사람 바이러스로의 변신은 원래 그 바이러스를 가지고 있는 자연 숙주Natutral host 동물이 아니라, 일반적으로 자연 숙주와 사람 간 바이러스를 연결하는 중간 전파 매개체 동물 몸속에서 일어난다. 숨어있는 배후가 있다는 말이다.

숨어있는 배후

사실 메르스 코로나바이러스를 분리한 당시부터 이미 과학자들의 이목은 야생 박쥐를 향하고 있었다. 이 바이러스가 박쥐 바이러스, 사스바이러스와 같은 부류의 코로나바이러스라는 사실이 밝혀졌기 때문이다. 이미 많은 과학자들은 사스의 기억을 떠올렸다. 실제 메르스바이러스라고 명명하기 전에는 사스 유사 바이러스라고 부르기도 했다. 사스가 유행할 당시 재래시장에서 판매되는 사향고양이가 바이러스를 퍼트리는 단독 범인으로 몰렸지만 나중에 중간 전파 매개체 동물에 불과하다는 사실이 밝혀졌다. 사스바이러스의 기원은 중국 남부 지역 동굴에 사는 중국관박쥐라는 사실이 지속적으로 입증되었기 때문이다. 많은 과학자가 메르스 코로나바이러스의 정체가 밝혀지자 중동 지역에 서식하는 어떤 박쥐종이 메르스바이러스 기원 동물일 것이라고 추정했다.

"이건 박쥐 바이러스야!"

필자 또한 그렇게 예측했다. 박쥐에 대한 의심은 메르스 감염자가 최초로 확인된 이후 사우디아라비아 보건 당국이 취한 후속 역학조사 과정에서도 쉽게 드러났다. 2012년 9월 사우디아라비아에서 처음 메르스 바이러스 출현 사실을 인식하였다. 그다음 달부터 비샤 지역 첫 메르스 환자의 집 주변 12킬로미터 이내 지역과 그 환자가 일했던 철물점 주변 1킬로미터 이내 지역에 서식하고 있는 박쥐 96마리를 포획해서 메르스 바이러스 보유 여부 조사를 집중적으로 벌였다.

예상했던 대로 결과는 적중했다. 박쥐 검체에서 두 종의 코로나바이러스가 검출되었다. 그중 코로나바이러스 한 종이 비샤 지역 빈집에 서식하던 이집트무덤박쥐 한 마리에서 발견되었다. 이 바이러스 유전자의 일부는 메르스 코로나바이러스와 일치했다. 그러나 아직까지 이집트무덤박쥐가 메르스바이러스를 퍼트린 진범이라고 확신하기에는 이르다. 박쥐 바이러스를 세포배양으로 분리배양하는 데 실패했고, 바이러스 게놈의 중요 유전자 대부분이 분석되지 않았기 때문이다.

많은 과학자가 2005년부터 세계 각 지역에 서식하는 박쥐 찾기에 열을 올렸다. 2002년 중국 광둥성에서 사스바이러스가 출현하고 나서, 제2의 사스 출현을 예측하고 사전에 그런 사태를 차단하기 위해서였다. 그러나 그동안 중동 지역 야생 박쥐의 코로나바이러스 조사가 제대로 이루어진 적이 없었다. 그래서 메르스 코로나바이러스는 사람뿐만 아니라 동물에게서도 여태껏 발견된 적이 없었기에 어느 누구도 이 바이러스가 중동에서 출현할 것이라고 예측하지 못했다. 사스바이러스와 유사한 신종 바이러스가 출현할 위험은 경험에 근거한 관측치를 벗어난 곳에 존재하고 있었다.

야생 박쥐 코로나바이러스는 왜 그동안 중동 지역에서 발견되지 않았을까? 왜 메르스가 출현한 이후에야 허겁지겁 야생 박쥐를 조사하고 중동 지역 야생 박쥐 코로나바이러스를 파악했을까? 만약 그전에 중동 지역 박쥐 조사를 철저히 했더라면, 그래서 미리 파악하고 있었다면 메르스 출현을 사전에 예측할 수 있었을까?

메르스와 유사한 바이러스들이 아프리카와 아시아 지역 박쥐에서 분리되고 있지만, 그 바이러스가 사람에게 위협적이라는 것을 증명하는 것은 거의 불가능에 가깝다. 박쥐에서 야생 상태로 분리되는 상당수 바이러스는 종간 장벽에 막혀 사람 세포에서 증식 자체를 할 수 없기 때문이다. 즉, 야생 상태의 바이러스가 사람 바이러스로 변신한 이후에나 사람에게 위협적인지 판단 가능한 일이므로 그 변신을 예측할 수 있는 과학적 분석 기술이 무엇보다 우선되어야 한다.

03

코로나바이러스가 인류에게 던진 최초의 경고, 중국 사스

감염병보다 무서운 공포

"신뢰할 수 있는 공식 정보가 없을 때 데이터, 믿음, 추론 등 온갖 지적 자원을 동원하여 공감대를 구축함으로써 대중들은 마치 해결자처럼 대응한다."

미국 사회학자 타모츠 시부타니Tamotsu Shibutani가 유언비어의 속성을 두고 한 말이다. 정보 부재로 인한 두려움은 각종 유언비어를 낳아 대중들을 쉽게 비이성적으로 만들어 사회 곳곳에서 혼란을 부추긴다.

2003년 2월 1일부터 시작된 중국 최대 명절 춘절, 가족 친지들과 명절을 보내고 있던 광둥성 광저우 시민들에게 '괴질로 사람들이 죽어간다'는 문자가 휴대전화를 통해 전파되기 시작했다. 그 문자 메시지는 삽시간에 광저우 시민들 사이에 퍼졌다. 그 괴질 소문은 사실이었다. 이미 한 달 전부터 중국 광둥성에서 괴질이 발생하고 있었다. 이 괴질 원인을 놓고 조류독감 변종이니 탄저균이니 하는 각종 소문만 난무했다.

이 사실이 알려지자 춘절 휴가를 보내던 광저우 시민들은 순식간에 공포의 도가니에 빠졌다. 식품 사재기가 나타나고, 약국에는 항생제를 사려는 시민들로 난리가 났다. 심지어 식초가 괴질에 효험이 있다는 소문 때문에 슈퍼마켓의 식초가 동이 나는 사태까지 발생했다. 중국 정부가 괴질이 발생한 사실을 침묵함에도 불구하고 괴질 유행에 대한 소문은 휴대전화와 인터넷을 통하여 중국 전역을 넘어 해외로 퍼져나가기 시작하였다.

결국 중국 정부는 2002년 11월부터 지금까지 괴질이 중국 남부 광둥성 6개 도시에서 발생해서 305명의 감염자가 발생했다고 시인하면서 2월 11일 세계보건기구에 보고하게 된다. 세계보건기구WHO는 3월 12일 괴질 폐렴에 관해 전 세계 긴급보건 경보를 발령했고 국제보건 감시 체계를 가동했다. 3일 뒤 이를 '사스중증급성호흡기증후군, SARS'라고 명명했다. 이때까지도 사스를 일으키는 원인이 무엇인지 밝혀지지 않았다.

3월 27일, 북경 시내 한 병원 의사와 간호사가 사스로 사망하면서 이 사실이 북경 시내에 금방 퍼졌다. 북경발 사스 공포는 다방면에서 나타났다. 그 당시 이미 세계 각국은 중국 괴질 폐렴에 관해 이목을 집중하고 있었다. 즉각 많은 국가가 자국민에게 발생국 여행을 자제하도록 권장했으며, 중국 여행 취소가 봇물을 이루었다. 태국은 괴질 폐렴 발생 국가에서 입국하는 모든 여행객에 대해서 마스크 착용을 의무화하고 어길 시 징역형에 처하겠다고 하였다. 미국은 중국과 홍콩의 주재 외교관 철수령을 발표하였다. 발생국 방문객 공항 검역, 대형 축제 취소 등 전 세계가 비상이 걸렸다.

"3월 31일 현재 중국 내 1,190명의 사스 감염자가 발생했고, 46명이 사망했다." 나흘이 지난 4월 1일, 중국 정부는 중국 내 사스 발생을 공식 시인했다.

2003년 봄, '사스 자체보다 더 무서운 사스 공포', 무엇이 그토록 세상을 공포로 몰아넣었을까? 원래 공포는 알 수 없는 두려움에서부터 잉태되어 사람들 사이에서 공감대를 형성하면서 증폭되기 마련이다. 그 공포의 시작은 2003년 2월 중국 광둥 지방에서 시작돼 급속히 전 세계로 퍼져나갔지만, 실험실 진단은 불가능했고 의심 환자가 보이는 병증에 근거하여 확진을 내려야 하는 혼란스러운 일이 한동안 벌어졌다. 그 실체가 무슨 바이러스인지조차 밝혀지지 않았던 탓이 컸다. 2003년 3월 말이 되어서야 홍콩에서의 집단 발생 사례만 특정하여 과거 본 적이 없는 새로운 코로나바이러스를 분리해냈다. 네덜란드 연구팀이 이 신종 바이러스를 접종한 실험용 원숭이를 통해 사스 증상 재현에 성공함으로써, 그 실체가 신종 코로나바이러스라는 주장이 유력해졌다. 세계보건기구가 신종 코로나바이러스를 원인체로 공식 인정한 것은 4월 16일이다. 이미 코로나바이러스 광풍이 세계를 한 번 휩쓴 뒤였다.

2007년 4월, 중국 휴대전화 사용자들에게 문자 메시지 하나가 전송돼 중국 사회가 발칵 뒤집어졌다.

"익지 않은 바나나를 먹지 마세요. 현재 하이난 바나나에서 사스 바이러스가 검출되었으니 주의 바람."

이 문자 하나만으로, 중국 남방 지역 바나나 재배 농가들은 바나나 가격 폭락이라는 날벼락을 맞는 이해하기 힘든 일이 벌어졌다. 바나나가 사스를 퍼트릴 수 있을까? 어떻게 말도 안 되는 이런 루머들이 대중의 심리 속으로 파고들어 공감대를 형성하게 되었을까?

신종 감염병이 유행할 때마다 각종 괴소문과 유언비어가 진실인 양 날개를 달고 어김없이 등장한다. 코로나19가 발생한 2020년도 예외가 아니다. 음모론과 가짜 뉴스가 확산되는 '인포데믹 현상'은 페이스북, 유튜브 등 소셜미디어를 통하여 더욱 확산되었다. 헤어드라이기의 더운 바람으로 바이러스를 소독할 수 있다고 하는 것은 그나마 애교 수준이다. 문제는 잘못된 정보가 사람들 사이에서 그럴듯한 논리로 공감대를 얻으면서 사람들이 그대로 실행에 옮긴다는 데 있다. 메탄올인체에 치명적임이나 에탄올을 마시면 코로나19를 예방할 수 있다는 정보 때문에 2020년 세계 각국에서 유행 초기 3개월간 메탄올 또는 에탄올을 먹고 5,800명 이상이 병원 신세를 졌고, 그로 인해 황당하게 사망한 사람이 800명을 넘어섰다고 한다. 급기야 세계보건기구가 메탄올이나 에탄올을 마시면 생명에 매우 위험하다는 경고를 하고 나서기에 이르렀다.

대중들이 감염병 유행에 관해 잘못된 정보를 가지고 어설프게 판단하고 해석하려 드는 것은 감염병을 통제하려는 국가적 노력에 커다란 장애물로 작용할 수 있다. 그러므로 인포데믹 현상이 지역사회를 지배하지 않도록 통제하고 제어하는 것은 지역사회의 감염병 차단을 위한 노력만큼이나 방역 당국에게는 매우 중요하다. 또한 감염병 재난에 대처하는 상황에서 일반 대중들이 잘못된 정보에 현혹되지 않고 올바르게 판단하고 대처할 수 있도록 하는 것은 전문가 그룹들이 정부 당국의 협력하에 실행해야 할 사회적 책임이기도 하다. 그것의 토대는 신뢰할 수 있는 투명한 과학적 소통 체계 구축에 있다. 이를 위해 우리는 어디로 어떻게 나아가야 할까?

감염병 확산의 키워드, 슈퍼전파자

"슈퍼전파자를 찾아내 통제하는 것이 사스를 통제하는 핵심 열쇠이다."

사스 유행이 정점에 달했던 2003년 4월, 세계보건기구 관계인이 한 언론 인터뷰에서 한 말이다.

감염병 역학 분야에서 '슈퍼전파자'는 이미 오래전부터 역학자들 사이에서 사용되어온 용어였다. 일반 대중들이 언론매체를 통해 슈퍼전파자를 폭넓게 인식하게 된 계기는 2003년 사스 유행 때이다. 그 당시의 주요 슈퍼전파자의 사례를 살펴보자.

사스 출현 당시 첫 번째 슈퍼전파자는 2002년 12월 당시 중국 남부 광둥성의 한 식당에서 일하던 요리사로, 그 환자는 사스에 걸린 후 치료차 한 지역병원에 입원했다가 8명을 감염시켰다. 이는 다음 해 1월 광둥성에서 사스가 급증하는 시발점을 제공했고, 중국 남부 지역에서 괴질 발생의 공포를 증폭시키는 기폭제가 되었다. 광둥성에서 발생한 두 번째 슈퍼전파자는 광둥성 시내 한 병원에 입원하면서 19명의 친척과 최소한 5명의 의료진을 감염시켰다.

세 번째 슈퍼전파자는 두 번째 슈퍼전파자의 2차 감염자인 의료진으로부터 감염된 의사였다. 이 의사는 사스에 걸려 병증이 있는데도 불구하고 친지 결혼식에 참석하기 위해 무리하게 홍콩을 방문했다. 그곳 4성 호텔 9층에서 단 하루 머물면서 아마도 같은 엘리베이터를 이용한 것으로 추정되는 호텔 투숙객 및 방문자를 최소 16명 감염시켰다. 이들은 다시 전 세계로 바이러스를 실어 날랐다.

그 당시 같은 호텔에서 머문 뉴욕 출신 사업자는 베트남 하노이를 방문하여 거기서 무려 63명을 감염시켰고, 그의 2차 감염자 중 여성 한 명은 싱가포르를 방문해 거기서 최소 195명을 감염시켰다. 또한 호텔에 머물렀다 사스바이러스에 감염된 캐나다 여성은 토론토에 귀국해 거기서 136명을 감염시켰다. 세 번째 슈퍼전파자인 광둥 지방

슈퍼전파자는 여러 명을 감염시켜 집단감염을 유발하는 감염자이다.

의사는 중국에서 다른 나라로 사스바이러스를 퍼트리는 슈퍼전파자 역할을 한 것이다.

그 중국 광둥 의사가 홍콩의 호텔에 머무르던 날, 잠시 들렀던 한 청년 인턴 사원은 고열과 통증에 시달리다 못해 보름이 지난 3월 4일 홍콩의 한 병원에 입원했다. 거기서 143명을 감염시켰고, 그중 한 사람인 신장 투석 환자는 퇴원 후 자신이 살던 아파트에 머문 지 단 하룻밤 만에 입주민 213명을 감염시켰다. 북경에 사는 한 노인은 홍콩의 그 병원에 입원해 있던 동생 병문안을 갔다가 비행기를 타고 북경으로 돌아가면서 비행기 승객 22명과 2명의 승무원을 감염시켰다. 여기서 2차 감염된 승객들은 대만, 태국, 방콕, 싱가포르, 심지어 내몽골까지 사스를 확산시켰다.

슈퍼전파자인 광둥 의사 한 명이 2차, 3차 슈퍼전파자를 만들면서 사스는 중국에서 홍콩으로, 아시아 국가로, 북미 대륙 등 전 세계로 바이러스가 순식간에 확산되었다. 지금까지 사스 감염자는 8,273명이 발생했고 그중 775명이 중증 폐렴으로 사망했다.

2015년 6월, 메르스가 사회 최대의 이슈였을 때도 감염병의 확산과 공포를 관통하는 핵심 단어는 슈퍼전파자였다. 국내 첫 메르스 감염자가 중동에서 입국 후 확진될 때까지 여러 병원을 다니는 동안 30명의 2차 감염자가 발생했다. 그리고 16번째 감염자는 23명을, 14번째 감염자는 무려 80여 명을 감염시켰다. 단 3명의 슈퍼전파자가 우리나라 전체 감염자의 72퍼센트를 병원에서 감염시켰다.

2020년 코로나19 팬데믹 사태에서는 코로나19 국내 발생 1년 만에 확진자 8만 명을 넘어서는 유행이 진행되다 보니 슈퍼전파자 대신에 집단 발생이라는 이름으로 뉴스의 헤드라인을 장식했다. 하루가 멀다 하고 수시로 등장하는 집단감염은 전체 감염자 수의 절반이나 차지했다. 2020년 2월 신천지 대구교회 신도 한 명으로부터 시작된 집단 발생 사례에서는 무려 5,213명의 감염자가 발생되기도 했다. 무엇이 슈퍼전파자를 만드는 것일까?

방치된 감염자

코로나바이러스 확진자라면 누구든지 다른 사람에게 바이러스를 옮길까? 그렇지 않다.

특정 집단 내 감염병이 발생하면 감염자 누구나 다른 사람을 감염시킬 수 있다고 생각하기 쉽다. 그러나 실상은 모든 감염자가 동일한 전파력을 가지는 것은 아니다. 연령 및 면역 능력이나 기저질환 등 다양한 요인들이 감염 위험과 중증 감염, 바이러스 배출 능력에 중요하게 작용한다. 또한, 감염자와의 접촉으로 인한 2차 감염자는 다른 사람과의 접촉이 차단되는 엄격한 격리 통제까지 받게 된다. 그래서 감염자 상당수는 다른 사람에게 2차 감염을 일으키기 전에 차단된다. 2003년 싱가포르에서의 사스 사례들을 보면, 사스 감염자의 81퍼센트는 다른 사람을 감염시키지 않았다.

소수의 슈퍼전파자가 다수의 사람들에게 바이러스를 감염시켜 감염병을 확산시킨다. 1997년 옥스퍼드 대학의 울하우스Woolhouse는 과거 감염병의 전파율 측정 통계를 분석한 결과를 토대로, 많은 감염병 발생에서 특정 집단 내 소수의 감염 환자 20퍼센트가 전체 감염 환자 80퍼센트를 감염시킨다는 20/80 경험법칙이 존재한다고 발표했다. 실제 2003년 홍콩과 싱가포르 두 도시에서 발생한 사스 사례를 분석한 결과를 보면 단 7명의 슈퍼전파자가 전체 감염자 중 4분의 3을 감염시켰다. 심지어 대부분의 감염자는 다른 사람을 감염시킬 수 있는 상태는 아니었다.

왜 소수의 슈퍼전파자가 존재할까? 사스나 메르스의 경우, 감염자는 잠복기병증을 나타내지 않은 초기 감염 기간 동안에는 바이러스를 배출하지 않는다. 즉, 잠복기 상태의 감염자는 다른 사람과 접촉하더라도 2차 감염을 일으킬 가능성이 거의 없다. 잠복기가 지나고 고열, 통증, 심지어 호흡곤란 등으로 이어지는 일련의 병증이 나타나는 기간에 바이러스는 몸 밖으로 배출된다. 이때 다른 사람을 감염시킬 수 있는 위험성이 높아진다. 그래서 증상이 나타날 때 격리 조치를 하지 않고 방치하면 병증은 악화되고 감염자는 보다 많은 바이러스를 배출할 수 있다.

검역과 통제 조치가 제대로 이루어지지 않을수록 감염자는 슈퍼전파자가 될 가능성이 높아지는 것이다. 홍콩과 싱가포르의 사스 유행의 경우, 다른 감염자와 달리 슈퍼전파자는 병증이 나타나고도 4일 이상 격리 조치 없이 방치된 상태에 놓여 있던 감염자들이었다. 슈퍼전파자는 어떻게 통제해야 할까? 결론적으로 한 명의 감염자라도 방치하지 않는 것! 잠재적 슈퍼전파자를 조기에 찾아내고 신속하게 통제하는 것,

그것이 감염병 확산을 막는 핵심 방법이다. 제2의 사스, 제2의 메르스가 발생하더라도 감염병 확산을 통제하는 방법의 핵심은 마찬가지일 것이다. 이론적으로는 울하우스의 20/80 경험법칙처럼 슈퍼전파자 통제에 성공한다면 전체 감염자의 발생 수를 80퍼센트 줄일 수 있다.

그러나 코로나19는 메르스나 사스와 달리 다소 복잡한 상황이 존재한다. 코로나19는 무증상 감염자가 절반 이상을 차지하면서도 감염자가 자신도 모르게 다른 사람을 감염시킬 수 있고, 증상을 나타내는 감염자의 경우에도 잠복기 말기부터 바이러스를 배출하여 다른 사람을 감염시킬 수 있다. 이러한 바이러스 특성은 누구한테 감염되었는지도 알 수 없는 깜깜이 환자방치된 감염자를 양산하는 지역사회 감염 환경을 만들 수밖에 없다. 그렇다 보니 지역사회에 유입된 바이러스의 유행을 차단하는 것이 메르스나 사스와 비교할 수 없을 만큼 매우 어렵다. 전 세계적으로 코로나19 통제 실패로 2020년 상재화의 길로 들어선 나라들의 본질이 여기에 있다. 백신 집단면역 이전의 상황에서는 깜깜이 환자의 발생을 최소화하는 것이 그 나라의 유행 통제의 성공 여부를 좌우하게 된다.

퍼즐 맞추기

2004년 사스바이러스는 어디에서 유래했는지 제대로 밝혀지지 못한 채 유행을 멈췄다. 그 후 사스가 어디에서 어떻게 출현하게 되었는지에 대한 역학조사가 집중적으로 이루어졌다. 향후 사스의 재출현을 막기 위한 예방 조치를 취하는 데 있어서 그 근원을 찾아내는 것은 무엇보다 중요하기 때문이다.

사스가 처음 발생한 곳은 2002년 11월 말에 중국 남부 광둥성 광저우시의 한 재래시장이었다. 중국에 있는 다른 재래시장과 마찬가지로, 그 재래시장에서도 겨울 진미 요리로 각광을 받고 있는 수백 종의 각종 야생동물이 팔리고 있었다. 사스 출현 원인을 밝히기 위하여 그 재래시장에 대해 집중적인 조사가 이루어졌다. 야채를 파는 상인들 중에 사스에 걸린 사람은 없었지만 동물과 동물고기 취급 상인, 식육식당 종사자들 상당수가 아무런 증상도 없이 사스에 걸려 있었다는 사실이 밝혀졌다. 심지어 사향고양이와 너구리에서도 사스바이러스가 검출되었다. 최소한 그 재래시장에서 팔고 있는 사향고양이나 너구리 같은 소형 동물이 사람에게 사스를 옮기는 연결고리가 되고 있었음이 분명해졌다. 아마도 이들 야생동물과 빈번하게 접촉하는 과정에서 시장 상인들이 사스바이러스에 노출된 것이 틀림없어 보였다. 그러나 재래시장에 사향고양이를 공급하는 농장과 야생 사향고양이는 사스바이러스에 감염된 사례가 발견되지 않았다. 이것은 사향고양이가 원래 가지고 있던 바이러스가 아니라 재래시장에서 사스에 걸려 사람에게 옮겼다는 것을 의미했다.

"사스바이러스가 분명 야생동물에서 기원했을 텐데, 아무래도 박쥐가 의심스러워."

2004년 사스바이러스의 기원을 조사하고 있던 호주동물보건연구소의 린 왕Lin Wang은 박쥐에 베팅을 걸었다. 그는 호주 과학자 흄 필드Hume Field와 함께 1994년과 1998년 호주와 말레이시아에서 출현한 헨드라바이러스Hendra virus와 니파바이러스의 자연 숙주 동물이 과일박쥐임을 밝혀낸 베테랑 과학자였다. 그뿐 아니라 화교 출신인 린 왕은 중국 사람들이 한방 재료뿐만 아니라 식용으로 박쥐고기를 즐겨 먹고 있다는 사실을 잘 알고 있었다.

그의 예감은 적중했다. 중국 남부 지역에 서식하는 박쥐들을 조사하던 중 광시성 난닝에서 3종의 중국관박쥐로부터 사스바이러스와 유사한 코로나바이러스를 검출했다. 이 엄청난 결과는 2005년 10월 28일 미국과학진흥협회 주간 과학전문 저널인 〈사이언스〉 지에 발표되었다. 비슷한 시점에 홍콩대학 수산나 라우Susanna Lau도 유사한 조사 결과를 미국국립보건원보에 발표했다. 중국관박쥐에 대한 후속 조사들도 중국관박쥐가 사스 출현에 중요한 역할을 한다는 사실을 뒷받침했다. 이 일련의 결과는 사스의 재출현을 막기 위해 박쥐와 가축, 사람 간 접촉할 수 있는 연결고리를 끊는 조치가 필요함을 가르쳐주었다.

2004년 유행한 사스바이러스의 기원에 관한 미스터리는 2015년에야 비로소 그 퍼즐이 맞춰지기 시작했다.

그러나 사스바이러스가 박쥐 바이러스에서 유래했다고 단정 짓기에는 뭔가가 부족해 보였다. 그 박쥐 바이러스의 ORF8 유전자 부위가 사람과 사향고양이에게서 분리된 사스바이러스와 완전히 달랐기 때문이었다. 심지어 박쥐 바이러스는 사람 세포에서 증식하지도 않는다. 박쥐에서 사향고양이를 거쳐 사람으로 바이러스가 넘어왔다고 보기가 어려워졌고, 그것은 결국 증명되지 않았다.

그로부터 10년이 지난 2015년, 홍콩대학 수산나 라우는 이 미스터리를 풀 수 있는 실험 결과를 발표했다. 그녀는 중국 윈난성에 서식하는 박쥐를 대상으로 조사하고 있었다. 그녀는 기적적으로 또 다른 관박쥐 종에서 숨겨진 열쇠고리, 즉 사스바이러스 ORF8 유전자를 가진 제2 박쥐 바이러스를 발견했다. 그 박쥐가 사는 동굴에는 여러 종의 박쥐들이 무리 지어 살고 있었다. 여러 박쥐종이 가지고 있는 바이러스들이 서로 넘나들면서 각각의 다른 코로나바이러스가 뒤섞여 잡종 바이러스를 만들어낼 수 있는 여건이 형성돼 있음을 시사했다. 수산나 라우는 그 과정에서 박쥐의 몸속에서 두 박쥐종의 바이러스가 뒤섞여

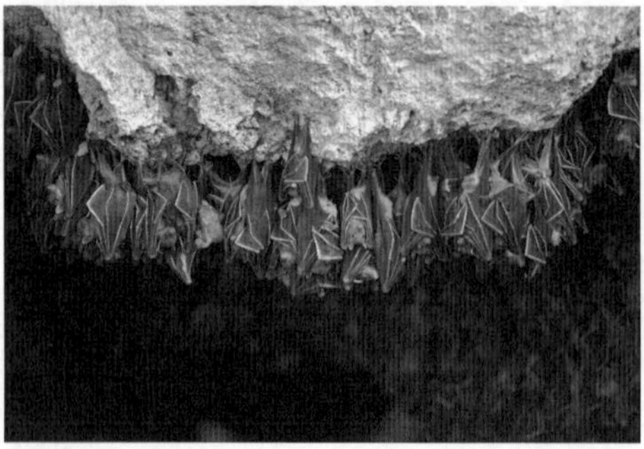

동굴 내에서는 여러 박쥐들의 집단 서식으로 인해 여러 바이러스들이 뒤섞일 수 있다.

새로운 잡종 바이러스가 만들어졌고, 그중 하나가 사스바이러스로 사향고양이와 사람으로 넘어왔을 것이라고 추정했다.

미스터리의 퍼즐은 어느 정도 맞춰졌다. 중국 남부 지역에서 수많은 박쥐 코로나바이러스가 지금도 지속적으로 분리되고 있다. 이 박쥐 바이러스들 중 사람에게 감염성을 획득한 바이러스가 존재할 수도 있으며, 그렇지 않다 하더라도 바이러스 뒤섞임 과정을 거쳐 사람에게 넘어올 가능성은 항상 존재한다. 제2의 사스바이러스는 언제 다시 출현할까? 우리는 이에 대응하기 위해 무엇을 주시해야 할까?

박쥐 바이러스의 시대를 열다

2002년 11월 중국 광동성에서 출현한 사스 코로나바이러스를 제공한 기원 동물이 동굴박쥐라는 사실을 밝히는 데 10년이 걸렸다. 이후 2012년 중동에서 출현한 메르스 코로나바이러스도 박쥐가 기원 동물로 알려져 있다. 그러면서 바이러스 학자들로부터 박쥐는 신종 코로나바이러스의 생물 창고로 집중적인 관심을 받게 되었다. 사실 오래전부터 박쥐는 코로나바이러스 이외에도 사람에게 치명적인 바이러스를 상당수 가지고 있는 것으로 알려져 있었다. 대표적인 바이러스가 광견병 바이러스Rabies virus이다. 전 세계 수많은 박쥐종이 광견병 바이러스를 가지고 있다. 광견병은 박쥐에 물리거나 접촉을 통해, 또는 박쥐로부터 감염된 개, 너구리 같은 2차 동물 등에 물려서 걸리는 공수병으로 전 세계적으로 매년 5만 5,000명이 사망한다.

코로나바이러스 이외에도 다양한 신종 바이러스들이 박쥐로부터 출현했다. 1990년대 호주 경주마를 통해 출현한 헨드라Hendra바이러스와 양돈장 돼지를 통해 출현한 매냉글menangle 바이러스, 말레이시아와 방글라데시에서 출현한 니파바이러스, 아프리카 에볼라바이러스 등 사람에게 치명적인 신종 바이러스의 기원 동물로 박쥐를 지목하고 있다. 심지어 최근 중남미 지역 박쥐들이 인플루엔자 바이러스의 조상에 해당하는 바이러스도 가지고 있는 것으로 밝혀졌다. 최소한 신종 바이러스에 관한 한 박쥐를 빼놓고 논하기 어려울 정도이다.

박쥐는 어떻게 그렇게 많은 바이러스들을 보유할 수 있을까? 그리고 최근 들어 사람에게 치명적인 박쥐 바이러스가 왜 그렇게 자주 출현할까?

우선 박쥐는 신종 바이러스 제공 동물로서 풍부한 생물학적 다양성을 가지고 있다. 현재 지구상에는 약 5,000여 종의 포유류 동물이 서식하고 있다. 설치류가 약 1,600여 종으로 가장 많으며, 박쥐가 약 1,200여 종으로 그다음을 차지한다. 풍부한 생물학적 다양성에 기인해 그동안 대부분의 신종바이러스는 설치류와 박쥐로부터 유래했다.

지구의 생물종은 종간 장벽의 울타리 안에서 서식하는 고유한 바이러스 종을 상당히 많이 가지고 있다. 예를 들어보면, 박쥐 한 종이 평균적으로 30종의 바이러스를 가지고 있다고 하더라도 박쥐가 가진 바이러스종은 약 36,000종에 달한다사람은 호모사피엔스 단일 종으로 200여 종의 바이러스를 가지고 있음. 그 수많은 미지의 바이러스 중 극히 일부가 사람에게 모습을 드러냈을 뿐이다. 박쥐 코로나바이러스만 해도 현재 유전자 은행에 등록된 자료에 의하면 2,800여 종에 이른다. 앞으로 학자들이 수집한 박쥐 코로나바이러스의 수는 하루가 다르게 지속적으로 증가할 것이다. 그럼에도 불구하고 박쥐 바이러스 저수지의 단지 일부만 파헤쳤을 뿐이다.

박쥐는 약 5,250만 년 전부터 지구상에 서식해왔다. 박쥐가 진화하면서 다양한 바이러스들이 박쥐의 몸속에 침투했을 것이다. 그리고 일단 박쥐의 몸속에 정착하는 데 성공하면서 박쥐와 바이러스는 긴 공생관계를 유지하며 살아왔을 것이다. 아마도 오늘날 사람 신종 바이러스들이 그러한 과정을 거쳐 박쥐와 공생관계를 이루는 데에 성공했을 것이며, 그 결과로 박쥐는 거대한 바이러스 은행을 만들었고, 사람과 포유동물에게 신종 바이러스를 제공하는 자연 숙주 역할을 하게 되었을 것이다. 코로나바이러스가 대표적인 사례이다.

박쥐의 집단 무리생활과 긴 수명은 바이러스가 그 집단에서 유행을 유지하는 이상적인 여건을 제공한다. 박쥐는 사회적 동물이라서 집단생활을 한다. 특히 동굴박쥐들은 수백만 마리가 무리를 지어 밀집된 공간에서 서식하며, 심지어 여러 종의 박쥐들이 같은 공간에서 살아간다. 그런 경우, 서로 다른 종의 박쥐가 가진 바이러스 간 뒤섞임 현상이 일어날 수 있다. 박쥐 자체가 박쥐 바이러스에 대한 믹서기 동물 역할을 하기 때문에, 신·변종 바이러스의 출현이 일어날 수 있는 환경이 쉽게 만들어진다. 사스바이러스 역시 박쥐 바이러스 간 재조합을 거친 후 사향고양이를 통해 사람에게 출현했다.

박쥐 대부분은 수십 년5년 내지 50년의 긴 수명을 가지고 있다. 이 때문에 집단 내 존재하는 바이러스에 노출될 기회가 증가하고, 심지어 일생 동안 감염과 재감염을 반복할 수 있게 된다. 또한 일부 박쥐는 동면과 일상 숙면을 취함으로써 저체온을 유지하면서 대사 에너지를 보존한다. 저체온과 대사 저하는 박쥐의 면역기능을 억제시키는 결과를 초래하여 몸속에 침투한 바이러스 청소를 늦추고 지속적으로 감염 상태를 유지할 수 있다. 이러한 특징 때문에 바이러스 배출 지속 기간이 길어지면서 박쥐 집단 내 바이러스를 안정적으로 보존할 수 있다.

박쥐는 포유동물 중에서 유일하게 비행 능력을 가지고 있어서 단기간에 병원체를 넓은 지역에 퍼트릴 수 있다. 박쥐는 매일 먹이를 찾아다니고 계절적으로 이주를 한다. 일부 박쥐는 심지어 거의 2,000킬로미터를 이동할 수 있다. 특히 과일박쥐의 경우 같은 장소에서 여러 작은 개체군이 함께 생활하는 메타개체군 서식 생활을 하기 때문에 개체군 간 상호 접촉이 빈번하게 이루어진다. 그러한 특성으로 인해 바이러스는 매우 폭넓은 지역에 분포할 수 있다.

1998년 말레이시아에서 심각한 문제를 일으켰던 니파바이러스가 대표적이다. 이 바이러스는 아시아와 아프리카 열대 지역의 과일박쥐 사이에 광범위하게 퍼져 있는 것으로 알려져 있다. 과일박쥐는 번식에 필요한 에너지 보충을 위해 엄청난 양의 과일을 먹어 치우며, 사람들이 채취하는 과일을 도둑질하는 사건도 빈번하다. 이 과정에서 박쥐 타액 오염을 통해 사람들이 니파바이러스에 노출될 수 있다. 우울한 사실은 방글라데시에서는 2001년 니파바이러스 첫 발생 이후 매년 발생하고 있으며, 2021년 현재 319명 감염되었으며 이 중 225명이 사망치사율 70퍼센트했다. 잠재적인 바이러스 시한폭탄은 여기저기 있다.

과일박쥐의 경우 가뭄이나 벌목 등으로 과일 공급이 줄어들면 다른 야생동물과 먹이다툼을 벌일 수 있는데 이때 바이러스 전염 위험이 증가된다. 대표적인 사례가 아프리카 에볼라이다. 아프리카 원숭이들은 과일박쥐와의 먹이 싸움 과정에서 자주 에볼라 바이러스에 걸린다. 운이 없게도 그 원숭이를 잡아먹은 침팬지, 또는 접촉한 사람은 에볼라에 걸려 치명상을 입을 수 있다. 결론적으로 스필오버가 발생하기 위한 조건과 사건이 맞아떨어지면 박쥐는 새로운 숙주 동물로 바이러스를 옮길 수 있는 이상적인 여건을 가지게 된다. 즉, 신종 바이러스가 출현할 수 있는 우호적 환경 여건만 갖춰지면 언제든지 제2의 니파바이러스 출현 사태가 초래될 수 있다.

이러한 특징들이 신종 바이러스가 박쥐로부터 자주 출현하는 이유이다. 박쥐는 자연 생태계 균형 유지에 긍정적인 역할도 많이 하고 있기에 지구상에서 박쥐가 사라지는 것은 바람직하지 않다. 물론 물리적으로 제거하는 것도 불가능한 일이다. 그래서 신종 바이러스는 환경 여건이 지속되는 한, 야생동물을 먹는 음식문화가 변하지 않는 한 언제든지 출현할 수 있다. 다만, 언제 어디서 불쑥 나타날지 예측하는 것은 쉽지 않을 것이다. 야생에서 잠자는 바이러스를 깨우지 않는 최선의 방법은 인간이 야생 생태계를 최대한 건드리지 않는 것이다.

쉬어가는 페이지

인류를 공포로 몰아간 바이러스 감염병 유행의 역사

1918년, 1919년

스페인 독감: 인플루엔자바이러스(H1N1)

제1차 세계대전 중 1918년 봄, 미국에서 출현한 것으로 추정되며, 전 세계로 확산되었다. 기원 동물은 야생 조류로 추정된다. 당시 세계 인구 중 3분의 1이 감염되었으며 2,000만~5,000만 명이 사망한 것으로 추정된다.

1957년

아시아 독감: 인플루엔자 바이러스(H2N2)

1957년 2월 중국 남부 지방에서 출현하여 홍콩을 거쳐 전 세계로 확산되었다. 1957년 5월 홍콩에서 공식 보고되었다. 믹서기 동물돼지에서 조류 바이러스와 사람 바이러스 간 뒤섞임을 통해 출현한 것으로 추정된다. 처음으로 인플루엔자 백신이 일부 사용되었고 폐렴 치료에 항생제가 사용되기 시작했다. 전 세계에서 약 200만 명이 사망한 것으로 추정된다.

1968년

홍콩 독감: 인플루엔자 바이러스(H3N2)

베트남 전쟁 중이던 1968년 7월 중국 남부 지역에서 출현하여 전 세계로 확산되었다. 믹서기 동물돼지에서 조류 바이러스와 사람 바이러스 간 뒤섞임을 통해 출현한 것으로 추정된다. 베트남 전쟁에 참전한 미군의 부대가 본국으로 복귀하면서 미국으로 확산되었다. 백신 접종이 본격적으로 시작됐다. 전 세계에서 약 100만 명이 아시아 독감으로 사망한 것으로 추정된다.

1976년

아프리카 에볼라: 에볼라바이러스(필로바이러스)

1976년 자이레와 수단 남부 지역 면직 공장에서 독자적으로 출현하였다. 고열, 두통, 심한 복통, 설사 등의 증상을 보인다. 총 602명이 에볼라에 감염되었고 이 중 431명이 사망했다. 당시 출현 원인은 밝혀지지 않았다.

1981년

에이즈(후천성면역결핍증): 사람면역결핍증 바이러스(레트로바이러스)

1981년 미국 캘리포니아에서 동성애자와 마약 중독자 사이에서 처음 보고되었다. 역추적 조사에서 1959년 아프리카 콩고 남성의 혈액에서도 바이러스가 검출되었다. 에이즈 기원 동물은 침팬지로 알려져 있다. 감염 초기에 독감 증세를 보이다가 긴 잠복기6~12년를 거쳐 면역결핍 증상이 악화되며 각종 질병에 시달린다. 아프리카에서 가장 심각하다.

1997년

중국 H5N1 인플루엔자: 인플루엔자바이러스(A/H5N1)

1996년 중국 광둥성 기러기 폐사체에서 처음 보고되었다. 세 종의 조류 인플루엔자바이러스가 뒤섞이는 재조합 과정을 거쳐 출현했다. 1997년 5월 홍콩 재래시장을 통해 18명의 사람이 감염됐고 이 중 6명이 사망했다. 이후 아시아와 아프리카에서 간헐적 인체 감염 사례가 발생했다. 2017년까지 860명이 감염됐고 이 중 454명이 사망치사율 52퍼센트했다.

1999년

말레이시아 니파 뇌염: 니파바이러스(파라믹소바이러스)

1998년 9월 말레이시아의 양돈장 인부에게서 처음 발생했다. 기원동물은 과일박쥐로 돼지를 거쳐 사람에게 감염되었다. 1999년 3월 말레이시아와 싱가포르 양돈 종사자들 중심으로 급속히 퍼지면서 당시 265명이 감염되고 이 중 105명이 사망치사율 39.6퍼센트했다.

1999년

미국 웨스트나일 뇌염: 웨스트나일바이러스(플라비바이러스)

일본뇌염 사촌에 해당하는 모기 매개 질병으로 아프리카에 상재하며 중동 지역에서 자주 발생한다. 1999년 8월 중동 지역 바이러스가 뉴욕으로 유입되어 발생하였다. 2014년까지 4만 1,762명이 감염됐고 이 중 1,765명이 뇌염으로 사망치사율 4.2퍼센트했다.

2001년

방글라데시 니파 뇌염: 니파바이러스(파라믹소바이러스)

2001년 1월 말, 인도와 방글라데시에서 과일박쥐와의 직·간접 접촉을 통해 사람에게 감염되었다. 이후 방글라데시는 매년 발생하고 있으며, 2021년 현재 319명 감염됐으며 이중 225명이 사망치사율 70퍼센트했다.

2003년

중국 사스: 사스바이러스(코로나바이러스)

2002년 11월 중국 광둥의 한 재래시장에서 처음 출현했다. 기원 동물은 중국관박쥐로 알려져 있다. 감염자는 심한 독감 증상과 폐렴 소견을 보인다. 전 세계 38개국에서 8,273명이 감염됐고 이 중 775명이 사망치사율 9.4퍼센트했다.

2009년

멕시코 신종플루: 인플루엔자바이러스(H1N1)

2009년 3월, 멕시코 한 양돈장에서 출현했다. 조류, 돼지, 사람 인플루엔자바이러스가 서로 뒤섞인 새조합 바이러스이다. 2009년 6월, 세계보건기구가 팬데믹을 선언한 21세기 최초의 감염병이다. 감염률은 높으나 사망률은 매우 낮다. 그해 후반기 신종플루 백신 접종을 시작하면서 팬데믹 상황은 진정되었다.

2012년

중동 메르스: 메르스바이러스(코로나바이러스)

2012년 6월 사우디아라비아의 중증 폐렴 환자에게서 첫 보고되었으며, 중동 지역을 중심으로 아직도 발생하고 있다. 기원 동물은 박쥐로 추정되며, 낙타가 중간 전파 매개체이다. 2021년 1월 21일 현재, 2,581명이 됐고 이 중 935명이 사망치사율 36.2퍼센트했다. 2015년 6월 우리나라에서도 발생하여 186명의 감염자와 36명의 사망자가 발생했다.

2013년

중국 H7N9 인플루엔자: 조류 인플루엔자바이러스(H7N9)

2013년 4월 중국에서 처음 발생했다. 대부분 재래시장에서 감염된 닭과의 접촉을 통해 감염되었다. 사람 간 전염은 거의 되지 않으며, 2017년 9월 닭을 대상으로 백신을 접종하면서 급격히 인체 감염이 줄어들었다이후 4건 발생. 2021년 1월 현재 1,568명이 감염됐고, 이 중 616명이 사망치사율 39.3퍼센트했다. 중국을 여행한 홍콩, 대만, 말레이시아, 캐나다 여행객을 빼고는 모두 중국 본토에서 발생했다.

2019년

서아프리카 에볼라: 에볼라바이러스(필로바이러스)

2013년 11월 아프리카 기니에서 처음 발생하였으며, 기니뿐만 아니라 주변 라이베리아, 시에라리온까지 크게 확산되었다. 최초 발생 원인은 아직까지 밝혀지지 않았다. 에볼라의 기원 동물은 과일박쥐로 알려져 있다. 2016년까지 서아프리카에서 28,652명 감염됐고 11,325명이 사망39.5퍼센트했다. 이후에도 민주콩고에서 매년 발생하고 있다. 민주콩고에서 2018년부터 2020년 사이에 대유행하여 3,481명 감염됐고 2,299명 사망치사율 66퍼센트했다. 지금도 민주콩고에서 발생하고 있다.

2019년

중국 우한 코로나19: 사스코로나바이러스2형(코로나바이러스)

2019년 12월, 중국 우한에서 고열과 기침을 동반한 최초의 폐렴 환자가 발생했다. 12월 중순 우한의 한 재래시장을 중심으로 첫 집단 발생 보고가 있었고, 2020년 1월 이후 전 세계로 급속하게 확산되었다. 2020년 3월 11일 세계보건기구는 코로나19 팬데믹을 선언했다. 기원 동물은 관박쥐로 추정되고 있다. 2021년 1월 28일 현재 100,455,529명 감염됐고 2,166,440명이 사망치사율 2.1퍼센트했다. 우리나라는 2020년 1월 20일 첫 발생 이후 2021년 1월 29일 현재 77,395명이 감염됐고 1,399명이 사망치사율 1.7퍼센트했다.

NEW
VIRUS SHOCK

여행의 진정한 발견은 새로운 풍경을 발견하는 데 있는 것이 아니라,
새로운 눈을 갖는 데 있다.
-프랑스 소설가 마르셀 프루스트-

제2장

바이러스의 정체 그리고 존재 이유의 실체를 파헤쳐라

01 | 지구의 지배자, 바이러스의 신비한 세계

02 | 지구 생명의 진화와 함께한 바이러스의 역사

03 | 생활 도처에 함께 숨 쉬고 있는 바이러스

• 쉬어가는 페이지: 영화 <감기>에 등장한 치사율 100퍼센트 호흡기 감염 바이러스의 공포

01

지구의 지배자, 바이러스의 신비한 세계

바이러스를 정의하는 기준

바이러스는 '유전체게놈와 단백질 껍질' 구조를 가진 아주 단순한 나노 물질이다. 이것은 바이러스의 구조에 관한 정의이다. 사실 이러한 정의는 바이러스 전체 영역에서는 맞지 않다. 단백질 껍질을 가지지 않는 식물 바이러스들도 많다. 여기서 유전체의 형태에 대한 명확한 기준은 없으며, 단백질 껍질의 형태에 대한 명확한 기준도 없다. 바이러스마다 다양해서 특정할 수 없다는 것을 의미한다.

그러면 바이러스의 유전체는 어떤 형태일까? 유전체 하면 생명체의 유전체 핵산이 이중나선 DNA 구조로 되어 있다고 배워왔으니 많은 사람들이 바이러스 핵산도 그런 형태를 가지고 있으리라 짐작할 것이다. 그러나 바이러스는 일단 대중들이 상상하는 것보다 훨씬 다양한 모양을 가지고 있다. 기본적으로 바이러스는 DNA 형태DNA 바이러스이

거나 RNA 형태RNA 바이러스이다. 두 가지 형태 모두를 가지고 있는 바이러스는 없다. DNA 바이러스라 하더라도 단일가닥도 있고, 이중나선으로 되어 있는 경우도 있다.

생명체 RNA는 단일가닥으로 되어 있고 DNA 유전정보를 전달받아 아미노산을 만드는 일종의 '주형틀' 역할을 한다. 그러나 바이러스 RNA는 그 자체가 유전정보를 담고 있어 생명체의 이중나선 DNA 역할을 수행한다. RNA 형태도 단일가닥만 있는 것이 아니라, 이중나선 구조로 된 바이러스도 있다. RNA 핵산 단일가닥이라도 양성 가닥세포의 mRNA와 같은 방향일 수도 있고, 음성 가닥mRNA와 상보적 방향으로 된 것도 있다.

바이러스 유전체는 하나로 존재하는 바이러스가 있는가 하면, 여러

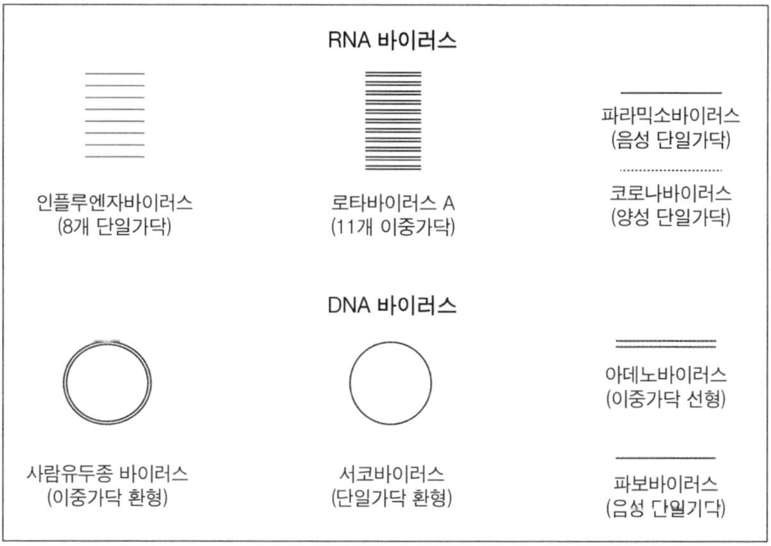

바이러스 유전체 형태는 바이러스에 따라 다양하다.

개로 나뉘어 있는 바이러스도 많다. 유전체가 하나의 실처럼 풀어진 형태가 있는가 하면, 반지 형태나 목걸이 형태로 구성된 바이러스도 있다. 핵산 목걸이 형태를 두 개 가진 바이러스도 있다. 이처럼 생명체 유전체이중나선 DNA와 달리, 바이러스 유전체가 가진 모양은 그 경우의 수가 너무나 많다.

바이러스 모양을 한번 그려보라고 하면, 고작 그릴 수 있는 것이 둥근 공 모양에 표면 돌기 정도일 것이다. 코로나19 사태로 인해 방송으로 코로나바이러스 입자 모형을 자주 노출시키다 보니 그 모양에 익숙해 있을 것이다. 다시 팬데믹에서 벗어나 정상 생활로 돌아가면 그나마 잊혀질 수도 있다. 바이러스 학자라면 공감하겠지만, 바이러스 모양은 바이러스마다 각각 독특한 모양을 가지고 있다. 그래서 분자유전학 기술PCR 기술이 실험실에서 흔하게 사용되기 이전 시절에는 전자현미경으로 10만 배 확대하여 바이러스 입자 모양을 관찰해서 그 바이러스가 무슨 바이러스인지 진단을 내리기도 했다.

세균에 서식하는 바이러스박테리오파지는 우주선 모양을 하고 있다. 그래서 달에 우주선이 착륙하듯이 세균 표면에 달라붙는다. 사람에서 치사율 100퍼센트인 광견병 바이러스는 총알 모양을 하고 있으며, 공포의 상징 에볼라 바이러스는 지렁이 모양을 하고 있다. 가축 구제역 바이러스는 단단한 골프공 모양을 하고 있으며, 홍역 바이러스는 바람이 약간 빠진 풍선 모양을 하고 있다. 심지어, 벼를 숙주로 삼는 식물 바이러스 엔도르나바이러스는 단백질 껍질이 없이 핵산이중가닥 RNA만 가지고 있다. 이처럼 바이러스라고 정의할 특징적 외형 기준은 없다.

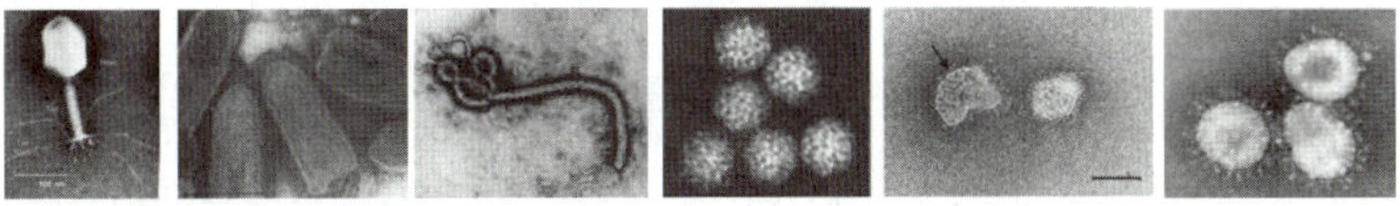

전자현미경으로 관찰한 동물 바이러스들의 다양한 입자 모양

가끔 언론 기사를 보면 바이러스를 설명하면서 그 크기가 100나노미터 정도 된다고 하는 것을 자주 보게 된다. 정말 그럴까? 한 마디로 말하면 그렇지 않다. 바이러스마다 천차만별이다. 작은 것은 지름이 15나노미터인 매우 작은 바이러스가 있는가 하면, 무려 1,500나노미터인 거대 바이러스도 있다. 가장 작은 것과 가장 큰 바이러스 간 지름 차이만 100배3차원가 나니 부피로 치면 무려 백만 배 차이가 난다.

우리가 일반적으로 말하는 100나노미터라는 표현은 바이러스 세계의 전체 평균 정도로 보면 되고, 인플루엔자바이러스나 코로나바이러스가 그 정도 크기를 가지고 있다.

2015년 12월, 국립과천과학관에서 열린 '바이러스 특별기획전' 기술자문을 하면서 어린 학생들을 대상으로 '세균과 바이러스'를 이해할 수 있는 간단한 실습 체험으로서, 세균 배양액과 바이러스 배양액을 각각 세균 여과 장치로 여과한 후 간단하게 눈으로 확인할 수 있는 실험을 제공했다. 우리가 알고 있는 일반 바이러스는 세균여과기여과기 구멍 지름은 220나노미터를 통과하는 물질이다. 이것은 바이러스에 대한 하나의 정설이었다.

2003년 〈사이언스Science〉 지에 프랑스 엑스 마르세이유II 대학의 장미셸 클라베리Jean - Michel Claverie 연구팀이 「아메바에 서식하는 거대 바이러스」라는 한 쪽짜리 논문을 발표하면서 바이러스에 대한 기존의 정설이 깨지기 시작했다. 1992년 연구팀은 영국 브래드포드에서 폐렴 환자가 발생하자 건물 냉각 수조에 있는 아메바를 조사하기 시작했다. 놀랍게도 냉각수조에 있던 대식가시아메바 몸속에 어떤 미생물이 있는 것을 발견했다. 그 미생물은 세균여과기를 통과하지 못했다. 바이러스 지름이 400나노미터로 가장 작은 세균마이코플라스마 균보다 지름만 2배나 컸다. 그래서 그 미생물을 그동안 발견하지 못한 신종 세균일 것이라고 판단하고 브래드포드 구균Bradfordcoccus으로 명명했다. 10년 뒤 그 세균을 분석하는 데 매우 놀랍게도 리보솜단백질 생산 공장이 존재하지 않았다. 즉, 세균이 아니라 바이러스였던 것이다. 세균 비슷한 바이러스microbe mimicking virus라고 해서 미미바이러스Mimi virus라 명명했다. 바이러스는 세균여과기를 통과한다는 편견은 2003년 이렇게 무너졌다. '바이러스는 세균보다 작다'가 아니라 '바이러스가 세균보다 클 수

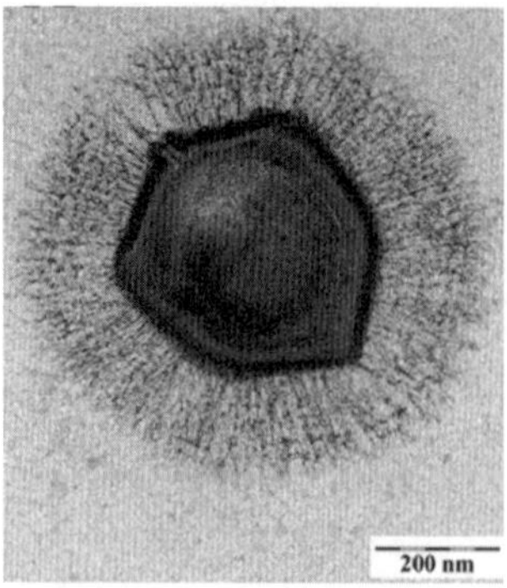

아메바에 서식하는 미미바이러스(mimivirus)
〈출처: Wikipedia〉

도 있다'가 된 것이다.

연구팀은 계속해서 지구 곳곳에서 거대 바이러스를 뒤지기 시작했다. 2010년 4월, 칠레 라스 크루스 해안의 아메바 속에서 메가바이러스Megavirus를, 2013년 칠레 해안 퇴적층과 호주 호수에서 판도라바이러스Pandoravirus를 발견했다. 또 시베리아 영구 동토층3만 년 전 신생대 층으로 추정에서 2014년 피토바이러스Pitovirus, 2015년 몰리바이러스Mollivirus가 잇따라 발견됐다. 이 거대 바이러스들은 일반현미경으로도 입자 관찰이 가능했다. 특히 2014년에 발견한 피토바이러스는 바이러스 길이가 무려 1,500나노미터정상 세균의 크기나 되어 현재까지 알려진 바이러스 중 가장 큰 바이러스로 기록되고 있다.

바이러스와 세균을 구분하는 기준

세균과 바이러스를 어떻게 구분하여 설명할 수 있을까? 바이러스와 세균을 구분하는 다양한 기준들을 사용한다. 앞에서도 말한 바와 같이 2003년 거대 바이러스가 발견된 이후 크기는 세균과 바이러스를 구분할 수 있는 기준으로 적합하지 않다. 바이러스는 세포에서 증식하는 기생 물질이라고는 하지만, 세포에 기생하는 세균들도 많이 있어 세포 기생 성질도 구분 기준이 되지 못한다.

바이러스와 세균을 구분할 수 있는 방법을 한 단어로 말해보라고 한다면, 필자는 '세포'라고 답할 것이다. 세포는 생명을 구성하는 최소

단위이다. 우리 몸은 약 30조 개의 세포로 구성되어 있고, 매일 1퍼센트는 새로운 세포약 3300억 개로 교체된다대부분 적혈구와 백혈구고 알려져 있다. 고등학교 시절 생명과학 과목에서 배우는 주요 주제 중 하나가 바로 세포의 구조와 기능에 관한 것이다. 생물학을 배운 학생들에게 세포를 한번 그려보라고 하면 어느 정도 기본 구조를 그릴 수 있다. 일단 세포벽을 그려서 세포 내부와 외부를 구분할 것이다. 그리고 세포 한 가운데 둥근 핵을 그리고, 세포질에는 몇 개의 소기관을 대략적으로 그릴 것이다. 세균은 여기서 일반 세포들이 가지고 있는 핵막이 없다원핵생물이라 함.

이 주제는 '바이러스는 살아 있는가?'라는 질문, 즉 생명에 관한 문제와 연결되어 있는 철학적 질문이기도 하다. 바이러스는 세포 내에서는 자신의 유전자를 복제해서 증식하기 때문에 살아 있는 존재이고, 숙주 세포를 벗어난 경우에는 증식하지 않는 '휴면 상태'라고 주장세균 중에도 휴면 상태(아포)를 가지는 경우가 있음하는 학자가 있는가 하면, 바이러스가 자체 에너지를 생성할 수 없으므로 살아 있는 존재가 아니라고 주장하는 학자들도 있다.

세포가 온전한 형태를 가지고 제대로 기능하려면 최소한 네 가지 화학물 요건을 갖추고 있어야 한다. 생명의 유전정보를 비축하고 있는 핵산DNA와 RNA, 화학 반응을 촉매하는 효소 단백질, 에너지를 저장할 탄수화물, 마지막으로 세포벽을 쌓을 지질 성분이 그 필수 요소이다. 세균은 이러한 기능을 완벽하게 가지고 있다. 세균은 생명을 정의하는 두 가지 특징, 즉 유전정보유전자와 에너지를 생산하고 저장하고 활용한다. 그래서 세균은 자가 발전소를 가지고 있어서 스스로 에너지를 생산하고 에너지 대사를 하고 스스로 복제할 수 있다.

그러면 바이러스는 어떨까? 바이러스는 외부와 구분할 수 있는 경계, 즉 단백질 껍질을 가지고 있다. 일부 바이러스는 외피막envelope 형태로 지질과 탄수화물 성분을 포함하는 단백질 껍질을 가지고 있다. 이들 단백질 껍질은 세포벽에 해당하는 구조물이지만 세포벽의 기능을 전혀 하지 못한다. 바이러스와 세포의 가장 결정적인 차이 중 하나는 바이러스에 단백질을 만드는 리보솜ribosome이 없다는 것이다. 즉, 바이러스는 자신의 고유한 대사 도구를 가지고 있지 않아 스스로 복제하고 증식할 수 없다. 그래서 바이러스는 자신을 복제할 고유한 유전 정보를 유전체 속에 암호처럼 가지고 있는데, 그 정보가 바이러스의 모든 것을 만든다. 기본적으로 바이러스는 살아있는 숙주 세포에 들어가서 세포의 대사 도구를 이용해서 자손 바이러스를 대량으로 만들어내는 생활사를 가지고 있다. 즉, 바이러스는 고유한 유전암호만 가지고 있으면서 그 정보를 바탕으로 세포 재료를 사용하여 유전체와 단백질 껍질을 만들어 바이러스를 제조한다. 가장 단순하면서도 대단히 효율적인 생산성을 자랑한다. 바이러스는 생물과 무생물의 중간 단계로, 무생물과 같은 존재이면서 생물체가 보이는 외부 자극에 대한 반응과 진화를 한다. 그것도 아주 급격하게.

지구의 진정한 주인

"그동안 생명의 영역을 세포의 관점에서만 바라보려고 했다. 이는 존재하는 모든 것의 관점으로 바라본 것이 아니다. 생명의 역사에서 바이러스 영역은 그동안 통째로 생략되어 있었다."

미국 일리노이 대학교 정보생물학자 카에타노 아놀레스Caetano-Anollés 교수가 바이러스의 진화를 설명하면서 한 말이다. 그렇다. 지금까지 생명의 관점을 세포의 측면에서 바라보았다. 바이러스는 최소한 세포의 형태를 갖추고 있지 못하다 보니 생명나무Tree of Life의 영역에서 고려 대상이 아니었는지 모른다. 어쩌면 우리는 땅속 깊이 내린 생명나무의 뿌리를 보이지 않는다고 외면한 채 땅 위에서 낭만적으로 하늘을 향해 뻗어있는 나뭇가지만을 보고 있었던 것은 아닐까?

필자는 시골에서 유년 시절을 보냈다. 여름철 냇가 자갈밭에 드러누워 풀벌레 소리를 들으며, 낭만적인 밤하늘을 바라보곤 했다. 미세먼지 자욱한 도시의 밤하늘에서는 상상하기 어려운, 아름다운 별들이 밤하늘에 밀가루를 뿌린 듯 빼곡하게 빛나고 있었다. 아마도 그 당시에는 우주에 기껏해야 수천 개의 별이 있다고 생각했다.

나중에서야 우주에는 약 1,000억 개의 은하가 있고, 은하 하나당 평균적으로 1,000억 개의 별이 존재한다는 것을 알고 충격을 받았다. 태양계가 위치한 우리은하만 해도 약 4,000억 개의 별이 있고, 우주에는 1,000억 곱하기 1,000억 개, 즉 10^{22}개의 별이 존재한다고 한다. 은하가 몇 개인지, 또 은하에 몇 개의 별이 있는지는 어떻게 셀 수 있었을까?

신기할 따름이다.

지금까지 세상의 가장 큰 곳은하와 별을 바라보았다면, 이제는 반대로 세상의 가장 작은 곳바이러스으로 시선을 돌려보자. 우주에서 지구를 바라보면 지구는 마치 '아름다운 블루마블'과 같다. 지구를 이처럼 보이게 하는 핵심은 푸른 바다이다. 바다는 지구 표면의 약 70퍼센트를 차지한다. 바다는 우리 인간이 상상할 수 없는 부피를 가졌다. 그런 바다에 바이러스는 얼마나 존재할까?

대부분의 사람들은 기껏해야 우리 생명이나 안전을 해치는 바이러스에 관해 관심을 가질 뿐 바다에 얼마나 많은 바이러스가 있는지 생각해보지 않았을 것이다. 놀라지 마시라. 바닷물 1리터당 약 10억 개의 바이러스가 득실거린다. 주로 세균이나 남조류를 숙주로 삼는 바이러스박테리오파지들이다. 바다의 부피가 약 10억 세제곱킬로미터라고 계산하기 쉽게 가정하면실제는 13억 세제곱킬로미터 정도, 바닷물은 약 10^{18} 리터가 된다. 그러면 바닷물 속에는 대충 계산해도 약 10^{27}개1리터당 10^{9}개 바이러스×10^{18}리터바이러스가 존재한다. 바다에 있는 바이러스 수가 많을까? 우주에 있는 별의 수가 많을까?

이제 우리의 시선을 바다에서 육상으로 옮겨 바이러스를 찾아보자. 아마도 바다만큼은 아니겠지만, 육상 세계에서도 상상하는 것 이상으로 엄청난 바이러스가 존재할 것이다. 세균뿐만 아니라 곰팡이, 효모, 다양한 식물과 동물 어느 하나라도 바이러스에서 자유롭지 못하다. 모든 생물체는 바이러스의 서식처가 된다.

지구상에 존재하는 바이러스의 종류는 얼마나 될까? 여기서는 바이러스 수를 이야기하는 게 아니다. 피터 다스작Peter Daszak 박사는 지구에 존재하는 육상 척추동물포유류와 조류에서만 약 167만 종의 바이러스가 존재할 것이라고 주장한다. 현재까지 동물사람 포함에서 바이러스 1만여 종을 찾아냈으니, 아직 발견되지 않은 미지의 바이러스가 166만여 종이나 존재하는 셈이다. 알려진 바이러스는 빙산의 일각이다. 거대한 바이러스 저수지에 이제 살짝 발을 담그고 있는 수준인 것이다. 그 많은 바이러스를 모두 발견한다는 것은 어쩌면 인류 역사에서 영원히 불가능한 일인지도 모르겠다.

지구상에 존재하는 척추동물은 약 62,000종이 있다고 한다. 그러니까 단순하게 역산해보면 척추동물 한 종당 바이러스 약 26종을 가지고 있는 셈이다. 실제로는 동물종마다 서식하는 바이러스종의 수가 천차만별이겠지만 말이다. 참고로 사람호모 사피엔스은 200여 종의 바이러스에, 인도박쥐P. giganteus는 58종의 바이러스에 감염될 수 있는 것으로 알려져 있다.

지구의 모든 생명체에 자리 잡고 있는, 하늘의 별처럼 엄청난 종류를 가진, 그러나 자신의 고유한 숙주 영역을 가지는, 그래서 우주의 위대한 설계자가 생명에 심어 놓은 것 같은 착각에 빠지게 하는 바이러스! 이러한 바이러스 존재에 관해 어떤 의미를 부여할 수 있을까? 지배 개념의 측면에서 바이러스를 생명체의 상위 개념으로 보아야 할까, 아니면 생물학적 진화 측면에서 하위 개념으로 보아야 할까?

이로운 바이러스

"바이러스가 지구상에 존재하지 않는다면 우리에게 어떤 일이 벌어질까?"

살기 바쁜 세상에 잊을 만하면 출현하는 신종 바이러스 유행 사태들을 경험하면서, 한 번쯤은 지긋지긋한 바이러스가 지구상에 사라졌으면 하는 생각을 해보았을 법하다. 바이러스는 왜 존재할까? 솔직히 필자도 잘 모른다. 그러나 지구상에 존재하는 것도, 사라지는 것도, 그 이유가 있을 것이다. 바이러스의 존재 이유를 알게 된다면 바이러스의 상실 시대에 벌어지는 이벤트에 대한 답을 보다 명확하게 얻을 수 있을 것이다.

일반 대중들은 바이러스라고 하면 코로나19나 독감인플루엔자 같은 우리에게는 별로 달갑지 않은 존재를 떠올린다. 그러나 알다시피, 우리가 알고 있는 바이러스는 극소수에 불과하다. 사람에게 해를 끼치는 바이러스는 지금까지 약 200여 종이 밝혀졌을 뿐이다. 감염병 학자라 할지라도 바이러스를 100종 이상 주저 없이 나열하기란 그리 쉬운 일이 아니다. 그 만큼 바이러스에 대해 아는 것은 너무 적고, 모르는 것은 너무 많다.

미지의 바이러스 99.9퍼센트는 지금껏 그래왔듯이, 우리의 일상생활에 아무런 영향을 미치지 않을 것이다. 이들 바이러스는 자신이 서식하는 고유한 숙주가 있으며, 그곳에서 자신만의 고유한 공생 영역을 구축하고 있다. 지금껏 우리는 사람 바이러스이든 동물 바이러스든 우리 삶에 영향을 미치는 바이러스를 중심으로 생각해왔다. 자신에게 닥칠지 모르는 위험을 중심으로 생각하는 것은 당연한 일이다. 하루하루 살아가는 것만으로도 힘겨운 일이 많은데, 한가하게 자신에게 아무런 영향을 주지 않는 바이러스를 굳이 알 필요성을 느끼지 못할 것이다. 이 책도 인간에게 위협을 주는 바이러스에 대한 독자들의 관심을 중심으로 집필된 것이기에 위험한 바이러스들이 주로 등장한다. 그러나 한 번쯤은 여유를 가지고 다른 시각으로 보면 바이러스를 이해하는 데 도움이 될 것이다. 인간의 관점에서 바라보았을 때 이로운 바이러스에는 어떤 것이 있을까?

바이러스를 물리치기 위해 동종 바이러스로 이이제이 전략을 구사한 사례가 있다. 즉, 백신 바이러스 이야기이다. 백신에 대한 개념을 최초로 제시한 사람은 영국의 시골 의사인 에드워드 제너Edward Jenner였다. 그는 1798년 논문을 하나 발표했다. 우유를 짜는 여자들이 우두천연두 사촌 바이러스인 소 폭스바이러스에 걸려 가볍게 앓고 나면 천연두에 걸리지 않는다는 사실을 발견했으며, 우두에 걸린 소의 고름을 짜서 사람에게 접종하면 천연두가 예방된다는 내용이었다. 흥미로운 사실은 제너가 이 논문을 발표할 당시 정작 자신은 그 고름의 실체를 몰랐다는 것이다바이러스 존재는 이로부터 100년 뒤에 처음 밝혀짐. 소의 고름에는 우두 바이러스가 잔뜩 들어 있었고, 이 바이러스가 사람 몸에 들어가면서 천연두를 막아낼 면역을 형성했던 것이다. 오늘날, 백신은 인류가 수많은 감염병 유행을 통제하는 중요한 수단이 되었다. 위험한 감염병에 대항하여 인간은 소중한 생명을 보호하고, 감염으로 인한 고통을 예방하기 위하여 백신을 접종한다. 또한 동물성 식량 자원의 안정적 생산과 경

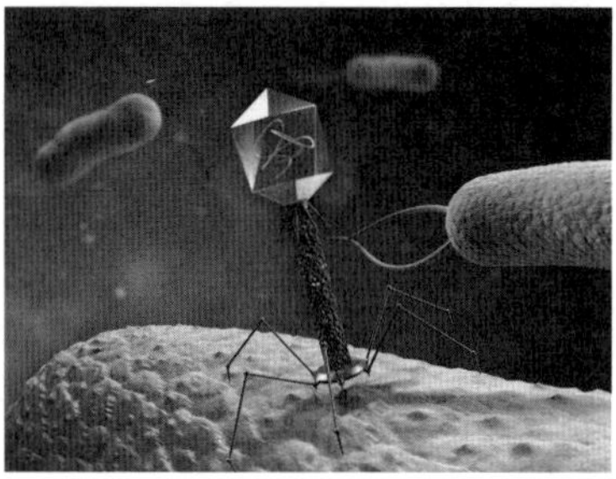

박테리오파지는 항생제를 대체할 유력한 바이오 물질로 각광받고 있다.

제적 이익을 증대하기 위해 가축에게 백신을 접종한다.

두 번째 이야기는 위해 세균을 죽이는 바이러스, 즉 박테리오파지에 관한 이야기이다. 1914년 영국 세균학자 프레데릭 윌리엄 트워트 Fredrick William Twort는 천연두 백신을 개발하는 연구를 수행하고 있었다. 당시 그는 우두 바이러스를 송아지 피부에 접종하여 감염 피부조직을 채취하여 백신을 만들고자 했는데, 백신 제조 과정에서 항상 세균포도상구균 오염이 발생했다. "아, 세균이 분비하는 어떤 물질이 바이러스를 증식시키는군!" 그는 세균포도상구균에 오염된 백신을 세균 배양 용기에서 배양하면 백신 바이러스를 대량 생산할 수 있으리라는 큰 기대를 가졌다. 그런데 놀랍게도 배양 세균이 파괴되어 오히려 세균 덩어리가 투명하게 녹아버리는 현상을 발견했다. 그래서 그 집락세균 덩어리을 채취해서 정상 세균 집락에 첨가했더니 그 집락도 녹아버렸다. 세균을 여과해서 첨가했을 때도 마찬가지였다. 당시 그는 그 실체가 바이러스라는 사실을 몰랐다그냥 세균 독소라고 생각했음. 이것이 오늘날 박테리오파지의 첫 발견이다. 박테리오파지는 세균에 서식하는 바이러스를 말한다. 최근, 항생제 내성균 출현 문제로 항생제 오남용을 막기 위한 대체제로서 박테리오파지가 성장성이 높은 바이오산업으로 대두되고 있다. 가축에서 위해 세균을 제거하기 위한 사료 첨가제, 세균을 제거하기 위한 친환경 소독제로 개발이 왕성하게 이루어지고 있다.

세 번째 이야기는 암세포만을 죽이는 바이러스에 대한 이야기이다. 국내 한 공중파 방송에서 '암의 종말'이라는 다큐멘터리를 통해 바이러스를 이용하여 암을 치료하는 획기적인 내용을 방영하기도 했다. 동물 바이러스사람 바이러스 포함 중에는 암을 일으키는 바이러스도 많지만, 반대로 백시니아바이러스, 폭스바이러스, 아데노바이러스, 파라믹소바이러스처럼 암세포만 표적으로 삼아 죽이는 바이러스도 자연계에 많이 존재하고 있다. 암세포만을 죽인다면 암 치료제로 활용할 수 있지 않을까? 바이러스의 이러한 성질을 활용하여 암을 치료하는 생물학적 도구로 활용하는 연구가 활발히 진행되고 있다. 세계적으로 개발 중인 항암 바이러스 치료제만 해도 약 180종에 이를 정도로 개발 경쟁이 뜨겁다. 물론 우리나라에도 항암 바이러스 치료제를 개발하는 바이오 벤처 회사들이 있다.

마지막 이야기는 지구 생명의 존재에 필수적인 바이러스에 관한 것이다. 바이러스는 지구 생태계의 한 축을 담당한다. 바이러스는 감염병 유행을 통해 숙주 집단의 급속하고 과도한 번식을 조절하기도 한다. 바다에 사는 박테리오파지리터당 수십억 개의 바이러스 존재는 바다 세균의 25퍼센트를 매일 감염시켜 파괴시킨다. 엄청난 양의 죽은 세균이 바다 밑으로 가라앉으면 세균이 가지고 있던 탄소지구상의 모든 생명체의 근원이 되는 원소도 바다 밑에 매장되면서, 지구의 탄소 순환을 조절하는 중요한 역할을 한다. 이 바이러스가 없다면 맑고 푸른 바다는 며칠 만에 죽과 같은 죽음의 바다로 변할 것이다.

대표적인 몇 가지 사례만을 들었지만 인간에게 이로운 작용을 하는 바이러스는 우리가 생각하는 것보다 훨씬 많다. 바이러스라고 모두 해로운 것은 아니며, 그 존재 이유가 있기 마련이다.

무임승차 티켓

"바이러스 연구를 통해 노벨상을 받은 학자들이 상당히 많다. 그중에서 노벨상을 가장 많이 배출한 바이러스는 어떤 바이러스일까?"

고등학생들을 대상으로 바이러스 강연을 할 기회가 많은데, 강연 시작 전에 학생들에게 자주 하는 질문이다. 매년 가을에 스웨덴 카롤린스카 연구소 노벨위원회는 노벨상 수상자를 발표한다. 언론은 수상자들을 업적과 함께 대서특필한다. 과학자라면 누구나 일생에 한 번쯤 꿈 꿔보는 최고의 권위를 가진 노벨상! 2020년 노벨 생리의학상 수상자는 C형 간염바이러스 감염병을 연구한 바이러스 학자들이었다. 미국국립보건원 부원장 하비 알터Harvey J. Alter, 캐나다 앨버타 대학교 마이클 호튼Micheal Houton 교수, 미국 록펠러 대학교 찰스 라이스Charles M. Rice 교수가 그 주인공이다. 하비 알터는 1970년대 중반 기존 간염 바이러스(A형과 B형) 외에 제3의 바이러스가 간염을 유발할 수 있다는 사실을 발견했고, 마이클 호튼은 C형 간염을 일으키는 바이러스를 규명하였으며, 찰스 라이스는 그 바이러스의 구조를 밝혀낸 공로로 수상의 영광을 안았다.

필자가 노벨상을 가장 많이 배출한 바이러스가 무엇이냐고 물으면 다들 답변하기를 주저한다. 그러면 다시 묻는다. 동물 바이러스일까? 사람 바이러스일까? 대부분 학생들은 동물 바이러스라고 답한다. 아마도 필자가 수의학자이니까, 사람 바이러스였다면 묻지도 않았을 것이라고 지레짐작하는 듯했다.

흥미롭게도 노벨상을 가장 많이 배출한 바이러스는 닭백혈병닭에서 암을 일으키는 질병을 일으키는 라우스 육종 바이러스Rous Sarcoma Virus이다. 이 바이러스는 레트로바이러스의 일종으로, 무려 다섯 명의 노벨생리의학상 수상자를 배출했다.

1911년 미국 병리학자인 프란시스 라우스Francis Peyton Rous는 암에 걸린 닭의 암 조직을 채취하여 세균여과기로 여과해서 다른 닭에 주입했더니 그 닭도 암에 걸린다는 사실을 밝혀냈으며, 여과성 물질바이러스이 암을 일으키고, 심지어 암을 전염시킬 수 있다고 주장했다그 바이러스는 나중에 그의 이름을 따서 라우스 육종 바이러스라고 명명됨. 그 당시는 바이러스 존재 자체도 학계에서 확실히 인정받지 못한 데다가바이러스 입자는 1930년대 밝혀짐 신참내기 학자였기에 그의 주장이 학계에서 곧이곧대로 받아들여지지 않았다. 그 후 여러 학자들이 그의 주장이 사실임을 밝혀내기까지 무려 15년이나 걸렸다. 1966년 그 공로로 프란시스 라우스는 노벨생리의학상을 받았다.

하워드 테민Howard Martin Temin은 캘리포니아 공과대학교Caltech 레나토 둘베코Renato Dulbecco 교수의 박사과정 대학원생으로서, 라우스 육종 바이러스가 감염된 세포의 유전체게놈 속에 끼어드는 현상을 발견하여 박사학위를 받았다. 그 후 위스콘신 메디슨 대학교에서 박사후포닥 과정 후속 연구를 통해 자신이 밝혀냈던 감염 세포 유전체에 삽입된 바이러스 유전물질프로바이러스, provirus은 DNA 형태로 세포의 유전체 DNA 이중나선 DNA 안에 위치한다고 주장했다. DNA가 RNA로 전사되면, RNA가 그 정보를 번역하여 아미노산을 합성하고 단백질을 만드는 것이 당시 분자생물학의 중심 이론이었다. 그렇기에 RNA이 바이러스는 RNA 바이러스임가 DNA를 전사한다는 것은 그 당시로서는 있을 수 없는 허무맹랑한 주장이었고, 그의 주장은 학계에서 받아들여지지 않았다. 그럼에도 불구하고 후속 연구를 진행하여 바이러스 역전사효소가 RNA를 DNA로 전사한다는 사실을 밝혀냈다. 이 사실은 데이비드 볼티모어 David Baltimore, 1975년 같이 노벨상을 받음가 쥐백혈병 바이러스레트로바이러스 일종에서도 동일한 현상을 입증함으로써 논란의 종지부를 찍었다. 하워드 테민과 그의 지도교수였던 레나토 둘베코Renato Dulbecco는 라우스 육종 바이러스의 역전사 현상을 발견한 공로로 1975년 데이비드 볼티모어

닭의 라우스 육종 바이러스 연구로 노벨생리의학상을 받은 수상자들 〈사진 출처: Wikipedia〉

프란시스 라우스 미국(1966) | 하워드 마틴 테민 미국(1975) | 레나토 둘베코 미국(1975) | 마이클 비숍 미국(1989) | 하롤드 바머스 미국(1989)

와 함께 노벨생리의학상을 받았다. 이 역전사효소의 발견은 오늘날 RNA 바이러스 연구의 핵심 토대가 되고 있다. 코로나19 유전자 진단 RT - PCR 검사도 이 효소의 원리를 이용한다.

이 바이러스 유전체는 닭에서 암을 유발하는 종양유전자v - oncogene를 가지고 있으며, 닭의 정상 세포에도 이와 유사한 유전자c - oncogene가 들어있다사람을 포함하여 거의 모든 동물에도 들어있음. 이 유전자는 세포 증식을 촉진하는 타이로신 인산화효소를 만든다.

정상 세포에 있는 타이로신 인산화 효소는 끝부분이 봉인되어 있어서 비활성을 유지하는데, 바이러스 종양유전자v - oncogene에 의해 만들어진 타이로신 인산화효소는 봉인된 끝부분이 없어 강한 활성을 띄게 된다. 그래서 바이러스 종양유전자RNA 형태가 DNA로 역전사한 후 숙주 세포 유전체에 삽입되어 타이로신 인산화효소를 만들게 되면, 성장 촉진 인자로서 작용하여 정상 세포 형질을 전환시켜 암으로 발전하게 만든다.

이것은 바이러스가 생존바이러스 유전자 복제하기 위해 필요한 과정이긴 하지만, 숙주세포 입장에서는 과도한 증식으로 암이라는 사태에 직면하게 된 셈이다. 이러한 과정을 발견한 공로로 1989년 마이클 비숍J. Michael Bishop과 하롤드 바머스Harold E. Varmus가 노벨생리의학상을 수상했다.

닭 이외에도 사람 등 여러 동물에서 레트로바이러스가 암을 일으키는 경우가 많다. 사람의 레트로바이러스 중 하나인 인간면역결핍증 바이러스Humman immunodificiency Virus도 후천성면역결핍증일명 에이즈을 일으킨다. 그렇다고 레트로바이러스가 자신의 생존을 위해 숙주에게 악역만 하는 것은 아니다.

많은 동물사람 포함에서 숙주 유전체에 통합된 형태provirus로 유전되는 내인성 레트로바이러스Endogenous Retrovirus들이 발견되고 있는데, 최근 포유동물에서 발견되는 내인성 레트로바이러스의 역할에 대한 신비한 비밀 하나가 밝혀졌다. 산모 자궁에 수정란이 착상할 때 태반을 형성하는 과정에서 태아 세포와 자궁 내막층 세포가 서로 융합되어 산모와 태아 간 연결통로 역할을 하는 영양세포막trophoblast을 형성한다. 이때 내인성 레트로바이러스의 외피막 단백질Envelope Protein이 영양세포막 형성에 결정적 역할세포 융합을 수행하며, 산모의 항체가 태아를 이물질로 인식해 공격하는 것을 차단하는 역할도 하는 것으로 알려졌다. 이 레트로바이러스가 없다면, 지구상에 포유동물은 존재하지 못할 것이다. 세상의 오묘한 이치는 서로 맞닿아 있기 마련이다.

바이러스, 상상할 수 없는 다양성

"우리들 중 누군가가 유전자 염기서열의 차이가 1퍼센트 정도 난다면 무슨 일이 벌어질까?"

인간은 23쌍의 염색체 속에 30억 개 유전자 DNA 염기쌍을 가지고 있다. 우리가 익히 알고 있듯이, 지구상에 살아가는 70억 명은 누구도 동일하지도 않고 모두가 독특하고 고귀하다. 같은 부모로부터 태어난다고 해도 완벽하게 같은 복제 인간은 존재하지 않는다. 만약 부모가 같은 자녀들의 DNA가 모두가 동일하다면 대대손손 이어져 오면서 수많은 동일한 인간을 양산했을 것이고, 사회적 혼란은 상상할 수조차 없을 것이다. 사람 개체 간 차이를 나타내는 데는 유전자 염기서열이 최대 0.1퍼센트, 즉 유전자 염기서열상 300만 개의 차이만으로도 충분하다. 이것은 인간 게놈 전체로 볼 때 매우 사소한, 그리고 매우 미묘한 차이이지만 사람의 개성과 특성을 구분 짓는다. 인간과 가까운 침팬지는 인간 게놈의 유전적 차이가 게놈 유전자 염기서열 해석의 차이에 따라 5퍼센트에서 1퍼센트 내외까지 다양하게 존재한다. 어쨌든 단 1퍼센트의 차이, 즉 약 3,000만 개 DNA 염기쌍의 차이는 보통의 사람과 완전히 다른 형상을 만들어낼 수도 있다. 즉 인간으로 분류하기가 어려울지도 모른다. 인간에게 있어서 1퍼센트는 결코 사소한 차이가 아니라 종의 영역을 넘나드는 엄청난 결과를 초래할 수도 있기 때문이다.

그렇다면 바이러스 세계에서는 어떨까? 같은 바이러스라도 바이러스 개체들 사이에 유전체게놈 유전자 염기서열은 얼마나 많은 차이를 보일까? 바이러스는 가장 원시적인 존재이고, 게놈 유전자 덩치가 워낙 작아서 핵산 염기 수가 그리 많지 않다. 일반적으로 바이러스는 종류에 따라서 수천 개에서 수십만 개의 유전자 핵산 염기를 가지고 있다. 바이러스 전체 평균은 유전자 핵산이 약 1만 개 정도의 염기를 가지고 있다. 생물학적 존재로서는 믿기 힘들 정도로 적은 수이다. 현재까지 지구상에서 확인된 거대 바이러스인 판도라바이러스Pandoravirus

도 유전체 핵산DNA 염기 수가 250만 개를 넘지 않는다. 그래서 바이러스 유전자 염기서열에서 돌연변이나 유전적 변화가 생기면 그 차이는 크게 나타날 수밖에 없다. 바이러스는 유전자 복제 기술이 고등동물만큼 정교하지 않기 때문에 그러한 변화는 쉽게 일어난다. 가장 극단적인 사례는 바이러스 증식과 복제, 단백질 형성에 중요한 역할을 하는 바이러스 유전자 부위 일부에 돌연변이와 같은 유전적 변화가 생기면 바이러스의 기능이나 숙주 영역에 의미 있는 변화가 나타나는 것이다.

고등동물에서는 종의 진화가 수백만 년에 걸쳐 서서히 분화가 진행되어 나타나지만, 바이러스는 고등동물과는 확연히 달라서 특히 유전자 변이가 심한 바이러스 경우에는 한 달 사이에도 진화가 급격하게 나타날 수도 있다. 그래서 고등동물에서는 상상조차 할 수 없는 엄청난 유전적 다양성을 바이러스 세계에서 볼 수 있다. 같은 바이러스라 하더라도 바이러스 개체에 따라서 유전체 핵산 염기서열의 차이가 1퍼센트 이상 존재하는 것은 부지기수이다. 예를 들면, 같은 바이러스 사이에도 동남아시아 지역에서 유행하는 바이러스와 한국에서 유행하는 바이러스 간에는 유전체 핵산 염기서열의 차이가 1퍼센트 이상 나는 것이 흔하다. 심지어 같은 지역 내 유행하는 바이러스들 사이에서도 유전적인 차이가 제각각인 경우가 허다하다. 이뿐만 아니라 어떤 바이러스의 경우 바이러스 개체들 사이에 유전적 차이가 하도 심해서 유전체 핵산 염기서열의 차이가 수십 퍼센트에서 50퍼센트 이상 나는 경우도 있다. 그래서 코로나바이러스나 인플루엔자바이러스와 같이 변이가 심한 바이러스의 경우, 바이러스 개체 간 유전자 염기서열 1퍼센트 정도의 차이는 바이러스 간 변이가 거의 없는 동일한 바이러스라고 치부할 정도이다. 이처럼 바이러스의 세계에서 시시각각으로 일어나는 유전적 변이는 어디에서 시작되는 것일까? 또 잦은 변이에서 발생하는 문제는 없을까? 만약 문제가 있다면 그럼에도 불구하고 끈질기게 번성할 수 있는 생존의 법칙은 무엇일까?

단 하루, 바이러스가 한 세대를 거치는 데 필요한 기간이다. 바이러스 종류에 따라 수 시간에서 수일이 걸릴 수 있지만, 일반적으로 바이러스는 세포 속에서 후손 바이러스를 만들어내는 데 하루면 충분하다. 한 세대를 거치는 데 평균적으로 30년이 걸리는 우리 인간에 비교할 바가 아니다. 인간이 천천히 기어가는 거북이라면, 바이러스는 고속도로를 과속으로 달리는 자동차와 같다. 우리가 한 세대를 교체하는 동안 바이러스는 수만 세대를 거칠 수 있다. 특히 RNA 바이러스는 부실한 복제 도구를 가지고 있어서 복제 과정의 시행착오가 초래한 혁신적인 변화가 빠른 기일 내에 일어날 수 있다. 부실 생산이지만, 예상치 못한 강한 적응력을 가진 후손 바이러스가 탄생하기도 하는데, 이런 바이러스는 향후 바이러스 집단 내 우점종을 차지하는 데 유리한 고지를 점령하게 된다. 빠른 유전적 변이와 맞물려 광속의 세대교체는 바이러스의 진화 속도에 가속도를 붙여 오늘날 지구촌 모든 생명체에서 바이러스가 서식할 수 있도록 엄청난 유전적 다양성을 부여하는 토대가 되었다.

교묘한 전술

10년이면 강산도 변한다고 한다. 세월이 지나는 동안 바이러스 또한 수많은 변화의 모습을 보여왔다. 어느 날 문득 새로운 바이러스가 인간 세상에 출현하는가 하면, 우리가 인지하지 못하는 사이에 숙주의 멸종으로 어떤 바이러스는 서식처를 잃고 졸지에 사라졌을 수도 있다. 바이러스 습격의 위험으로부터 인간과 동물을 보호하기 위하여 수많은 백신이 사용되었다. 바이러스는 숙주 자체의 면역장벽뿐만 아니라, 자신과 동종인 백신이 만들어놓은 숙주 면역과도 싸워야 했다. 그래서 바이러스에 따라 감염병 유행의 부침을 거듭하기도 하고, 그 와중에 숙주의 면역체계를 회피하는 방향으로 지속적으로 변신을 거듭해왔다. 온순한 바이러스는 숙주와 타협하는 방향으로 공생을 선택했다.

몇 년 전, 바이러스가 숙주의 면역장벽을 극복하기 위하여 어떻게 변신하는지 알아보려고, 닭에게 치명적인 뉴캐슬병 바이러스를 사용하여 실험을 한 적이 있다. 먼저 실험 닭을 두 그룹으로 나누어서, 한 그룹은 백신을 접종하고 나서 면역이 생긴 이후에 바이러스를 주입했다. 나머지 한 그룹은 백신 접종을 하지 않은 채 같은 시점에 똑같이 바이러스를 주입했다. 그리고 이들 두 그룹에서 무슨 일이 벌어지는지를 관찰하였다. 백신 접종을 받지 않은 그룹의 닭들은 바이러스를 접종한 지 채 일주일도 지나지 않아 모두 병에 걸려 죽었다. 반대로 백신을 접종한 그룹의 닭들은 치명적인 바이러스 주입에도 불구하고 한결같이 건강하게 살아있었다.

이 실험의 의도는 백신이 질병을 막아내는 역할에 대한 것이 아니다. 필자가 주목한 것은 치명적인 바이러스가 숙주의 백신 면역에 대항하여 어떻게 변신하는지를 알기 위한 단서를 찾는 데 있었다. 그래서 백신 접종 그룹과 백신을 접종하지 않은 그룹의 닭들이 배출하는 치명적인 바이러스를 다시 회수하여 조사했다. 그리고 닭에 접종했던 원래 바이러스와 그 후 배출된 바이러스 간에 어떤 변화가 있는지를 살피기 위해 바이러스 유전자를 분석했다.

백신 접종을 받지 않았던 그룹의 경우, 이 치명적인 바이러스는 닭의 면역체계가 미처 작동하기도 전에 순식간에 닭의 생명까지 빼앗아버릴 정도로 난폭하게 증식했다. 닭이 죽기 직전, 이미 장기 1그램당 수백만 개의 바이러스가 닭의 몸속에서 증식해 있었다. 그 바이러스는 닭에 주입한 바이러스와 동일한 모습을 하고 있었다. 바이러스 구조에 어떠한 변화도 감지되지 않았다. 아마도 닭이 면역체계를 가동할 겨를이 없었으니, 바이러스 입장에서는 닭의 면역체계에 대항하여 스스로 생존하기 위해 변신할 이유도, 그럴 필요도 없었을 것이다.

백신 접종을 받은 닭에서는 상황이 달랐다. 백신을 접종한 그룹은 이미 면역체계가 완전히 무장된 상태였다. 그래서인지 치명적인 바이러스를 주입했음에도 불구하고 닭의 몸속에서 증식하여 배출된 바이러스의 양은 수천 개 정도로 극히 미미했다. 이마저도 며칠이 지나서는 완전히 통제되어 더 이상 바이러스가 증식하지 못했다. 치명적인 바이러스를 주입하자마자 닭의 면역체계가 즉시 그 바이러스를 공격하여 통제하는 데 성공했다는 것을 의미했다.

그런데 놀랍게도, 짧은 순간이었지만 백신을 접종한 닭이 배출한 바이러스의 유전자 일부에서 변이가 일어난 흔적을 발견했다. 그 변이가 백신을 회피하기에는 역부족이라 얼마 지나지 않아 결국 닭의 몸속에서 제거되긴 했지만 말이다. 그런데 변이된 바이러스들은 변이가 바이러스 유전자의 특정 부위에 동일하게 일어난 것이 아니었다. 바이러스마다 변위 부위에 차이가 있었다. 임의적인 변이였다. 아마도, 치명적인 바이러스가 백신 접종으로 형성된 숙주 면역체계의 공격을 받으면서 이를 회피하기 위한 방향으로 제각각 임의적인 부위에 변이를 일으킨 것으로 보인다. 이 돌연변이는 흥미롭게도 바이러스가 숙주세포에 달라붙는 표면 돌기HN 단백질에 집중적으로 일어났다.

이 연구 결과가 무언가 중요한 점을 시사하고 있다는 것을 알아차렸을 것이다. 비록 닭 면역체계의 공격에 대항해 바이러스는 숙주 몸에서 며칠 버티지 못하고 소멸되었지만, 닭 면역체계의 공격을 피하기 위하여 그 짧은 순간에도 나름대로 다양한 변신 과정이 진행되고 있었음을 시사한다. 만약 돌연변이가 보다 쉽게 일어나는 바이러스를 가지고 이러한 유사한 실험을 했다면, 숙주에서 증식한 치명적인 바이러스의 유전자 돌연변이는 더 수월하게 일어났을 것이다. 심지어 이 바이러스가 다른 숙주로 여기저기 옮겨 다니면서 여러 번에 걸쳐 이러한 과정이 반복되었다면, 돌연변이의 축적으로 어느 순간에는 상당한 수준의 변종 바이러스로 돌변하여 출현할 수 있다. 백신 접종으로 인한 이러한 최악의 시나리오변종 출현를 막으려면 최소한 숙주 개체 간에 바이러스가 마구 돌아다니지 못하게 하는 수준으로 백신 효능이 커야 한다.

백신 접종으로 인한 불길한 조짐은 이미 동남아 상재 지역에서 유행하는 고병원성 조류 인플루엔자 H5N1 바이러스에서 나타나고 있었다. 2000년대 중반 이후 동남아 지역에서는 조류 인플루엔자 인체 감염이 자주 일어나자 닭에서의 바이러스 유행을 차단하기 위해 조류 인플루엔자 H5N1 백신을 사용하고 있다. 2016년 베트남을 방문할 기회가 있어 하노이 농업대학 판Phan 교수와 베트남에서 발생하는 조류 인플루엔자 유행에 관해 이야기할 기회가 있었다. 그는 조류 인플루엔자 백신을 접종한 지 십여 년이 지난 상황에서 바이러스 변이가 상당히 진행되어 변종 바이러스들이 출현했다고 했다. 따라서 기존 백신으로는 더 이상 바이러스 유행을 차단할 수 없어, 효과 있는 새로운 백신을 사용해야 하는데 자국에는 아직 그런 기술이 없어 고민이라고 토로했다. 아마도 백신 접종 국가에서 나타나는 현상으로 백신을 회피하는 바이러스의 변이 누적으로 조류 인플루엔자 백신이 닭에서 예방 효능이 상당히 낮아져 바이러스 감염을 차단하지 못하는 상황인 것 같다중국에서는 이러한 변이가 자주 일어나자 수시로 백신을 교체하고 있음.

조류 인플루엔자 백신 접종

이런 상황은 또 다른 변신의 귀재, 에이즈바이러스에서도 잘 나타난다. 에이즈바이러스는 유전자 돌연변이가 매우 빠르게 일어나 수시로 바이러스 껍데기 모양을 바꾼다. 그래서 숙주사람의 면역체계가 바이러스를 인식하고 제거하는 데 골머리를 앓는다. 다양한 항바이러스 치료제를 사용하지만 금방 내성이 생겨버릴 정도이다. 통상적인 방법으로 백신을 개발해서는 바이러스의 변신 속도를 따라갈 수 없다. 아직까지 제대로 된 에이즈 예방 백신을 개발하여 상용화하지 못한 이유 중 하나가 여기에 있다.

일부 바이러스는 게릴라 전술을 사용한다. 에이즈바이러스는 초기에는 감염자의 면역세포인 T 세포 속에 한동안 숨어 지내기 때문에 숙주의 면역체계에 발각되지 않는다. 수두 - 대상포진을 일으키는 헤르페스바이러스의 경우, 바이러스가 숙주에서 증식하다가 숙주 면역체계의 힘에 눌려 불리할 때는 신경세포 속에 바이러스 유전자 형태로만 존재하면서, 숙주의 감시망을 교묘히 피해 숨어 지내기도 한다. 그러다가 숙주 면역체계가 부실할 때 자신의 모습을 드러내고 증식을 시작한다. 끊임없는 변화와 다양한 전술, 바이러스가 생존하기 위해 보여주는 전략이다.

온순하지만 때로는 난폭한

바이러스마다 크기는 다양하지만 평균적으로 지름 100나노미터10억 분의 1미터! 단순하고 작은 나노 물질에 불과한 바이러스는 숙주의 세포를 임대하여 살아가는 데 있어서 매우 전략적인 선택을 한다. 바이러스가 구사하는 임대 방식은 아파트 전월세보다는 모든 것이 갖춰진 빌트인 콘도나 오피스텔 임대라고 보는 것이 좀 더 정확한 비유일 것 같다. 그래서 바이러스가 죽느냐 사느냐 그것은 숙주세포에 달렸다. 거꾸로 말하면 숙주세포가 존재하는 한 바이러스는 서식처를 보장받는다.

바이러스는 '자연 숙주'라는 정해진 서식처에서 살아간다. 거기에서 바이러스는 숙주에 큰 위해를 가하지 않는 선에서, 즉 숙주의 면역체계라는 무기가 무리하게 가동되지 않는 선에서 적당히 증식을 한다. 숙주 역시 바이러스를 무리하게 제거하려고 하지 않는다. 이른바 공생의 논리가 작동한다. 바이러스가 지속적으로 변이를 일으키고 엄청난 다양성을 가지면서도 생명체에서 지속적으로 존재할 수 있는 이유이다.

그러나 바이러스는 가끔은 난폭하고 이기적이다. 바이러스의 난폭성은 자연 숙주라는 보장된 서식처를 벗어나 새로운 숙주 서식처를 찾아 나설 때 주로 발생한다. 새로운 숙주는 낯선 침입자에 대항하여 면역체계를 가동하며 강력히 저항하여 제거하려고 하고, 침입자인 바이러스는 새로운 숙주의 면역 감시망이 가동되기 전에, 또는 숙주 면역체계가 작동하더라도 감당하지 못할 정도로 격렬하게 증식하려고 한다. 바이러스가 숙주 세포에 증식하기 시작하면 숙주 면역세포의 표적이 된다. 이 경우, 숙주가 이기는 경우가 대부분이어서 종간 장벽을 넘어와 새로운 숙주에 정착하는 바이러스는 매우 드물다. 만약 그 숙주가 바이러스를 통제하는 데 실패하게 되면, 바이러스 수는 기하급수적으로 늘어나 숙주 면역체계가 더 이상 감당하지 못하는 수준으로 변한다. 그러면 숙주는 엄청난 양의 바이러스에 버티지 못하고 병증을 나타내는 것이다. 그 숙주는 매우 치명적으로 감염되는 경우가 많다. 이런 현상은 원래의 숙주가 아닌 새로운 숙주 동물로 바이러스가 종간 장벽을 넘어갔을 때 주로 발생한다. 20세기 이후에 출현한 신종 감염병 바이러스들이 대부분 그러한 특성을 가진다.

한편, 바이러스가 어느 장기에서 과도하게 증식하느냐에 따라 병증의 양상은 다르게 나타난다. 호흡기 계통에서 증식하는 바이러스들은 호흡기 질환을 일으킨다. 소화기 계통에서 증식하는 바이러스들은 설사와 같은 증상을 일으킨다. 심지어 생명에 중대한 기능을 하는 콩팥 등의 장기에서 과도하게 증식하는 바이러스는 장기 기능을 손상시켜 숙주의 생명을 위태롭게 만들 수도 있다. 물론 이러한 병증 차이는 바이러스종마다 다르게 나타난다. 바이러스종마다 증식하기 좋아하는 장기 부위는 이미 정해져 있기 때문이다.

이종 간 감염의 예로 고병원성 조류 인플루엔자 H5N1 바이러스를 살펴보자. 이 바이러스의 주요 자연 숙주는 야생 철새인 청둥오리이

철새 무리는 대륙 간, 지역 간 조류 인플루엔자를 확산시키는 주범이다.

다. H5N1 바이러스는 야생 청둥오리에서 증식은 하지만 많이 증식하지는 않는다. 그래서 청둥오리는 이 바이러스에 걸리더라도 거의 병증이 나타나지 않으며, 나타나더라도 죽을 정도로 진행되지 않는다. 그러나 다른 조류종인 닭의 경우 이 바이러스에 감염되면 야생 청둥오리와는 전혀 다른 양상을 보인다. 일단 감염된 닭은 수일 내 100퍼센트 폐사한다. 치사율 100퍼센트! H5N1 바이러스는 닭에게 난폭하기 짝이 없다. 닭에게는 공포의 바이러스인 것이다. 닭에게서 오리보다 최소한 수천 배 이상 바이러스가 증식한다. 일단 닭이 이 바이러스에 감염되면, 바이러스에 대항하는 항체가 생성되기도 전에 닭의 내부 장기에서 바이러스가 폭발적으로 증식한다. 그래서 단 며칠을 버티지 못하고 급사한다. 실제 그런 폐사 닭의 내부 장기에는 그램당 수백만 개의 바이러스가 증식해 있어 장기 조직이 파괴되고, 장기가 제 기능을 하지 못한다.

21세기 들어서 출현한 신종 바이러스들이 사람에게 위협적이고 치명적인 이유도 원래의 자연 숙주가 아닌 새로운 숙주에 정착하려는 상황에서 일어나는 스필오버 과정 때문이다. 그런데 새로운 숙주로 넘어온 바이러스가 과도하게 증식하게 되면 숙주는 안전을 보장받지 못한다. 숙주 집단의 지속가능성이 보장되지 않는다면 바이러스도 결국 지속적으로 유행하는 데 제약을 받게 된다. 치명적인 바이러스의 경우 방역과 검역 조치를 통해 바이러스 확산이 제한되는데, 숙주 집단 내에서 숙주 간 전염이 일어날 수 있는 기회가 줄어들면, 숙주 집단에서 바이러스가 지속적으로 순환하고 유지될 수 있는 가능성도 줄어들 수밖에 없다. 즉 바이러스가 숙주에 치명적일수록 개체 간 전염성이 떨어진다. 사람이나 가축에게 위험한 에볼라, 사스, 조류독감 같은 바이러스들이 검역, 격리, 이동 제한과 같은 인간의 통제에 가로막혀 근절 또는 소멸되는 이유가 여기에 있다. 바이러스가 지속적으로 생존하려면 바이러스 자신의 난폭성을 줄이는 방향으로 진화되어야 한다. 그래서 감염 숙주가 오래 생존할수록 바이러스를 배출할 수 있는 기간이 길어져, 다른 숙주로 옮겨갈 가능성이 증가하기 때문이다. 그래서 새로운 숙주 집단에서 서식하는 데 성공한 바이러스는 숙주에 대한 병원성치명성을 줄이고 숙주 개체 사이에서 이루어지는 전염성을 높이는, 즉 치명성과 전염성 간 불균형을 해소하는 방향으로 서서히 진화하게 된다. 과거에 팬데믹 인플루엔자 바이러스가 계절 독감으로 순화된 것처럼 말이다. 2020년 전 세계를 경악시킨 코로나19 바이러스도 유사한 길을 걷게 되지 않을까?

02

지구 생명의 진화와 함께한 바이러스의 역사

닭과 달걀의 딜레마

2010년 6월, 영국 워릭 대학의 마르크 로저Mark Rodger 연구팀과 영국 세필드 대학의 콜린 프리만Colin Freeman 연구팀은 독일 화학협회에서 발간하는 저명학술지 <앙게반테 케미Angewandte Chemie>에 「난각 단백질에 의해 결정핵의 구조적 통제」라는 논문을 게재했다. 이 논문이 게재되자 영국 워릭 대학은 언론 보도를 통해 '닭이 먼저냐, 달걀이 먼저냐?'에 대한 수천 년간 이어진 난제에 관해서 '닭이 먼저'라는 일말의 힌트를 제공할지도 모른다고 발표했다. 이를 영국 <메트로Metro> 지에서는 닭에 존재하는 특정 효소가 없으면 달걀이 생길 수 없다는 한 공저자의 인터뷰 내용을 실으면서 마치 '닭이 먼저'라는 결론을 제시했다는 과장된 기사를 내보냈다. 전 세계 언론들도 여기에 가세했다. 국내 일부 언론에서도 이에 관하여 기사화했다. 사실 이 연구팀이 밝혀

닭과 달걀의 딜레마:
닭이 먼저냐, 달걀이 먼저냐?

낸 것은 영국 슈퍼컴퓨터와 메타다이내믹스Metadynamics를 사용하여, 닭의 난소에 존재하는 오보클레이딘Ovocleidin-17이라는 효소가 몸속 탄산칼슘을 결정화하여 난각을 형성하는 데 촉매작용을 한다는 사실을 밝혀냈을 뿐이다. 논문의 저자들은 생명 탄생의 기원이나 닭의 진화에 관한 시사점을 이 논문의 어디에서도 언급하지 않았다.

사실 '닭과 달걀의 딜레마'는 우주와 생명의 기원에 대한 논쟁으로, 고대 이후부터 지금까지 수천 년 동안 풀리지 않은 난제로 남아있는 딜레마 주제로 간주되어왔다. 지금도 이 딜레마는 전제 조건을 충족시키지 못해 어떤 결론에 도달하지 못하는 상황에 자주 비유되곤 한다.

필자는 여기서 바이러스의 '닭과 달걀의 딜레마'에 관한 이야기를 하려고 한다. 어떤 실문에 관하여 그럴듯한 답을 만들어 설명하려고 하다 보면 또 다른 근본적인 질문에 부닥치게 된다. 예를 들면 '바이러스가 먼저냐, 생명체가 먼저냐?'라는 질문을 던져보자. 진화론상 바이러스라는 존재는 무생물과 생물의 중간 단계에 있다고 볼 수 있다.

그러나 바이러스의 본질상 세포 숙주가 없으면 바이러스는 증식할 수 없다.

또 지구상의 원시 바이러스의 탄생에 있어서 'DNA 바이러스가 먼저냐, RNA 바이러스가 먼저냐?'로 질문이 이어질 수 있다. RNA를 가진 바이러스도 있고, DNA를 가진 바이러스도 있으니DNA와 RNA를 다 가지고 있는 바이러스는 없음, 어떤 바이러스가 먼저 출현했는지 궁금한 것은 당연한 일이다. 생명의 영역에서는 DNA가 RNA를 합성하니까 DNA가 먼저라고 말할 수도 있겠지만, RNA단일가닥가 DNA이중나선보다 단순하기 때문에, RNA가 먼저 생겨서 이중가닥으로 진화되었다고 주장할 수도 있다.

또 다시 이어진다. '단백질이 먼저냐, 유전자가 먼저냐?' 다들 알다시피 바이러스는 유전자와 단백질로 되어 있다. 유전정보가 있어야 단백질을 만들고, 단백질 효소가 있어야 유전자를 복제할 수 있다. 이 질문을 따라가다 보면 결국은 '생명은 어떻게 시작되었는가?'로 이어질 것이다.

바이러스와 생명체라고 불리는 존재에는 엄청나게 중요한 하나의 공통점이 있다. 그것은 바이러스나 생명체가 자신을 존속시키는 데 필수적인 유전정보를 구성하는 기호가 같다는 것이다. DNA는 아데닌A, 티민T, 구아닌G, 사이토신C 네 개의 기호를 사용하며, RNA는 티민T 대신 우라실U을 사용한다. 바이러스가 숙주의 기계를 사용해서 후손을 만들어야 하니 당연히 숙주와 같은 기호를 사용해야 하는 것 아니냐 하고 물을 수 있다. 맞는 말이다. 바이러스 고유의 것은 오직 자신의 유전정보일 뿐, 유전체도, 단백질 껍질도 모두 숙주 세포의 재료 성분을 사용해서 만들어낸 물질이다. 유전정보, 그것 하나만으로 유유히 지구의 모든 생명체를 장악한 바이러스. 바이러스의 정체는 무엇이며, 어떻게 탄생한 것일까?

에덴 정원의 비밀

"세포가 없는 세상에서 바이러스가 어떻게 존재할 수 있지?"

바이러스는 살아있는 세포에서만 증식이 가능하니, 당연히 나올 수 있는 질문이다. 이러한 질문을 토대로 나온 것이 일명 '세포퇴화설'이다. 이 가설은 초기 원시세포 생명체 중 낙오된 것이 다른 세포 생명체에 기생하면서 필수적인 복제 유전자만 남기고 불필요한 유전자를 버리면서 오늘날 바이러스가 되었다고 본다. 바이러스가 가출했던 세포로 연어처럼 다시 돌아와 자신을 복제한다는 것은 일종의 퇴화된 세포의 회귀 본능과 같은 것일까?

세포 유전체와 같은 이중나선 DNA를 가진 바이러스예: 헤르페스바이러스라면 몰라도 RNA 핵산을 가진 바이러스는 어떻게 보아야 할까? "RNA 유전체를 가진 세포가 존재하나?" "RNA 바이러스 유전체에는 조각난 것도 있고, 이중가닥으로 된 것도 있고, 반지나 목걸이처럼 서로 연결된 것도 있는데? 이런 질문 앞에서 이 가설은 커다란 벽에 부닥치게 된다. 즉, 이 가설로 RNA 바이러스의 탄생을 설명하기에는 논리적 한계가 있다. 그렇다고 DNA 바이러스에 관해서도 완벽하게 설명하지 못한다. DNA 바이러스 중 단일가닥 DNA를 가진 바이러스들이 존재하기 때문이다.

RNA 바이러스를 설명하기 위해 만들어진 가설이 일명 '세포 탈출설'이다. 이 가설은 RNA 바이러스를 자기 복제가 가능한 유전물질이 세포질 내 단백질을 감싸고 탈출해서 만들어진 것으로 본다. 리보솜에는 tRNA, mRNA 등 아미노산을 만들기 위한 RNA가 존재하므로 DNA 바이러스뿐만 아니라 RNA 바이러스에도 설명이 가능하다. 유전자 크기가 매우 작고 크기가 단순한 바이러스를 설명하기에 안성맞춤인 것 같다. 그런 바이러스는 세포 퇴화의 산물이라기보다는 '세포 탈출'의 개념이 보다 합리적인 것처럼 보이기 때문이다. 특히, 생명체에서 유전체 내 여기저기를 옮겨 다니는 유전자인 트랜스포존이나 역위 트랜스포존과 같은 일명 메뚜기 유전자들이 발견되면서 과도기 단계의 다양한 핵산 형태를 설명할 수도 있게 되었다. 덕분에 이 가설이 힘을 받는 듯했다. 그러나 2003년 이후 거대 바이러스Giant Viruses들이 속속 발견되면서 거대 바이러스가 세포를 탈출했다고 보기가 궁색해졌다. 이들 바이러스는 작은 크기의 세포 생명체예: 세균보다 몇 배나 크기 때문에 이를 설명할 수가 없게 된 것이다.

이 두 가설과 전혀 다른 방향에서 제기된 가설은, 바이러스가 기존의 생명체와 별개로 독립적으로 탄생했다는 일명 '독립기원설'이다. 생명체라고 보기는 어렵지만, 바이러스는 유전정보를 가진 가장 초보적인 구성을 가지고 있다. 그래서 이 가설은 자가 복제가 가능한 원시

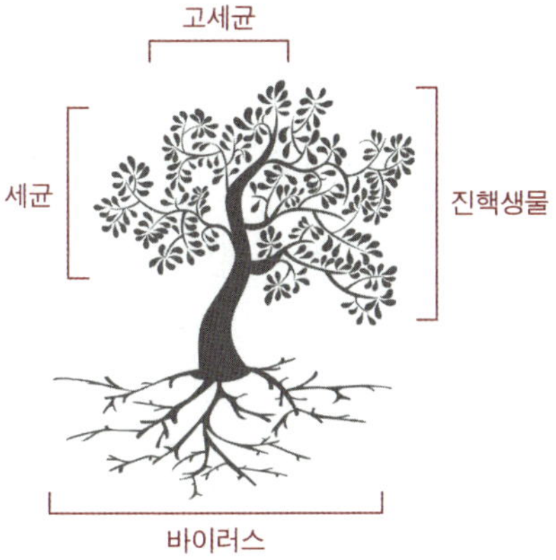

생명나무: 생명의 영역에는 세균, 고세균, 진핵생물의 세 가지 영역이 존재한다. 일부 학자는 바이러스를 제4역으로 포함시켜야 한다고 주장하기도 한다.

생명체LUCA가 바이러스와 생명체로 각각 독자적으로 진화했다는 설이다. 초창기에는 '세포 없이는 바이러스가 존재할 수 없다'는 절대 명제의 벽에 부닥쳤다. 그러나 분자유전학 분석 기술이 발달하면서 독립기원설도 나름 설득력을 높여가고 있다. 그동안 생명의 역사에서 바이러스를 빼고 분석하여 왔지만, 최근 바이러스를 포함하여 생명나무의 계통유전학적 분석을 시도하는 노력이 있어져 왔다. 2015년 미국 일리노이 대학교 정보생물학자 카에타노 아놀레스Caetano - Anollés 교수는 광대한 유전자 정보를 활용하여 칼 우즈Carl Woese가 1977년 주창한 생명나무에 바이러스 3,460종과 생물종 1,620종을 포함시켜 이들의 단백질 접힘 구조를 분석하는 방식으로 바이러스의 기원을 추적하여 발표했다. 그는 원시 바이러스 세포virocell 개념을 도입해서, 이 원시 바이러스 세포가 오늘날의 바이러스와 생명체 3역, 즉 세균, 진핵생물, 고세균으로 각자 진화하였다고 주장한다. 독립기원설을 뒷받침하는 주장이기는 하지만, 아쉽게도 단백질 껍질 없이 핵산 RNA만 가지는 바이러스들은 이러한 단백질 분석 대상에서는 빠져 있다.

분자유전학 기술을 이용하여 새로운 사실을 밝혀내고 있지만, 어느 바이러스 기원설도 확실하게 정설로 자리 잡지 못하고 있는 상황이다. 어쩌면 보이는 것만 보지 말고, 새로운 눈으로 바이러스의 세계를 보라고 하는지도 모르겠다. 약 40억 년 전, 지구에 화학 분자들로 가득 차기 시작했던 '에덴 정원'은 지구 생명과 바이러스 탄생의 비밀을 가지고 있을 것이다. 안타깝게도 그것을 파헤치기에 우리는 너무나 멀리 와 있다.

주연배우의 출현

바이러스는 언제부터 인간의 몸을 숙주로 삼아 서식하기 시작했을까? 600만 년 전, 아프리카 밀림 지역에서 인간이 침팬지와 분화하기 이전 공통 조상이었던 시절부터 이미 바이러스의 서식처가 되었을 것이다. 바이러스는 동물 진화의 역사와 함께해왔다. 그래서 바이러스의 진화 과정 연구를 통해 생명의 진화를 분석하는 연구도 활발하다. 당시 밀림 지역에는 포유류 동물뿐만 아니라 유인원 동물까지 생물학적으로 다양하게 존재했을 것이다. 그래서 동물종 간 바이러스 교환도 간헐적으로 나타났을 것으로 보인다. 다른 동물종에서 인간으로 바이러스가 넘어오는 경우도 발생했을 것이다.

그러나 그 당시 인간 조상의 집단 크기가 작았기 때문에, 바이러스 유행은 극히 제한되었을 것으로 추정된다. 바이러스의 유행에는 숙주 규모의 밀집성과 개체 간 긴밀한 밀접성, 그리고 그것을 가능하게 하는 밀폐적 공간이 요구되기 때문이다. 그러한 측면에서 본다면 인간이 소집단을 이루고 유목 생활을 하던 기간에도 마찬가지로 사람들 사이의 바이러스 유행은 거의 일어나기 힘든 구조였을 것이다. 그저 사람에게 공생하는 바이러스나, 사냥해서 먹은 날짐승 고기를 통한 간헐적 스필오버가 고작이었을 것이다. 그것이 치명적이든, 그렇지 않든 말이다. 만약 치명적이지 않은 경우라면 인간과 바이러스는 공존 게임으로 들어갔을 것으로 보인다. 그래서 기껏해야 인간에게 존재할 수 있었던 바이러스는 아마도 헤르페스바이러스나 레트로바이러스 등과 같이 인간의 생존에 큰 위협을 주지 않으면서도 장기간 감염을 유지할 수 있는 공생관계를 유지하는 바이러스였을 것이다.

바이러스가 인간 집단에서 주연배우유행로 등장하기 시작한 것은 지금으로부터 1만 년 내지 2만 년 전이었을 것으로 추정된다. 이 시기는 인간이 유목 생활을 버리고 세계 각지에 정착하여 농경 생활을 시작하던 때이다. 이때 인간 집단은 곡식을 재배하고 야생동물을 포획하여 가축화하기 시작했다. 사냥을 하지 않아도 자급자족할 수 있는 먹을거리 생산 구조가 갖추어지면서 바이러스의 유행 조건인 밀집성, 밀접성, 밀폐성을 증가시키는 대규모 집단사회가 형성되기 시작했다. 정착 인구가 증가하면서 사람들 간 밀접한 접촉이 상시적으로 빈번해졌다. 사냥해서 가축화하는 야생동물들, 생활지와 경작지 근처로 불나방처럼 몰려드는 각종 야생동물예: 쥐과 곤충들이 어우러지는 환경적 여건이 조성되었으며, 그 속에서 각 동물종이 가지고 있었던 바이러스들이 뒤섞일 수 있는 여건 또한 조성되었다.

가축화한 야생동물로부터, 주변으로 몰려드는 설치류 등으로부터 신종 바이러스가 인간으로 유입하는 사례가 증가하기 시작했고, 집단생활을 하는 사람들 사이에 바이러스가 유행하기 시작했다. 그러면서 이 시기에 인간의 생명에 위협이 되는 바이러스가 유행할 수 있는 여건이 마련되었다. 이 무렵 출현한 것으로 알려진 바이러스로는 천연두 바이러스, 홍역 바이러스, 소아마비를 일으키는 폴리오바이러스 등이 대표적이다.

천연두는 우리 조상들이 '마마'로 불렀을 만큼 공포의 대상이었다. 1980년 천연두 종식이 선언되기까지, 전 세계에서 최대 5억 명이 천연두로 사망한 것으로 추정하고 있다. 이 천연두 바이러스가 약 12,000년 전 북아프리카 지역에서도 출현했다는 주장도 있으나, 분자유전학적 진화 시기를 추정한 연구 결과에 따르면, 최소한 기원전 3,000년 내지 4,000년 전 아프리카 동북부 지역에서 낙타를 가축화하는 과정에서 낙타 두창 바이러스의 공통 조상에서 분화되어 나온 것으로 밝혀졌다. 특히 약 3,300여 년 전 천연두로 사망한 흔적이 있는 이집트 파라오 람세스 5세의 미이라에서도 볼 수 있듯이, 천연두가 상당히 오래전부터 인간 집단에서 유행한 것을 알 수 있다. 우리나라의 경우에도 천연두는 인도에서 중국을 거쳐 기원후 6세기경 마한 시대에 유입된 것으로 알려져 있을 만큼 가장 오래된 감염병 역사를 가지고 있다. 소아마비를 일으키는 폴리오바이러스의 경우에도 기원전 3,700년경

이집트의 수도 멤피스에 있는 점토판에 소아마비를 앓은 것으로 묘사된 사제 루마에서 알 수 있듯이, 농경 정착 시대에 인간 집단에 유입된 것으로 추정해볼 수 있다.

그로부터 수천 년의 세월이 흘렀다. 오늘날 유행하는 수많은 바이러스는 인류 문명의 발달과 인구 증가, 대규모 전쟁과 집단 이주 및 신세계 개척 등을 통해 사람 집단에 유입되어 정착되었을 것이다. 특히 이 과정에서 일부 바이러스는 악역으로 등장하여 주기적으로 인류의 생존을 들었다 놨다 했다. 독감을 일으키는 인플루엔자바이러스가 그 대표적인 예이다. 인플루엔자 독감의 역사에서 최악의 사태는 스페인 독감으로 알려져 있다. 스페인 독감은 1918년에 출현해서 단 1년 동안 최대 5,000만 명의 목숨을 앗아갔다. 인플루엔자 독감이 과학적으로 최초 확인된 것은 1918년 스페인 독감이지만, 그 이전에도 유럽 역사에서는 고대부터 이미 인플루엔자 독감으로 심각한 문제가 발생했다는 기록들이 다수 존재한다. 20세기 최악의 바이러스 중 하나인 에이즈바이러스는 아프리카 밀림 지역 침팬지로부터 사람에게 넘어온 것으로 알려져 있다. 1980년대 이후 지금까지 7,000만 명 이상이 에이즈바이러스에 감염됐고, 거의 4,000만 명 가까이 사망했다. 지금도 약 3,500여만 명이 감염된 채로 살아가고 있다. 이 바이러스의 출현 근거지인 아프리카 사하라사막 이남 지역의 상황은 여전히 매우 심각하다. 전 세계 에이즈 환자의 대부분이 이 지역에 몰려있다. 아직도 아프리카에서 에이즈 문제는 진정될 기미를 보이지 않는다.

현대사회는 급격한 인구 증가와 그로 인한 서식지 및 식량 확보를 위해 미개척지 파괴가 가속화되고 있다. 이 과정에서 그동안 접촉하지 않았던 야생동물과의 상호 접촉 지점이 증가하게 되었다. 이러한 환경적 변화는 아메리카에서, 아프리카에서, 동남아시아에서, 그리고 중국에서 신종 바이러스의 출현을 가속화시키는 도화선이 되었다. 최근에 우리를 위협했던 사스, 메르스, 코로나19가 대표적인 사례이다.

인류가 문명 생활을 시작하면서 끊임없이 수많은 바이러스에 시달려왔지만 눈에 보이지 않기에 그 정체가 무엇인지 알 수가 없었다. 알고 있는 것이라고는 그것이 전염성을 가졌다는 것뿐이었다. 아무것도 할 수 없었던 인간은 그냥 그 악마를 피하는 게 상책이었다. 바이러스 존재를 인식하고, 그 정체를 제대로 파악하고 대처하기 시작한 것은 불과 130여 년밖에 되지 않았다.

담배모자이크바이러스

필자는 고등학교 생물 시간에 '바이러스'의 존재를 처음 알게 되었다. 당시 세균에서 서식하는 바이러스인 '박테리오파지'의 사례로 바이러스의 생활사를 배웠다. 박테리오파지가 마치 우주선이 달에 착륙하듯이 세균체에 달라붙은 다음 바이러스 유전자만 세균의 몸속으로 집어넣어 자신의 유전체를 세균 대사 도구를 이용해 복제한 후 다시 세균체를 탈출하는 과정은 참으로 인상적이었다. 혹시 달착륙선은 박테리오파지가 세균체 표면에 달라붙는 그 상황에 착안하여 만들어진 것은 아닐까?

바이러스의 발견, 그것은 우연일까, 아니면 필연일까? 인류 역사에서 바이러스가 사회 집단의 안전까지 위협한 일이 비일비재했지만, 그것이 무엇인지 알지 못했다. 더욱이 나노 입자 같은 물질이 인간의 생존을 위협할 것이라는 생각조차 하지 못했다. 지금으로부터 약 120여 년 전, 그때서야 과학자들은 세균이 아닌 제3의 미지의 물질, 즉 무언가 전염성을 가지는 물질이 존재하며, 그것이 감염병을 유행시킨다는 인식을 하게 되었다. 담뱃잎에 반점을 만들었다가 결국에는 말라 비틀어지게 하여 쓸모없게 만드는 담배모자이크바이러스Tobacco mosaic virus가 그러한 인식의 시초가 되었다.

사람 바이러스 중 처음으로 발견된 것은 흥미롭게도 천연두가 아닌, 모기가 매개하는 황열 바이러스였다. 이는 어쩌면 학자들이 단지 지적 호기심을 채우기 위해 그 위험한 천연두 검체를 만지는 것은 어리석은 짓이라고 생각했기 때문인지도 모른다. 황열은 지금도 매년 20만 명이 걸리고 3만 명이 사망하는 아프리카 열대 지역의 풍토병이다. 우리나

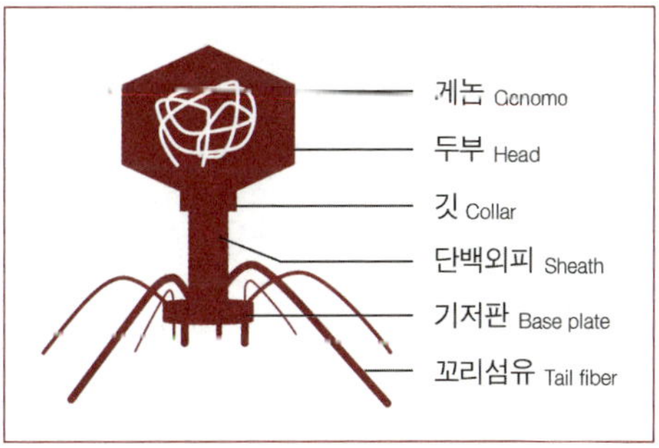

박테리오파지 구조

라에서는 발생하지 않아 낯선 바이러스이다. 그러나 이 감염병은 유럽 국가들이 아메리카 대륙을 개척할 당시, 아프리카에서 출발한 노예선을 타고 아메리카로 유입되었다. 그리고 18세기 이후 아메리카 열대 지역에 창궐하여, 당시 아메리카 개척 유럽인들에게는 치사율 28퍼센트에 달하는 공포의 감염병이었다. 특히 1880년대 파나마 운하 건설을 추진하던 당시 2만여 명의 인부가 황열로 사망하여 건설회사가 파산하는 사태가 벌어지기도 했다. 북미 지역 영토 확장의 최대 장애물로 부각된 황열 문제를 해결하지 않고는, 미합중국의 안정적 건설이 불가능하다고 판단한 미국 정부가 황열 연구와 예방 기술 개발을 국가적 과제로 추진한 결과, 1901년 월터 리드Walter Reed에 의해 황열 바이러스의 존재가 밝혀지게 되었다. 이어, 1937년 남아프리카 태생 미국인 막스 타일러Max Theiler가 황열 백신을 개발하여 북중미 황열 피해를 획기적으로 예방하였다. 이 공로를 인정받아 1951년 노벨생리의학상을 받기도 하였다.

다시 앞으로 돌아가서, 어떻게 담배모자이크바이러스가 인간이 발견한 바이러스의 첫 주인공이 되었을까? 15세기 말 콜럼버스가 아메리카 대륙을 발견할 당시, 아메리카 인디언 원주민들은 담뱃잎을 말아 피우면 그 연기가 하늘로 올라가 신의 은총을 받는다고 여겨 종교 의식용으로 담뱃잎을 사용하였다. 또 담뱃잎에서 나온 즙이나 말린 잎의 가루를 각종 치료제로 사용하기도 하였다. 콜럼버스는 귀국하는 길에 인디언으로부터 선물 받은 담배를 처음으로 유럽에 소개했다고 알려져 있다. 그 이후 담배는 스페인과 포르투갈 선원들에 의해 아메리카 대륙에서 유럽으로 처음 수입되었다. 특히, 스페인 의학자들에 의해 담배가 의학적 효능이 있는 것으로 알려지면서, 유럽 사회에 급속히 퍼져 통증 치료용으로 각광을 받았다. 담배 수요가 늘어나면서 유럽에서도 담배를 재배하기 시작했다. 담배가 두통 치료제뿐만 아니라 희귀한 기호품으로서 유럽 왕실, 귀족, 신흥재벌 등 사회지도층 사이에서 유행하기 시작했다. 16세기 들어서면서 영국 왕실이 세수 확보 차원에서 담배를 전매하기 시작했고, 다른 유럽 국가의 왕실에서도 담배를 전매하기 시작했다. 19세기 말, 담배를 대량 생산할 수 있는 기술이 개발되고 담배회사들이 생겨나면서 담배 가격이 낮아지자, 유럽과 미국에서 흡연율이 급속히 증가하기 시작했다. 담배 수요가 늘면서 담배 전매산업은 미국과 유럽 국가들의 주요 세수를 확보하는 데 중요한 역할을 했다.

19세기 들어서면서, 담배를 재배하는 농가들이 늘어났지만 담뱃잎에 얼룩 반점이 생겼다가 말라비틀어지는, 그래서 담뱃잎의 상품 가치를 하락시키는 괴질이 출현해 파산하는 농가가 속출했다. 이 괴질은 19세기 초 콜롬비아 담배 농장에서 수입한 담배를 통해 독일로 유입된 것으로 알려져 있다. 대부분의 신종 감염병에서 볼 수 있듯이, 콜롬비아 등 남미 지역 야생종 담배인 니코티나 글루티노사Nicotina glutinosa에서는 피해가 나타나지 않았지만, 유럽에서 대량 재배하는 재배종 담배인 니코티나 타파쿰Nicotina tabacum에서 피해가 크게 나타났다. 아메리카에서 공생관계를 유지하던 바이러스가 유럽으로 건너와 담배산업을 쑥대밭으로 만든 바이러스 습격 사건이었다. 괴질로 인한 담배산업의 피해가 커지면서 유럽 각국은 세수 확보에 비상이 걸렸으리라고 쉽게 추측할 수 있다. 그래서 그 괴질의 정체를 밝히고, 피해를 예방할 수 있는 조치를 취하는 것이 그 당시 현안으로 떠올랐을 것이다. 담배 괴질을 밝히는 과정에서 담배모자이크바이러스의 존재를 발견하게 된 것은 당시 사회적 요구에 의한 결과였다.

세 명의 주인공, 최초의 발견자들

19세기 말, 바이러스를 최초로 발견하는 역사의 무대에 세 명의 과학자가 주인공으로 등장한다. 독일 아돌프 마이어Adolf Mayer, 러시아 드미트리 이바노프스키Dmitri Ivanovski, 그리고 네덜란드 마르티누스 베이에린크Martinus Beijerinck이다. 그 당시 이 과학자들은 사회적 요구에 의해 담배 괴질의 정체를 밝혀야 하는 과제를 안고 있었다.

첫 번째 주인공 아돌프 마이어는 네덜란드 농업시험소 소장으로 재직하고 있었다. 그 당시 네덜란드 담배산업은 담배 괴질로 인해 홍역

아돌프마이어

드미트리 이바노프스키

마르티누스 베이에린크

최초로 바이러스의 존재를 입증하는 데 기여한 과학자들 〈출처: wikipedia〉

을 앓고 있었다. 그래서 그 괴질의 원인을 구명하는 것은 그가 농업연구기관의 장으로 있는 한 어쩌면 당연한 과업이었을지도 모른다. 그는 발생 농가를 방문해서 괴질에 걸린 담배들을 관찰했다. 괴질에 걸린 담배 잎사귀들의 초기 증상으로 모자이크 모양의 반점이 생기는 것을 관찰하고, 그 괴질에 '담배모자이크병'이라고 이름을 붙였다. 그는 괴질에 걸린 담배 잎사귀를 수집하고 채취해서 괴질의 원인 구명에 나섰다. 우선 담배모자이크병에 걸린 담배 잎사귀에서 액상즙을 추출했다. 그리고 그 즙을 여과지로 걸러서 신선한 담배 잎사귀에 발랐다. 그러자 신선한 담뱃잎에도 반점이 생기며 말라비틀어졌다. 괴질의 임상증상이 그대로 재현되었다. 담배모자이크병을 일으키는 원인 물질이 전염성이 있다는 것이 확인되는 순간이었다. 그러나 여과지에 즙을 여러 번 걸러서 담뱃잎에 발랐을 때는 병증이 나타나지 않았다. 그래서 그는 담배모자이크병을 일으키는 원인이 세균의 일종이라고 결론을 내리고, 1886년 연구 결과를 발표했다. 그는 그 이후에도 계속 세균이 원인체라는 생각을 굽히지 않았다.

두 번째 주인공은 러시아 생물학자 드미트리 이바노프스키였다. 러시아 상트페테르부르크 대학의 학생이었던 그는 1890년 러시아 크리미아 지역에서의 담배모자이크병 피해 실태 및 그 원인을 조사하는 임무를 부여받았다. 우선 담배모자이크병에 걸린 담배 잎사귀를 채집하여 즙을 추출하였다. 그리고 즙액 여과는 마이어가 한 방식과는 다른 방식을 취했다. 그는 세균이 여과하지 못하는 샴베랑 도자 여과기Chamberland filter를 사용해서 담뱃잎 즙을 여과시켰다. 그다음 그 즙액을 신선한 담뱃잎에 발랐다. 그러자 대부분의 잎사귀에서 담배모자이크병이 나타났다. 여러 번 시도를 했지만 결과는 마찬가지였다. 그래서 1892년 러시아 상트페테르부르크 과학원에서 담배모자이크병의 원인에 대해 발표하며, 그 병을 일으키는 원인체는 세균이 아니라 세균이 분비한 독소라고 결론 지었다. 당시 바이러스 존재 자체를 몰랐던 상황에서, 삼베랑 도자 여과기를 통과할 수 있는 것은 오로지 독소뿐이라고 믿었을 것이다.

마지막 주인공은 네덜란드 델프트 기술학교에서 근무하던 미생물학자 마르티누스 베이에린크였다. 그의 부친은 담배모자이크병 유행으로 파산한 담배 상인이었다. 그가 아버지의 사업을 망쳐버린 담배모자이크병의 정체를 파헤치고 싶었을 것은 자명했다. 베이에린크는 아돌프 마이어가 담배모자이크병의 원인을 조사할 당시 그와 같이 일한 경험을 가지고 있었다. 담배모자이크병이 세균이라는 결론을 내린 이후 그는 마이어의 실험 결과에 의구심을 갖고 있었다. 베이에린크에게 다시 조사할 기회가 찾아왔을 때 그는 마이어와 다른 접근 방식으로 원인 구명에 나섰다. 그도 이바노프스키가 실험한 방법과 동일하게 도자 여과기로 감염된 담뱃잎 추출액을 여과하여 신선한 담배를 인공으로 감염시켰다. 예상했던 대로 담뱃잎에서 모자이크병 소견이 나타났다. 그러나 그는 이바노프스키의 결론과 달리, 담배모자이크병을 일으키는 물질이 세균이 분비한 독소가 아니라고 믿었다. 이를 증명하기 위해 감염된 담배 잎사귀로부터 액을 추출하여 다양하게 희석하고 다시 신선한 담배에 접종하는 실험을 반복했다. 담배 추출액을 희석하여 접종하여도 병증은 동일하게 재현되었으며, 그 원인 물질은 담배 식물에서 증식한다는 사실을 밝혀냈다. 그 추출액을 3개월 동안 방치하여도 담뱃잎에서 병증은 줄어들지 않았다. 그 원인 물질이 세균 독소가 아니며 어떤 전염성 액상 물질, 즉 '바이러스'라고 결론을 내렸다.

세 명의 과학자는 6년 간격으로 순차적인 결과를 도출하며 담배모자이크병의 원인을 밝히는 데 크게 기여했다. 1886년 아돌프 마이어는 전염성을, 1892년 드미트리 이바노프스키는 여과성 물질임을, 1898년 베이에린크는 비세균성 전염성 물질임을 밝혔다. 바이러스학의 역사는 이들 세 명의 과학자에 의해서 그렇게 시작되었다. 이들이 시도한 바이러스의 존재 입증 방식을 이어받아 동물구제역 바이러스과 사람황열 바이러스에게도 적용함으로써 식물뿐만 아니라 동물과 사람에게도 바이러스가 감염병을 일으킨다는 사실을 밝히는 발판이 되었다. 그러나 베이에린크가 바이러스의 존재를 인식하지 못하고 '액상 물질'이라고 주장함으로써 그 실체가 액상 물질인지 입자성 물질인지에 대한 논란으로 이어졌다. 1935년에 이르러서 웬들 스탠리Wendell Stanley가 담배모자이크바이러스의 입자를 결정화하는 데 성공했다. 담배모자이크병을 일으키는 물질이 입자성 물질이라는 사실을 증명하면서 논란에 종지부를 찍었다. 그 공로를 인정받아 웬들 스탠리는 1946년 노벨상을 받았다. 그 이후 전자현미경이 개발되면서 1939년 구스타프 카우시Gustaf Kaushe, 에드가 판구흐Edgar pfankuch, 헬무트 루스카Helmut Ruska 등에 의해서 담배모자이크바이러스 입자의 실체를 처음 눈으로 확인하게 되었다.

03

생활 도처에 함께 숨 쉬고 있는 바이러스

물에도 바이러스가?

2013년 4월, 전북 전주 소재 한 고등학교에서 학생과 학교 식당 근무자 등 130여 명이 노로바이러스에 감염되어 식중독 장염이 집단 발생했다. 당시 보건 당국의 역학조사 결과, 발병 환자뿐만 아니라 학교 식당 김치에서도 노로바이러스가 검출되었다. 아마도 배추김치를 제조하는 과정에서 사용된 지하수가 오염된 것으로 추정되었다. 그 기사를 접하는 순간, 2003년 프랑스 연구원의 채소에서 검출한 바이러스 프로젝트를 떠올렸다.

이와 같은 학교 급식 식중독 사건은 원인은 다양하겠지만 우리나라에서도 심심치 않게 일어난다. 2009년부터 2013년까지 4년간 국내 식중독 발생 원인을 조사한 식품의약품안전처의 한 보고서에 따르면, 조사 기간 동안 노로바이러스에 의한 장염 사례는 연간 평균 32건으로,

우리나라에서 식중독을 일으키는 가장 중요한 원인으로 밝혀졌다.

오염된 식수를 통해 감염될 수 있는 식중독 바이러스에는 노로바이러스 외에도 로타바이러스, 콕사키바이러스, A형 및 E형 간염 바이러스, 아데노바이러스, 레오바이러스 등 120가지 이상의 바이러스가 존재하는 것으로 알려져 있다. A형 간염 바이러스의 경우, 과거에 오염된 우물물을 통해 감염되는 사례들이 자주 발생했지만, 현재에는 발생하지 않고 있다. 우리나라는 1988년 올림픽을 거치면서 과거와 달리 위생 관리 상황이 급속도로 호전되었다. 그 덕분에 수인성 감염병의 발생이 크게 줄었다.

몇 년 전 필자는 동남아 국가 대상 기술 지원 사업을 위해 베트남을 방문했을 때 잊을 수 없는 경험을 했다. 그 당시 무슨 객기가 발동했는지 식사 한 끼 정도는 현지인이 먹는 수준으로 경험하고 싶다는 마음에, 베트남 현지인과 함께 골목의 한 허름한 식당을 찾았다. 낡은 나무 식탁에 앉고 보니 식당 안에는 파리들이 우글거렸다. 식탁 주변에는 시커먼 행주가 돌아다니고, 밥그릇은 제대로 씻지 않아 대충 보기에도 새까만 때가 잔뜩 끼어있었다. 주인은 그런 그릇에 베트남 국수인 분짜Bun cha를 담아서 주었다. 아니나 다를까 며칠 동안 설사로 고생을 했다. 설사가 심각한 수준으로 진행되지 않고 그친 것만으로도 다행이었다.

사실, 위생시설이 부족한 아시아, 중동, 아프리카 등지에서는 오염된 물로 인한 문제가 많다. 오염된 물로 만든 음식이나 음료로 인한 식중독 문제는 선진국에서 온 관광객이 매우 유의해야 할 사항이다.

여행 중 설사는 낯선 이방인에게 여러 가지로 불편함을 초래한다. 위생 시설이 부족한 나라를 여행할 때는 가능하면 길거리 음식을 조심하는 것이 좋다. 주로 대장균이나 살모넬라 같은 세균이 설사나 식중독 같은 수인성 질병의 주된 원인으로 작용하지만, 노로바이러스 같은 바이러스도 결코 무시할 수 없다.

스트레스와 과로가 깨운 바이러스 질병

한국인은 언제나 피곤하다? 잊을 만하면 기사거리로 등장하는 언론사의 단골 메뉴이다. 일할 수 있을 때 뼈 빠지게 일하는 것이 여전히 우리 사회의 미덕으로 여겨진다. 직장 또는 개인 사업장에서 하루에 10여 시간씩, 심지어 휴일 없이 일하는 것이 다반사이다. 사회적 인적 관계가 우리 사회에서 중요한 성공의 지표로 남아있어 각종 저녁 모임, 직장 회식 등으로 밤까지 너무 바쁘다. 오로지 일하고 돈 버느라 휴가도, 쉴 겨를도 없다. 언제나 피곤하고 힘들다.

과도한 스트레스가 만들어낸 사회적 질병, 대상포진! 필자가 알고 있는 50대 후반의 지인들 중 업무와 사회생활로 인한 과로로 인하여, 대상포진에 걸려 고생한 분들이 상당히 있다. 어떤 이는 안면마비가 와서 한참을 고생했고, 또 어떤 이는 등짝에 바늘로 찌르는 극심한 통증으로 인해 잠도 제대로 못 잘 정도로 고통을 받았다. 이 질환은 면역력이 약화되고, 신체적 스트레스가 많은 50대 이상 중장년층에서 주로

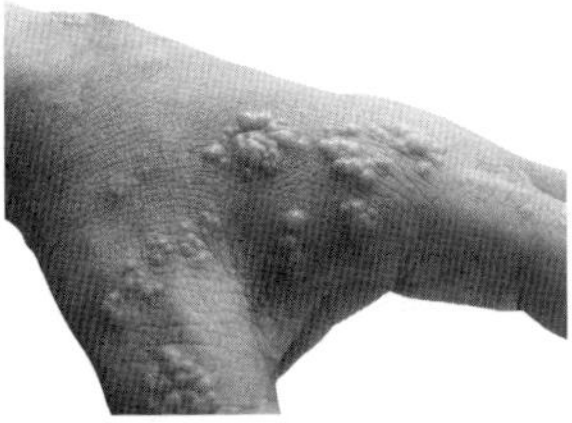

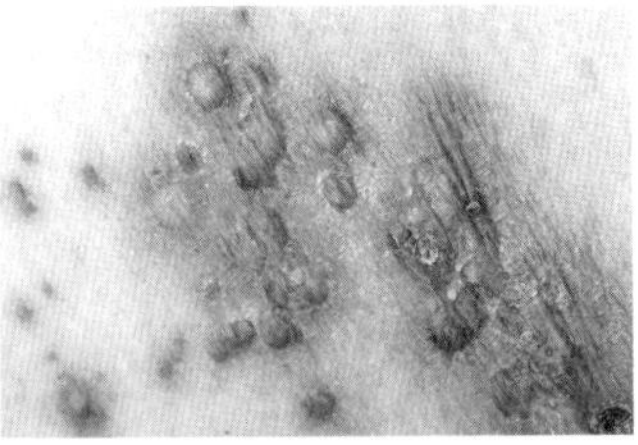

대상포진

발병한다. 최근에는 과도한 업무 스트레스를 받는 젊은 직장인들 사이에서도 자주 발생한다. 일반인 세 명 중 한 명꼴로 걸릴 만큼 매우 흔한 질병이다. 건강보험심사평가원에 따르면 2018년 대상포진으로 병원을 찾은 환자만 무려 73만 명에 달한다.

이 질환은 헤르페스바이러스의 일종인 수두-대상포진 바이러스Vari-cella Zoster virus가 일으킨다. 어릴 적 수두를 앓을 경우 회복 후에도 바이러스는 사라지지 않고 몸속 신경 조직에 바이러스 입자 형태가 아닌 유전자 게놈 형태로 숨어있게 된다. 유전자 형태로 숨어있으니 면역세포에 발각될 일이 없다. 매우 영악한 녀석이다. 극심한 스트레스나 노화로 인해 면역력이 저하되면 면역세포의 감시망이 약해지는 틈을 타서 신경세포에 숨어 지내던 바이러스는 기지개를 켜고 다시 활동을 개시한다. 되살아난 바이러스는 말초신경조직을 따라 증식하기 시작하고 증식된 신경 부위에서 염증이 생긴다. 그로 인해 감염된 신경세포 부위를 따라 띠 모양으로 피부 물집이 나타나는데, 대개 살짝 스치기만 해도 바늘로 찌르는 듯한 극심한 통증을 느끼게 된다.

흔하지만 만만치 않은 수두 바이러스

학교 개학 시즌과 겹치는 환절기가 다가오면 바이러스라는 유쾌하지 않은 불청객이 찾아와 초등학교 저학년 학생들 사이에 유행한다는 뉴스는 매년 반복적으로 방송을 타고 흘러나온다. 지난해 우리나라에서 가장 많이 발생한 법정 감염병국가가 관리하는 대상 질병을 꼽으라면 단연 수두와 유행성 이하선염이다. 2019년 기준, 수두는 8만 2,864명이 감염되어 1위를, 유행성 이하선염은 1만 5,966명이 걸려 두 번째로 많이 발생한 감염병이었다. 이들 질병은 최근 들어 매년 발생 건수가 증가하고 있다.

10여 년 전 봄, 어느 날이었다. 유치원에 다니던 우리 집 아이가 열이 조금 있는가 싶더니, 이내 몸통에 물집이 생기기 시작했다. 아이는 간지러운지 칭얼거리며 본능적으로 그 부위를 긁었다. 특히 밤이면 더욱 심했다. 자고 나면 하도 긁어서 아이의 온몸이 벌겋게 변했다. 수두였다. 아마도 유치원에서 집단생활을 하다 보니, 누군가에 의해 옮아온 것으로 보였다. 아이를 키우는 학부모라면 상당수가 한 번쯤은 경험해봄 직한 일이다. 애지중지하는 아이가 힘들어하는 모습을 바라만 봐야 하는 부모 입장에서는 안타깝기 짝이 없다.

수두는 유치원생에게 많이 발생하지만, 초등학교 저학년 학생들에게도 빈번하게 발생한다. 수두를 일으키는 범인은 헤르페스바이러스 중 하나인 수두-대상포진 바이러스이다. 감염된 아이의 기침, 구강 분비물, 몸에 생긴 물집 속에 다른 아이를 감염시킬 수 있는 바이러스가 들어있다. 오염된 부위를 손으로 만지거나, 물집에서 새어나온 바이러스액이 말라서 먼지처럼 날아다니다가 호흡기나 눈에 들어가는 경우 감염될 수 있다. 아마 우리 아이도 그런 과정을 거쳐서 누군가로부터 수두를 옮았을 것이다. 아이가 수두에 걸리면 무조건 유치원이나 아이들이 모이는 장소는 가지 말아야 한다. 그때 우리 아이는 수두가 완전히 나을 때까지, 전염을 막기 위해 일주일 동안 유치원을 쉬어야 했다.

우리 아이는 수두에 걸린 지 오래되지 않아 나았다. 그렇지만 아마도 이 바이러스는 자신의 형체인 단백질 껍데기는 버리고 바이러스 게놈 유전자만 가진 채 아이 몸속 신경절 어딘가에 숨어있을 것이다. 우리 아이가 특이 체질이라서가 아니라, 이 바이러스의 특성이 그렇기 때문이다. 아이의 몸에서 유전자 형태로 잠복하고 있다면, 언젠가 오랜 시간이 지나서 나이가 들고 면역력이 떨어지거나 스트레스를 받는 순간이 오면, 신경 속에 숨어 지내던 바이러스 게놈 유전자가 활성화될 것이다. 그러면서 바이러스를 재생시키고 대상포진이라는 형태로 그 모습을 드러낼지도 모른다. 부모로서 가슴 아픈 일이지만 과학과 의학이 나날이 발전하고 있기에 우리 아이가 성장하여 필자의 나이가 될 때쯤이면 숨어 다니는 바이러스도 제거할 수 있는 치료제가 나오기만을 기대할 뿐이다.

환경성 감염병, A형 간염 바이러스

2018년, 한 친구가 A형 간염에 걸렸다는 소식을 듣게 되었다. 그 친구는 처음엔 감기 증세가 있어 며칠을 참다가 너무 피곤하고, 메스꺼움과 구토 증세가 있어서 병원을 찾았다가 A형 간염 판정을 받았다고 한다. 결국 그 친구는 의사의 권유에 따라 2주간 집에서 안정과 휴식을 취한 뒤에나 밖으로 나올 수 있었다. A형 간염 바이러스는 오염된 음식이나 식수 등을 통해 전염이 되는 수인성 바이러스이다. 그래서 공동 생활을 하는 가족이나 학생, 군인들 사이에서 집단 발생하기도 한다. A형 간염은 평균 한 달간의 잠복기를 거쳐 증상이 나타난다. 아마도 그 친구는 한 달 전 감염자와 접촉을 했거나 바이러스에 오염된 음식을 먹어서 걸렸을 것이다. 어쨌든 그 친구는 간염으로 고생을 하긴 했지만, 그 고생의 대가로 몸에 A형 간염 항체를 가지게 됐으니, 다시는 A형 간염에 걸릴 일은 없게 되었다. 어린이의 경우 가볍게 한 번 앓고 지나가지만, 나이가 들수록 병증은 비례적으로 심하게 나타난다. A형 간염은 급성으로 진행되지 않고 완치되는 것이 일반적이지만, 간혹 급성 간부전으로 간이식이 필요한 경우가 발생하기도 한다.

A형 간염은 대표적인 환경성 감염병이다. 열악한 위생 환경이 주범이다. 지금도 개발도상국가의 경우 A형 간염 바이러스는 매우 흔하다. 과거 위생 환경이 열악했던 1980년대 이전까지만 해도 우리나라에서 A형 간염은 매우 흔한 일이었다. 그 당시에는 자신도 모르는 사이에 바이러스에 걸려 자연적으로 A형 간염에 대한 면역 항체가 형성된 경

우가 많았다. 그래서 지금의 40대 이상 장년층 대부분은 A형 간염 항체를 가지고 있다. 우리나라 경제가 발전하고 소득 수준이 높아짐에 따라 위생 환경이 급속히 개선되면서 A형 간염은 빠르게 줄어들었다. 그럼에도 불구하고 2000년대 이후 오히려 30대 이하 젊은 층에서 A형 간염 발생 사례가 급격히 늘었다. 특히 2008년과 2009년에는 사회적인 이슈로 등장하기까지 했다. 이들 젊은 층은 어릴 적 깨끗한 위생 환경에서 자라면서 A형 간염 바이러스에 걸릴 기회가 적었기 때문에 자연 면역력을 획득하지 못해 A형 간염에 매우 취약한 것으로 분석됐다. 2010년 이후 개인위생과 예방접종 홍보 강화로 A형 간염 환자는 계속 줄어들고 있기는 하지만, 어린이뿐만 아니라 항체가 없는 사람들은 A형 간염 예방접종을 하는 것이 좋다.

알고 보면 바이러스가 범인인 감기

"당신은 살아가는 동안 바이러스에 한 번도 걸리지 않고 살아갈 수 있는가?"

오늘날 우리는 과거 어느 시대보다도 도시화와 인구 밀집 등으로 알게 모르게 누군가와 수시로 접촉하며 살아간다. 대중교통의 발달로 우리는 어디에나 갈 수 있는 편리한 세상에 살고 있다. 대중교통을 이용하고, 쇼핑이나 문화생활을 하며, 누가 어떤 건강상에 문제가 있는지 모르면서, 원하든 원하지 않든 간에 많은 사람들 속에서 부대끼며 살아간다. 우리가 그러한 사회에서 살아가는 한, 모든 외부 병원체를 걸러낼 수 있는 특수 멸균기 안에서 생활하지 않는 이상, 사회 생활을 하면서 어느 것도 만지지 않고 살아가지 않는 한, 어느 누구도 바이러스에 걸리는 일 없이 평생을 살아가는 것은 거의 불가능에 가깝다.

필자는 건강한 편이라고 나름대로 자부하면서 살아가지만 매년 환절기만 되면 감기로부터 자유롭지 못하다. 비단 필자만의 문제는 아닐 것이다. 우리는 감기 증상을 자각하든 그렇지 않든 수백 번은 감기에 걸리면서 평생을 살아간다. 대부분의 경우 콧물이 흘러내린다. 처음에는 가느다랗게 물처럼 흘러내리다가 점점 점도가 높아지고 누렇게 변한다. 콧구멍이 막혀서 답답하다. 남이 보지 않으면 본인도 모르게 코를 훔친다. 손수건이나 휴지를 반드시 지참해야 한다. 가끔 기침이라도 하게 되면 주변 사람들의 따가운 눈길도 의식해야 한다. 감기 바이러스 감염이 사람들 사이에서 흔하게 나타나는 이유는 코나 구강과 연결된 상부 호흡기에서 바이러스가 증식해서 콧물, 재채기나 기침 등을 통해 쉽게 외부로 배출되기 때문이다. 또한 바이러스가 손에 묻거나 숨 쉴 때 바이러스가 좋아하는 부위인 코와 상부 호흡기에 쉽게 달라붙을 수 있기 때문이다. 우리가 많은 사람들과 접촉하면서 살아가는 환경에서는 쉽게 전염될 수밖에 없는 구조이다.

감기는 주로 바이러스 감염으로 나타난다. 사람에게 감기를 일으키는 바이러스는 리노바이러스Rhinovirus, 코로나바이러스, 파라인플루엔자바이러스Para influenza virus 등 200종 이상이 있다. 환절기나 동절기에 감기에 걸리면 둘 중에 하나는 아마도 리노바이러스에 감염된 것이다.

인플루엔자(독감)와 감기의 차이점

구분		인플루엔자(독감)	감기
원인		인플루엔자 a, b 바이러스	리노바이러스 등 200여 가지
증상	시작	갑자기	서서히
	고열	고열(39℃ 이상)	드물다
	기침, 흉통	흔하며, 심하다	약하다
	콧물/코막힘, 인후통	때때로	흔하다
	두통, 전신통, 근육통	흔하며, 심한 몸살 증상	약하다
	피로감, 쇠약감	2~3주 지속	약하다
합병증		폐렴, 기저질환 악화, 치명적	드물다, 소아에서 부비동 충혈, 귀 통증
치료약		항바이러스제 (타미플루, 리렌자)	대증요법
예방약		인플루엔자 백신, 항바이러스제	없다

그만큼 가장 흔한 감기 바이러스가 리노바이러스이다. 그리고 열 명 중 한두 명은 코로나바이러스에 감염된 것이다. 이들 바이러스는 하도 변종이 많아서, 그리고 성가시더라도 한 일주일만 고생하면 그만이기 때문에 제약회사들은 감기 백신을 개발하지 않는다.

감기는 비단 사람에게만 존재하는 것이 아니다. 지구상에 살아있는 대부분의 동물들은 감기 바이러스에 노출된다. 특히 밀폐된 공간에서 대량으로 닭을 사육하는 양계 농장에서의 감기 문제는 세계 어느 나라도 자유롭지 못하다. 축사 내 환기가 상대적으로 어려운 환절기와 동절기에 감기 관리는 농가 소득과 직결되는 중요한 문제이다. 아무리 농장의 환경 관리와 위생 관리를 엄격하게 한다 해도 감기를 완벽하게 예방할 수 있다는 보장을 하지 못한다. 양계장에 감기가 돌면 닭의 사료 효율이 떨어지고, 제대로 자라지 못하거나 달걀을 낳지 못한다. 그래서 이 기간 동안 감기 문제를 얼마나 잘 관리하느냐에 따라 농장 이익의 성패가 좌우된다.

열대야가 기승을 부리는 한여름이면 아예 밤새 에어컨을 켜고 사는 집들이 많다. 실내와 실외 간 기온차가 엄청나다. 너무 낮은 온도로 실내 생활을 하다 보면 심지어 봄가을 환절기보다 기온차가 더 심할 수도 있다. 집 밖으로 나가는 순간 더운 공기로 숨이 탁 막힐 정도다. 에어컨이 보편화되면서 우리의 기관지는 여름에도 스트레스를 받는다. 그래서 여름에도 냉방병 감기로 고전하는 사람이 의외로 많다. '여름에는 개도 감기에 걸리지 않는다'는 속담이 무색할 정도이다.

지독한 독감 바이러스

누구나 한 번쯤은 경험했을 일인데, 어릴 적 독감에 걸려 며칠 동안 심한 몸살을 앓았던 기억이 있다. 그 당시 몸에 열이 나고, 오한으로 이불을 뒤집어쓰고 있어도 덜덜 떨렸다. 온몸이 쑤신 듯 아프고 사지 근육의 통증은 여간 곤욕스러운 게 아니었다. 식사를 해도 밥맛이 쓰고, 영 기운을 차리지 못했다. 그래도 몸이 건강해야 병을 이길 수 있다는 생각에 억지로 꾸역꾸역 밥을 먹었던 기억이 떠오른다. 그럴 때면 할머니는 한약을 먹이고는 지글지글 끓은 방구들에 두꺼운 이불을 덮고 땀을 실컷 빼게 했다. 그렇게 한번 땀을 빼면 어쨌든 뭔가 독하고 나쁜 기운이 빠져나간 듯한 개운함을 느끼곤 했다. 독감은 참으로 지독한 경험이다.

세계보건기구에 의하면 매년 전 세계 인구의 5 내지 15퍼센트 정도가 독감에 걸리고, 이 중에서 약 25만 내지 50만 명이 독감 또는 독감 합병증으로 사망한다고 한다. 노약자나 만성 기저질환자 같은 고위험군은 인플루엔자에 감염될 경우 기저질환의 악화와 심각한 폐렴 합병증으로 매우 위험해질 수 있다. 그래서 독감이라는 지독한 놈에게 걸리지 않으려면, 우선 접종 권장 대상자고위험군들은 10월에서 12월까지 독감이 유행하기 전에 예방접종을 맞아야 한다. 오늘날 전 세계적으로 매년 3억 명이 독감 예방주사를 맞는 것으로 추정된다. 우리나라만 하더라도 매년 1,000만 명이 넘는 사람들이 겨울철 독감 유행 시기가 오기 전에 독감 예방주사를 맞는다. 독감 주사를 맞는 순간의 약간 따끔한 몇 초만 참으면 고통스러운 독감의 위험으로부터 해방될 수 있다. 필자 또한 매년 가을이면 계절 독감 백신 예방접종을 받는다. 독감 백신이 부여한 면역 선물로 최근에는 독감에 걸린 기억이 별로 없다.

감기와 달리, 독감을 일으키는 것은 인플루엔자바이러스다. 인플루엔자바이러스는 크게는 A, B, C 세 가지 타입이 있지만 그 종류는 수없이 많다. 그리고 수시로 신·변종 바이러스가 유행한다. 그래서 독감 백신에는 그해 유행할 것 같은 인플루엔자 바이러스 3종, 즉 A형 바이러스 2종과 B형 바이러스 1종이 들어있다. 세계보건기구가 인플루엔자 국제 감시망을 통하여 바이러스 유행 감시 정보를 분석하고 매년 백신에 들어갈 바이러스 3종을 선정 발표한다.

가끔은 인플루엔자 유행 예측이 잘못되어 유행 바이러스와 백신 바이러스가 불일치하는 경우가 발생한다. 다양한 환경적 여건 변화로 인플루엔자바이러스의 생물학적 역동성을 완벽하게 예측할 수 없기 때문이다. 그런 경우 백신이 유행 바이러스와 불일치하게 되어 독감 백신 주사를 맞더라도 낭패 보기 쉽다. 2013년 말부터 시작된 독감 유행으로 2014년 8월 4일까지 634명이 사망하는 등 홍콩에서 독감 유행 피해가 유독 심했던 적이 있었다. 백신에 들어있는 바이러스 종류가 유행하는 바이러스 항원과 일치하지 않았던 게 주요 원인으로 밝혀졌다. 그래서 뒤늦게 백신 바이러스를 교체하느라 부산을 떨어야 했다.

쉬어가는 페이지

영화 〈감기〉에 등장한 치사율 100퍼센트 호흡기 감염 바이러스의 공포

2015년 봄, 국내 메르스 사태를 계기로 2013년 개봉된 김성수 감독의 영화 〈감기〉가 새삼 주목을 받았다. 이 영화를 보면, 동남아시아에서 밀입국한 감염 환자로 인해 경기도 분당에서 초당 3.4명 감염되고, 치사율 100퍼센트에 달하는 사상 유례없는 치명적인 바이러스인 변종 인플루엔자 H5N1이 확산되어 우리나라를 공포의 도가니로 몰아넣는다. 분당 지역사회 여기저기에서 환자가 속출하고 급기야는 국가재난사태를 발령함으로써 도시 폐쇄, 감염 환자와 위험 집단을 격리 수용하는 초유의 사태가 일어난다.

영화는 대중의 공포감과 긴장감을 극대화하기 위해 감염병이 가질 수 있는 최대한의 극단적 요소와 상상력을 가미하였다. 그래서 감염병에 대한 지식과 경험이 거의 없는 일반 대중은 영화 속의 주입된 상황과 현실을 제대로 구분하지 못해, 감염병 확산에 대한 과도한 우려와 공포감을 느낄 수 있다. 독감은 인플루엔자 바이러스가, 감기는 리노바이러스와 코로나바이러스 등이 일으킨다. 사실 영화에서 말하는 감염병은 변종 인플루엔자바이러스가 원인이므로 제목을 '죽음의 바이러스, 감기'가 아니라 '독감The flu'으로 해야 더 정확한 표현이다. 그리고 현실 속에서 죽음에 이르게 하는 치명적인 감기 바이러스는 존재하지 않는다.

영화 속에서 변종 인플루엔자바이러스는 전염력과 치사율이 모두 매우 높은 치명적인 바이러스로 묘사된다. 현실에서 독감을 일으키는 인플루엔자바이러스는 빠른 전염력과 매우 치명적인 치사율 모두를 가지고 있는 것은 아니다.

영화 속에서 그려지는 변종 인플루엔자는 고병원성 조류 인플루엔자 H5N1 인체 감염증을 모델로 한 것으로 보인다. 이 영화에서는 변종 인플루엔자바이러스가 처음 출현한 곳으로 동남아시아 지역을 지목한다. 실제로 동남아시아 지역은 아시아 독감, 홍콩 독감, 인플루엔자바이러스 H5N1 인체 감염 등 신종 인플루엔자가 처음 출현하는 주요 유행 거점이라는 점에서는 합리적인 설정으로 보인다. H5N1 바이러스는 동남아시아와 북아프리카를 중심으로 유행하며 치사율 59퍼센트로 사람에게 매우 치명적인 바이러스이다. 그러나 사람 간의 전염력은 거의 없다. 지난 10여 년 동안 이들 지역에서 수많은 가금 조류들이 폐사했지만, 동남아시아와 북아프리카를 중심으로 사람 감염 건수는 2017년까지 불과 860명에 불과하다. 심지어 우리나라의 경우 가금 조류에서 수차례 발생하여 엄청난 가금류 동물들이 희생되었지만, 인체 감염 사례는 없었다.

전염력이 강하면서 치사율이 가장 높은 것으로 알려진 스페인 독감의 경우 치사율을 최대로 잡아도 약 2.5퍼센트로 추정한다. 그것도 1918년 당시 생활 위생 상태가 매우 불량하고, 항생제, 타미플루 같은 치료제, 백신 등 치료 예방 기술이 전혀 존재하지 않았던 시대에 나타

<출처: '감기' 영화사 제공 스틸컷>

난 치사율이다. 현대 의학 기술로는 치유가 가능했을 세균 감염 합병증으로 인한 사망률까지 포함한 수치이다. 참고로 2009년 발생한 신종플루는 치사율이 0.04퍼센트 정도밖에 되지 않는다. 일반적으로 인플루엔자는 사람 간 유행이 진행되면서 전염력은 강해지고 그 대신에 치사율은 낮아지는 방향으로 진행된다. 전염력과 치사율을 모두 겸비하는 바이러스는 그냥 영화 속에서나 가능한 것이다.

NEW
VIRUS SHOCK

성숙해지려면 세 가지 용기가 필요해. 거절당할 용기, 상처를 받아들일 용기 그리고 남의 장점을 볼 용기.

-쉬하오이 『애쓰지 않으려고 애쓰고 있어요』 중에서-

제3장

바이러스 X, 어떻게 인류를 위협하는가

01 | 꿈틀거리는 야생 바이러스 판도라 상자
02 | 잊을만하면 깨어나는 신종 바이러스의 불씨
03 | 도처에 놓여있는 위험한 바이러스 화약고

• 쉬어가는 페이지: 영화 소재로 애용되는 '좀비 바이러스'의 실체는?

01

꿈틀거리는 야생 바이러스 판도라 상자

바이러스와 숙주의 공격적 공생

2000년대 중반, 스티븐 스필버그 감독, 톰 크루즈 주연의 공상과학 영화 <우주전쟁>이 상영된 적이 있다. 첨단 트라이포트로 무장한 외계인들이 계획적으로 지구를 침공하여 인류를 파멸 직전까지 몰고 가지만, 궁극적으로 지구 대기 중에 떠다니는 한낱 사소해 보이는 미생물에 감염되어 맥없이 죽어간다는 게 이 영화의 줄거리이다.

어찌 보면 영화의 흐름이 긴장감이 있게 진행되다가 막바지에 가서 한낱 대기 중에 떠다니는 미생물에 의해 허무하게 무너지는 외계인이 다소 황당해보이기까지 하였다. 그러나 생물학적 관점에서 보면 지구 생명체와 전혀 다른 생명체에게 미생물이 감염될 수 있을까 하는 의구심이 생기기도 하지만, 일면 충분히 개연성이 있는 이야기이다.

바이러스와 숙주 사이에는 다양한 관계가 존재한다. 자연 숙주와 바이러스는 일반적으로 서로에게 위협이 되지 않는 방향으로 공생한다. 반면에 낯선 숙주와 부닥치면 바이러스는 자신의 서식처인 숙주를 보호하기 위해 새로운 숙주를 격렬하게 공격하기도 한다. 이러한 관계를 통하여 자연 생태계에서 숙주와 기생 바이러스 사이에 서로 능동적으로 보호해주는 공생관계를 형성한다.

프랭크 라이언Frank Ryan은 1997년 출간한 『바이러스 X』를 통해 이러한 '공격적 공생aggressive symbiosis' 관계를 설명한다. 공상과학영화 <우주전쟁>은 그러한 공격적 공생관계를 잘 설명해주는 사례이다. 어쩌면 지구에 사는 생명체들은 대기 중에 떠다니는 미생물들과의 공생관계를 유지하고 있다고 볼 수 있다. 그래서 인간은 대기 중 미생물에 노출되더라도 아무런 피해를 받지 않고 살 수 있다. 그러나 지구의

〈출처: '우주전쟁' 영화사 제공 스틸컷〉

대기에 존재하는 미생물의 입장에서 외계인은 지구라는 자신의 공생 구역을 침범한 낯선 숙주에 불과하다.

남미 열대우림 지역에 사는 다람쥐원숭이는 태어나자마자 헤르페스바이러스에 감염되어 아무런 병증을 나타내지 않고 바이러스를 가진 채 살아간다. 그러나 명주원숭이 등 다른 종의 원숭이에게서 이 헤르페스바이러스는 치명적인 암을 일으킨다. 명주원숭이가 다람쥐원숭이의 서식 구역을 침범하게 되면, 다람쥐원숭이와 싸우는 과정에서 헤르페스바이러스에 쉽게 걸리게 된다. 감염된 명주원숭이는 단 수주 이내에 급성 암에 걸려 처참한 최후를 맞이하게 된다. 이처럼 헤르페스바이러스는 명주원숭이로부터 다람쥐원숭이를 보호한다. 영화 〈우주전쟁〉에서처럼 아마도 다람쥐원숭이 구역을 침범한 명주원숭이는 바이러스 입장에서는 서식처를 공격하는 적으로 비춰졌기에 제거해야 했을 것이다.

실제로 인류 역사에서 전쟁을 통하여, 또는 미지의 세계를 개척하는 과정에서, 그동안 부닥치지 않았던 신종 감염병이라는 복병을 만나 큰 곤욕을 치루는 사례들이 비일비재하다. 1500년대 초, 스페인군은 남아메리카 대륙을 정복하기 위해 원정을 떠났다. 당시 스페인 군대는 천연두에 면역력을 가지고 있었지만 남아메리카 원주민은 천연두에 노출된 적이 없어 면역력을 전혀 가지고 있지 않았다. 스페인 군대에 묻어간 천연두 바이러스는 남아메리카 원주민을 무참히 공격했다. 천연두 입장에서는 남아메리카 원주민은 너무나 낯선 숙주였기에 공격적 공생관계가 작동했던 것이다. 그 당시 5,000만 내지 1억 명으로 추산되던 남아메리카 대륙 원주민의 90퍼센트가 사망하면서 아즈텍 문명과 마야 문명의 몰락을 초래했다.

이러한 공격적 공생관계는 사람에게 치명적인 신종 바이러스에도 적용이 가능할 것 같다. 에볼라바이러스와 아프리카 밀림의 자연 숙주 아마도 과일박쥐는 문제를 일으키지 않고 살아가는 공생관계이다. 그러나 서식 영역을 침범하는 침팬지와 같은 영장류나 벌목, 사냥, 광산 채굴 등으로 서식지를 파괴하는 인간들은 에볼라바이러스에게는 낯선 존재이다. 그래서 이들 낯선 숙주가 과일박쥐 영역을 침범하는 순간 이 바이러스는 적으로 간주하고 치명적인 존재로 돌변한다. 과일박쥐가 가진 니파바이러스도, 동굴박쥐가 가진 코로나바이러스도 마찬가지 원리로 작동한다. 어쩌면, 지구의 위대한 설계자가 만든 생명의 질서에 도전하는 인간에게 던지는 경고일지도 모른다.

담대한 도전

인간이 머무르지 못하는 것은 도전 본능 때문일까, 아니면 인류의 지속가능성을 위한 생존 본능 때문일까? 인류는 처음에는 아프리카 밀림에서 살았고, 그 이후 아프리카 전역으로 퍼져나갔으며, 그 이후 아프리카를 벗어나 유럽으로, 아시아로, 아메리카 대륙으로, 심지어 호주 대륙까지 서식지 영역을 지구 전체로 확장시켰다. 지구에서 더 이상 나아갈 영역이 없자 이제는 지구를 벗어나 태양의 다른 행성들을 넘보고 있다. 물론 현재로서는 지구라는 서식처를 벗어나 새로운 서식처를 만들어간다는 것이 불가능해보이지만, 영화 〈인터스텔라〉 내용처럼 먼 미래에는 혁신적인 과학기술을 획득한 인류가 태양계를 벗어나 생명이 살 수 있는 어딘가를 찾아 나설지도 모르겠다.

그런데 인류만이 담대한 도전을 통해 자신의 서식 공간을 지속적으로 확장해온 것은 아니다. 자연계에 서식하는 바이러스도 마찬가지다. 자신들에게 보장된, 자신만의 고유한 자연 숙주에만 머물러 있지 않는다. 생물정보학자들은 바이러스 유전자의 진화 과정을 분석하여 그들의 숙주 생명체의 진화를 파헤치고 있다. 헤르페스바이러스, 아데노바이러스, 레트로바이러스 등이 대표적인 연구 대상이다. 숙주 유전체에 내재되어 있는 레트로바이러스가 포유동물의 탄생에 기여했다는 사실은 이미 2장에서 소개한 바 있다. 이와 같이 바이러스의 진화는 늘 지구 생명의 진화와 보조를 맞추어왔다는, 생명체 진화의 놀라운 비밀이 하나씩 드러나고 있다.

생태계 관점에서 보면 자연 숙주는 고유한 바이러스를 담아놓은 일종의 생태계 저수지다. 그 안에서 바이러스는 고유한 자신의 서식처를 확보하고 유전자를 보존한다. 그러나 바이러스는 그곳에 머물지 않고 21세기 오늘날에도 또 다른 숙주를 확보하기 위한 스필오버 여행을 준비하고 있다.

서로 다른 동물종 간에 빈번한 접촉을 하는 환경적인 여건이 조성될 경우, 마치 저수지자연 숙주의 물바이러스이 흘러넘쳐 인근 농작물다른 숙주에 피해를 입히듯, 바이러스는 자신의 자연 숙주를 버리고 호시탐탐

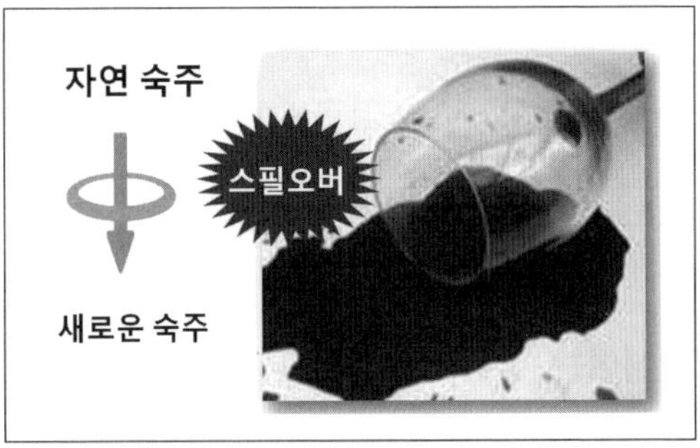

스필오버란 바이러스가 원래의 자연 숙주에서 새로운 숙주로 넘어가는 과정을 말한다.

다른 숙주로 영역을 탐한다. 저수지를 흘러넘친 물로 인한 피해가 인간의 노력에 의해 곧바로 복구되는 것처럼, 이러한 바이러스의 담대한 도전은 사스바이러스, 니파바이러스, 에볼라바이러스 등의 사례처럼 대개는 실패한다.

바이러스가 스필오버에 성공할 확률은 매우 낮지만, 전혀 성공하지 못하는 것은 아니다. 2009년 신종플루가 인간에게 정착하여 계절 독감 바이러스 중 하나로 안착하였고, 인간면역결핍 바이러스HIV가 아프리카 영장류를 벗어나 인간에게 정착하였다. 이제 코로나19 바이러스도 성공의 길로 접어들고 있다. 그러한 성공의 대가는 미래 인간에게 흔한 감기 바이러스 중 하나가 됨으로써 인간 숙주 영역에 대한 안정적인 거주권 확보일 것이다.

바이러스가 숙주 영역을 확장하는 사례가 단지 인간에서만 나타나는 현상은 아니다. 양돈 산업에 심한 피해를 입히는 돼지생식기호흡기증후군PRRS 바이러스도 100여 년 전 들쥐 아르테리바이러스Arteri virus가 야생 돼지를 통해 양돈 돼지에 안착한 것이며, 야생 철새 인플루엔자바이러스 상당수도 돼지에서 안착해 숙주 영역을 확보했다. 바이러스는 늘 호시탐탐 숙주 영역의 확장 기회를 넘본다.

뒤섞이는 바이러스

1970년대, 필자가 유년 시절을 보냈던 시골 마을은 지금과는 사뭇 다른 풍경들로 가득 차 있었다. 읍내에서 막걸리 장사를 하는 총각 아저씨가 한 번씩 자갈투성이 신작로를 따라 경운기를 끌고 우리 마을에 와서 집집마다 막걸리를 한 통씩 부어주고는 신작로를 따라 흙먼지를 일으키며 마을을 떠나곤 했다. 그럴 때면 코흘리개 아이들은 질주하는 경운기를 따라 경주하듯 마을 어귀까지 달려갔다.

어릴 적 살던 시골 마을은 읍내에서 걸어서 수십 분이면 갈 수 있는, 그리 멀지 않은 곳에 있었다. 30여 가구가 옹기종기 모여 있던 동네는 삼면이 자그마한 산들로 둘러싸여 있고, 동네 앞으로는 실개천이 지나고 있었다. 어린 시절을 보냈던 집은 실개천을 건너는 조그마한 시멘트 다리가 놓인 마을 한가운데쯤에 위치했다. 집 마당은 마치 성곽에 둘러싸인 요새처럼 아늑했다. 어렴풋이 떠오르는 기억의 조각을 맞추어 보면, 집 마당은 앞마당과 뒷마당으로 나뉘어져 있을 정도로 꽤나 큰 편이었고 나름대로 조화로운 경제적 활동 공간을 제공했다.

집 앞마당 한 켠을 통째로 차지하고 있던 것은 소 외양간이었다. 당시 소는 논이나 밭 갈기, 곡식이나 무거운 짐 나르기 등 농사일을 하는 데에 빼놓을 수 없는 중요한 우리 집 구성원이었다. 아침에 눈뜨자마자, 그리고 학교에서 돌아오자마자 소를 끌고 산으로 가서 풀을 먹이는 것은 어린 시절 필자의 중요한 일과였다. 집에는 큰 가마솥이 두 개가 있었다. 가마솥 하나는 안방 옆 가족용 부엌에 있었고, 나머지 하나는 작은방 옆에 있었는데 소여물을 삶아주는 용도로 쓰였다. 지금은 상상하기 어렵지만 소 팔아서 자식을 대학 보내던 시절, 소는 듬직한 농촌 가족 경제의 상징이었다.

집 앞마당을 차지하는 또 다른 구성원은 닭이었다. 외양간 귀퉁이 위에 닭 보금자리가 있어서, 닭들은 거기에 알을 낳았다. 암탉은 마당을 돌아다니면서 먹이를 찾아 먹었고, 가끔씩 마당에 뿌려진 먹다 남은 음식 부스러기를 먹었다. 암탉은 가난한 시골 살림에서 달걀이라는 중요한 동물성 단백질을 제공했고, 수탉은 새벽 아침을 깨우는 중요한 파수꾼 역할을 했다.

뒷마당은 배추, 상추 등을 심은 작은 밭과 나무와 볏짚을 재어놓는 공간이 있었다. 초가집 뒤편에는 감나무들이 있어서 가끔씩 까치들이 찾아오곤 했다. 뒷마당 밭을 지나면 담벼락에 붙은 곡식 창고가 있었다. 그 창고의 한 칸을 돼지 한 마리가 차지하고 있었다. 지금 생각하면 비육하는 일반 돼지지만 당시 어린 눈에는 엄청난 덩치의 소유자로 보였다. 그 돼지는 새끼를 낳기 위한 번식용이라기보다는 집안 큰 행사나 명절에 돼지고기를 준비하기 위한 용도였다. 돼지는 우리 가족들의 음식 잔반을 먹고 자랐다. 어머니가 잔반 먹이를 갖다줄 때마다 필자도 같이 돼지우리를 드나들곤 했다. 돼지는 축축하게 젖어있는

낡은 시멘트 바닥에서 살았다. 혼자 살아서인지 돼지의 눈은 외로워 보였다. 그래서였을까? 음식 잔반을 먹이통에 부어줄 때면 돼지는 먹이 때문이기도 하지만 사람이 반갑기도 해서 꿀꿀거리며 자그마한 꼬리를 흔들었다.

그러던 어느 날 돼지는 피부병에 걸린 듯 붉은 반점이 생기면서 시름시름 앓더니 하루는 아침에 일어나보니 죽어있었다. 매일 꿀꿀거리며 반기던 애정 어린 가족 구성원 하나가 사라진 것이다. 그렇게 크고 건강하던 돼지가 이상한 병에 걸려 갑자기 죽을 수 있다는 사실에 충격을 받았다.

학교에서 돌아오자마자 돼지우리로 갔다. 죽은 돼지는 자취를 감추었고, 돼지우리는 텅 비어 황량하기까지 했다. 어머니는 죽은 돼지를 어딘가에 묻어주었다고 하셨다. 그 일이 있은 후, 집에서 더 이상 돼지를 키우지 않았다. 나중에 수의학을 배우면서 깨닫게 된 사실이지만, 그 돼지는 사람에게는 잘 걸리지 않는 돼지 감염병인 돈단독에 걸려 죽은 것이었다.

어릴 적 마당 돼지의 죽음에 대해 장황하게 이야기하는 것은 단지 돼지 감염병 자체에 대해 알리려는 것이 아니다. 오히려 그보다는 당시 가축 사육 시스템과 그러한 환경이 가져다주는 감염병의 출현에 대해 이야기하고 싶다. 1970년대 또는 그 이전, 시골에서 어린 시절을 보냈던 사람들은 비슷한 경험과 추억을 가지고 있을 것이다. 그 당시 집집마다 소, 돼지, 닭, 개, 심지어 염소나 토끼 등 각종 가축을 키우는 것은 흔한 일이었다. 그러나 지금은 시골에서도 그런 풍경을 찾아보기가 힘들다. 요즘 시골은 동네 길을 따라 뛰어다니던 아이들의 소리는 거의 사라지고, 누군가 낯선 사람이라도 지나갈 때면 개 짖는 소리가 간혹 들릴 뿐이다.

동남아시아 시골 마을을 방문할 때면 그곳은 언제나 어린 시절의 향수를 자극하곤 한다. 어릴 적 필자가 자라던 시골 마을처럼, 동남아시아나 중국에서는 집집마다 여러 가축들을 키우는 것이 흔한 일이다. 몇 해 전 캄보디아 한 시골 마을을 방문했을 때, 큰 열대 나무들 아래 그 집 마당에는 여러 마리의 닭들이 모여 다니면서 모이를 쪼아 먹고 있었다. 마당 앞 논에는 시퍼런 벼 잎사귀 사이로 여러 마리의 오리들이 돌아다녔다. 논과 경계선상에 있던 마당 끝자락에는 통나무로 사방을 둘러친 우리 안에 돼지 한 마리가 한가롭게 드러누워 있었다. 어쩌다 한 번씩 오리 몇 마리가 돼지우리 주변을 어슬렁거렸다.

중국 남부 지역의 경우에는 아파트처럼 각 층마다 닭, 오리, 심지어 돼지를 키우는 곳도 있다. 이와 같이 여러 종의 가축이 서로 접촉하며 살아가는 환경은 다양한 바이러스들이 뒤섞이는 기회를 제공하고, 그 과정에서 사람에게 감염의 기회가 주어지면 신종 감염병으로 발전할

동남아시아의 시골 마을 마당 풍경. 돼지, 오리, 닭 등 다양한 가축이 서로 뒤섞여 사육되고 있다.

수 있다. 특히, 야생 조류와 가금 조류 그리고 돼지 간의 빈번한 접촉은 사람에게 위험할 수 있는 신종 인플루엔자바이러스가 출현하는 데 이상적인 여건을 제공해준다.

중국 남부 광둥 지역에서 1957년 아시아 독감 H2N2와 1968년 홍콩 독감 H3N2 바이러스가 출현하게 된 배경도 돼지와 오리를 개방된 공간에서 사육하는 환경에 있었다. 이 인플루엔자바이러스들은 돼지 몸속에서 오리 바이러스와 돼지 바이러스가 뒤섞이며 사람에게 감염되는 독감 바이러스가 된 것이다. 그래서 이들 지역은 지금도 신종 인플루엔자가 출현할 수 있는 유행 거점 지역으로서 집중 감시를 받고 있다.

지구촌의 불편한 진실, 푸시 앤드 풀

바이러스 X란 무엇일까? 인간의 시각에서 볼 때 듣지도 보지도 못한 새로운 바이러스이겠지만, 자연계 전체의 시각에서는 반드시 그렇지만은 않다. 갑자기 하늘에서 떨어진 것이 아니라, 자연계에는 득실거리는 바이러스 중에 극히 일부가 돌발 변수의 기회를 잡고 인간에게 모습을 드러낸 것에 불과하다. 그러니까 지구 어딘가에 잠자고 있다가 어느 날, '갑자기 자연계에서 깨어난 바이러스'라고 보는 게 정확한 표현이지 않을까? 여기서 우리는 세상의 불편한 진실을 마주해야 한다. 홍역, 독감, 에이즈, 감기 등등 이름만 들어도 무엇인지 금새 알 수 있는 많은 바이러스들이 모두 동물에서 넘어왔다면 믿을 수 있겠는가?

수천 년 전부터 지금까지 수많은 바이러스가 동물에서 사람으로 스필오버 과정을 거쳐 인간의 몸에 정착했다. 우리가 겪어왔던 신종 감염병의 최소 75퍼센트는 동물에서 사람으로 그렇게 넘어왔다. 아직도 상상할 수 없을 만큼 많은 바이러스들이 야생 세계에서 득실거리고 있고, 이들 중 스필오버 기회를 잡은 바이러스가 어느 날 갑자기 자연계에서 깨어나 인간 세계를 넘볼 것이다. 물론 깨우는 주체는 인간이 될 것이다.

신종 바이러스는 그냥 서서히 날아서, 기어서, 툭 하고 떨어져서 인간 세계로 넘어오지는 않는다. 현실적으로는 바이러스가 기존의 숙주 영역 범위를 벗어나 새로운 동물종으로 넘어오는 것은 거의 일어나기 어려운 사건이다. 동물종과 동물종 사이에 형성된 생물학적 장벽종간 장벽이라는 커다란 장애물이 존재하기 때문이다. 우리가 키우고 있는 반려견이 혹시 개홍역에 걸리더라도 주인이 그 병에 걸리지 않은 것은 그 때문이다. 특정 바이러스가 종간 장벽을 뛰어넘어 스필오버가 발생하기 위해서는 그러한 사건 발생의 개연성이 증가하고, 전염이 나타날 수 있는 효율성 간 절묘한 접점이 맞아떨어져야 한다.

스필오버가 나타나기 위해서는 자연 숙주와 새로운 숙주 간의 빈번한 접촉이 존재해야 그 개연성이 높아질 수 있다. 우연히 접촉했다고 해서 쉽게 바이러스가 넘어오지 않은 게 일반적이다. 접촉할 기회가 많을수록, 보다 긴밀하게 직접적으로 접촉할수록 스필오버의 티켓을 쥘 확률이 올라간다. 그러한 접촉의 빈도를 증가시키는 환경적 유발 요인으로 푸시 앤드 풀Push & Pull 배경이 작동한다.

신종 바이러스의 출현 배경인
푸시 앤드 풀 여건

푸시Push 여건은 미지의 바이러스를 가진 집단야생동물이 그들의 서식처로부터 밀려나가는 환경적 상황을 말한다. 이러한 푸시 여건은 주로 특정 지역에 인구 집단이 이전에 비해 과도하게 커지면서 작동한다. 인구가 급증하게 되면 그로 인해 새로운 생활 주거 공간의 확보와 함께, 급증하는 식량 수요를 감당하기 위하여 주거 단지, 경작지, 대량 축산 농장 등의 공급이 필요하게 된다. 따라서 기존의 인간 생활 영역 이외의 공간 확보를 위해 야생 지역의 개발이 뒤따를 수밖에 없다. 그러한 야생 지역 침범 과정에서 사람과 야생동물 간의 접촉의 빈도는 증가하게 된다.

또한, 개발 지역의 야생동물 서식지 영역이 훼손되면서 서식지에서 쫓겨난 동물들은 살아남기 위해서 필연적으로 새로운 서식지사람 생활 공간을 포함를 찾을 수밖에 없다. 1976년 6월 수단의 한 면직공장에서 발생한 에볼라 사태가 대표적인 사례다. 그해 4달 동안 에볼라 발생으로 284명이 감염되고 151명이 사망했다치사율 53퍼센트.

풀Pull 여건은 미지의 바이러스를 가진 집단야생동물을 인간의 생활 영역으로 끌어들이는 환경적 상황을 말한다. 풀 여건은 주로 풍부한 먹이 공급이 가능한 농업이나 축산 환경에서 작동한다. 대량의 농축산물이 생산되는 농경지나 과수원은 특히 자연재해나 벌목 등으로 인하여 먹이 부족으로 허덕이는 야생동물을 끌어들인다. 즉, 사람들의 생활 터전을 침범하고 곡식과 과일을 침탈하게 만든다. 1998년 말레이시아 양돈장 축사 사이에 심어놓은 망고나무가, 2000년대 중반 방글라데시 마을 주변에 심어놓은 대추야자가 인근 숲속에 사는 과일박쥐를 끌어들임으로써 니파바이러스 출현 사태를 맞았다.

감염병의 역사에서, 푸시 앤드 풀 여건은 인간 집단의 밀집도가 강해지는 시기에 주로 작동하였다. 첫 번째 시기는 인류가 유목 생활을 접고 농업 정착 생활을 하던 시기였고, 두 번째 시기는 인구가 폭발적으로 증가하여 오늘날의 대도시화를 이룬 현대 문명 시대이다. 첫 번째 시기에는 야생동물을 가축화하는 과정에서 오늘날 상당수의 사람 바이러스가 가축화 단계의 동물로부터 전이되어 넘어왔다. 가장 대표적인 것이 소에서 넘어온 홍역 바이러스이다.

두 번째 시기인 현대 문명 시대의 신종 바이러스는 그동안 상대적으로 접촉이 없었던 숲속 야생동물에서 가축 등 인간 주변 동물을 거쳐 인간으로 넘어왔다. 사스, 메르스, 니파바이러스, 신종플루 H1N1 등 오늘날 출현하는 신종 바이러스들이 대표적인 사례이다. 코로나19 바이러스도 그 기원이 어디에서 시작되었는지 아직 밝혀지지 않았지만, 아마도 푸시 앤드 풀 여건이 작동했을 것이다.

세계 바이러스 위험 지도

“인도네시아는 경제 수준이 높아지고 도시화가 가속화됨에 따라 자바섬 유입 인구가 늘어나면서 축산업 단지 조성, 도시 개발 등으로 산림 파괴가 심각한 수준에 이르렀다. 2030년 6월, 세계보건기구는 이 지역에 ‘붉은 등줄기쥐’의 개체 수가 눈에 띄게 늘어나는 생태계 급변 현상을 감지하였다. 이 등줄기쥐는 지난해 인도네시아 발리 인근 작은 섬마을에서 주민들 사이에 치명적인 뇌염 발생을 유발했던 신종 바이러스, CHEV를 옮긴 것으로 알려져 있었다. 따라서 이 야생 들쥐의 급격한 번식은 신종 뇌염 유행의 위험성을 높이기에 자바섬 지역의 공중보건에 빨간불이 켜졌다. 대도시에 신종 뇌염이 발생한다면 신종 바이러스 대유행으로 이어질 것이다. 세계보건기구는 이제 붉은 등줄기쥐가 서식할 수 있는 환경을 제거하고, 쥐잡기 운동을 활발하게 벌일 필요가 있으며, 필요하다면 신종 뇌염 백신과 치료제를 비축하는 것도 이 시점에서 긴급하게 검토되어야 한다고 발표했다.”

이것은 미래에 일어날 수 있는 실시간 생태계 보건 감시 체계를 가상의 시나리오로 만들어본 것이다. 단순한 감시 체계이지만, 질병관리청이 운영 중인 일본뇌염 감시 체계가 이와 같은 생태계 보건 감시 체계에 속한다. 매년 여름철이 오면 일본뇌염 위험 경보가 내려진다. 일본뇌염 환자가 발생해서 경보를 내리는 것이 아니다. 일본뇌염을 매개하는 작은빨간집모기 활동이 포착되어 일본뇌염이 발생할 위험이 감지될 때 발령된다.

모기가 활동하는 시기가 다가오면 지역별로 주기적인 모기 채집 활동을 벌여 작은빨간집모기가 언제, 어디서 출현하는지 감시한다. 그래서 일부 지역에 일본뇌염 매개 모기가 발견되면 보건 당국에서 일본뇌염 위험경보음을 울리고 모기 방제에 총력을 다한다. 이때는 모기에 물리지 않도록 조심해야 한다. 이 감시 체계는 일본뇌염을 매개하는 모기종이 무엇인지 정확하게 알고 있기 때문에 가능한 일이다.

자연 생태계에 잠재된 위험한 바이러스들에 대한 생태계 지도를 작성한다면, 그래서 그러한 바이러스를 보유하고 있는 야생동물들의 생태계 변화를 실시간으로 파악한다면 신종 바이러스의 위험을 사전에 인지할 수 있지 않을까?

실제로도 야생동물에서 유래한 신종 바이러스들이 국제 공중보건을 위기로 몰아가는 사례가 증가함에 따라 사전에 바이러스 출현 위험을 감지하고 사전적으로 공중보건 측면에서 대응하려는 노력의 일환으로, 박쥐 바이러스, 모기 바이러스, 철새 바이러스 등 전 세계 야생 바이러스의 위험 지도를 개발하려는 시도가 활발하다.

2016년 1월, 영국과 미국 생태연구팀은 전 세계에 분포하는 박쥐종들이 가진 야생 바이러스들을 분석하여 전 세계 신종 감염병 위험 지역을 등급별로 표시한 세계지도를 〈아메리칸 내추럴리스트〉를 통해 공개한 적이 있다. 어느 지역이 가장 위험한 지역일지 추측해보라. 이들 학자들이 지목한 지역은 에볼라바이러스가 자주 출몰하는 아프리카 중부 밀림 지역이었다. 이 지역은 실제로 인체에 치명적인 출혈열을 일으키는 각종 박쥐 바이러스들이 득실거릴 뿐만 아니라, 지역인이 가축 사육 대신 야생 박쥐를 사냥해 먹는 식습관을 가지고 있다.

그다음으로 위험한 지역으로는 인도와 방글라데시, 중국 남부 지역,

호주 동부 해안, 유럽 남부 지역, 중앙아메리카 지역 등을 꼽았다. 우리나라는 박쥐 바이러스 출현 위험이 거의 없는 곳으로 분류되어 있다. 우리나라에서 서식하는 박쥐에도 바이러스가 많다. 그렇지만 이들 박쥐를 사냥하거나 포획해서 먹는 식문화가 없어 덜 위험하다고 여기는 것이다.

코로나19 바이러스의 기원은 중국 윈난성 동굴박쥐가 가진 코로나바이러스라고 알려져 있다. 그런데 2016년에 개발된 박쥐 바이러스 생태계 위험 지도를 잘 보면 코로나19 팬데믹의 시발점이 된 중국 우한 지역은 우리나라나 일본처럼 신종 바이러스가 출현한 위험도가 상당히 낮은 것으로 표시되어 있다. 이 지도를 개발한 지 불과 3년 뒤에 출현한 코로나19 바이러스를 예측하지 못했다물론 최종 기원이 밝혀지지 않아 조심스럽지만. 그렇다면 이 생태계 위험 지도는 무의미한 것일까? 무엇이 문제였을까?

하나의 보건 체계, 원헬스(One Health)

"사람의 신종 감염병 병원체의 60퍼센트 이상이 동물에서 유래했으며, 이 중 75퍼센트가 야생동물에게서 유래한다. 그러므로 사람, 동물, 생태계의 보건을 따로 다룰 수는 없고 함께 다뤄야 한다."

2018년 6월 25일, 세계 3대 국제기구인 유엔 식량농업기구FAO와 세계보건기구WHO, 세계동물보건기구OIE의 수장들이 모여 국제보건 문제를 해결하기 위한 원헬스 협력을 위한 양해각서를 체결하는 자리에서

요세 그라지아노 다실바 FAO 국장이 한 말이다. 이날 세 기구의 최우선적 협력 어젠다 세 가지 중 하나가 '신종 바이러스 출현을 예측할 수 있는 역량 확보'를 위한 공동 협력이었다나머지 최우선 과제는 항생제 내성과 광견병임.

세계 3대 국제기구가 신종 바이러스 출현을 예측하기 위한 공동 협력을 다짐했지만, 불행하게도 불과 1년여 뒤에 벌어진 인류 역사상 최악의 신종 바이러스 대참사코로나19 팬데믹를 예측하는 데는 실패했다. 그동안 축적된 각종 생태계 자료, 야생에서 확보한 수많은 병원체 리스트, 사회 문화적 환경 등을 동원하고 빅 데이터와 기계학습, 인공지능까지 동원하여 신종 감염병 출현을 사전에 예측할 수 있는 기술들을 개발했지만, 여전히 그 문제를 해결하지 못했다.

바이러스 출현 예측에 실패하는 주된 이유 중 하나는, 인류에게 문제가 발생하고 나서야 그 정체를 처음 알게 되었다는 데 있다. 버트란트 러셀이 주창한 '칠면조의 경고'처럼, 우리는 신종 바이러스가 잉태되고 있는 그 순간까지도 그 기미조차 알아차리지 못해 '증거의 부재'를 '부재의 증거'로 치부했던 것이 아닌지 생각해볼 일이다. 코로나19

세계보건기구(WHO), 세계동물보건기구(OIE), 유엔 식량농업기구(FAO) 등 국제기구가 2018년 5월 30일 원헬스 협력을 위한 3자 양해각서(MOU)를 체결했다. 좌로부터 테드로스 아드하놈 그레브레예수스 WHO 국장, 모니크 에르와 OIE 사무총장, 요세 그라지아노 다실바 FAO 국장이다.
〈출처: 세계보건기구〉

바이러스가 출현하기 전에, 사스바이러스 출현하기 전에, 메르스 바이러스가 출현하기 전에 한 번도 그 정체에 대한 어떠한 증거도 갖지 못한 채, 마침내 모습을 드러낸 바이러스와 직면해서야 비로소 그 존재를 알게 되었다.

블랙스완과도 같았던 이들 바이러스는 과거의 경험 법칙을 비웃기라도 하듯 언제나 새로운 모습이었으며, 야생에서 걸어 나오는 길도 달랐고, 중간 매개 동물도 제각각이었다.

야생 바이러스가 인간에게 정체를 드러내는 순간, 그때서야 야생에서 걸어 나온 길을 추적하고, 충분히 가능했음에도 왜 그 길을 차단하지 못했는지 묻기 시작했다. 국제기구들은 야생 바이러스의 정체를

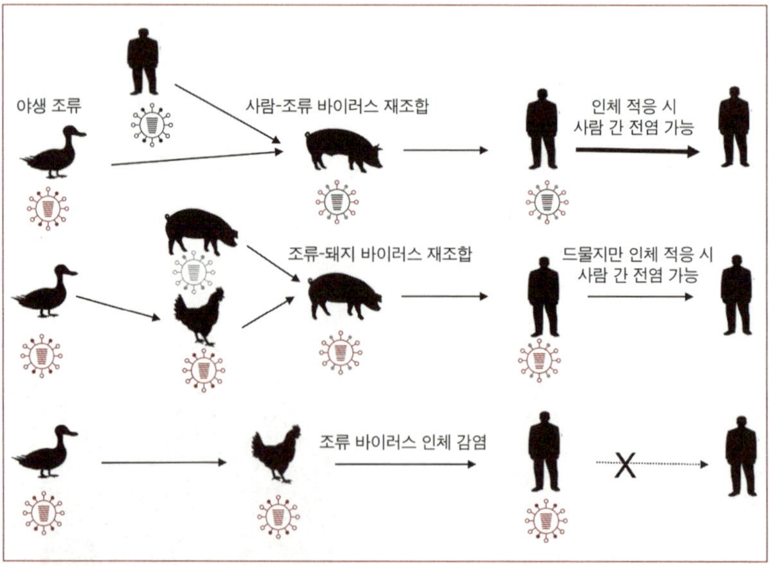

조류 인플루엔자바이러스에서 인체 감염 사례 발생이 가능한 신종 바이러스 출현 시나리오

사전에 색출하기 위한 노력으로 원헬스 협력을 모색하기 시작했다. 2010년부터 그 활동의 이정표를 만들고 본격적으로 이루어지기 시작했지만, 이제 막 첫걸음을 내디딘 정도의 단계에 있다. 코로나19 팬데믹을 계기로 그 걸음의 속도는 빨라질 것이다.

사실 미지의 바이러스를 해결하려는 노력을 차치하고라도, 이미 우리 앞에 놓여진 많은 바이러스들을 원헬스 협력을 통하여 해결해야 한다. 현재 원헬스 협력 체계가 강하게 작동되고 있는 대표적인 바이러스는 조류 인플루엔자이다. 알다시피 조류 인플루엔자는 오리류 철새가 자연 숙주이다. 이들이 스쳐 지나간 지역의 가금 산업은 조류 인플루엔자 발생으로 혹독한 피해를 입는다. 그래서 야생 철새의 바이러스 동향은 가금 산업의 질병 피해를 대비하는 데 무엇보다 중요한 정보가 된다.

또한, 조류 인플루엔자는 닭이나 오리를 키우는 농장 입장에서는 최악의 위험한 불청객이다. 일단 발생하면 엄청난 경제적 손실을 감수해야 한다. 만약 조류 인플루엔자가 농장에서 크게 유행하게 된다면 바이러스는 폭발적으로 증폭될 것이다. 그러한 최악의 상황이 발생하면 인체 감염의 위험 또한 증가하게 된다. 그러므로 환경철새 → 동물보건농장 → 공중보건인체 감염 섹터 간 긴밀한 협력은 필수적이다.

코로나19의 경우도 공중보건의 문제만은 아니다. 코로나19 팬데믹이 지속되면서 감염자와 밀접 접촉한 반려동물개와 고양이의 감염이 세계 여러 나라에서 발생하고 있다. 미국에서는 확진자와 접촉한 동물원 맹수호랑이와 사자에서 발생하기도 했으며, 확진자인 농장 종업원으로 인해 농장 밍크들이 감염되는 사태가 유럽과 미국에서 발생하였다. 특히 밍크에서 바이러스 변이가 생긴 후 사람에 역감염을 일으키는 의심 사례까지 나오면서 원헬스 공동 협력에 대한 요구가 더욱 강해졌다. 그래서 환경박쥐 → 공중보건사람 → 동물보건밍크, 반려동물으로 이어지는 세 가지 영역 섹터 간 협력 또한 필수적이다.

앞에서 지적했다시피 원헬스에서 가장 취약한 부분은 자연계에 존재하는, 가축이나 사람에게 치명적인 감염을 일으킬 잠재적 위험성을 가진 미지의 야생 바이러스를 찾아내고 이를 감시하는 것이다. 피터 다스작Peter Daszak이 이끄는 에코헬스 얼라이언스EcoHealth Alliance는 2018년부터 전 세계 야생 바이러스를 수집하여 분석하는 야심 찬 국제 프로젝트GVP를 시작했다. 이들 연구팀의 임무는 미래 팬데믹을 유발할 수 있는 잠재적인 야생 바이러스를 수집하여 분석하고 사전 대응 방안을 마련하는 데 있다. 연구팀은 포유동물과 야생 조류에서 약 167만 종의 야생 바이러스가 존재하고 있으며, 이 중 최대 827,000종의 야생 바이러스가 사람에게 넘어올 잠재적인 위험성이 있다고 주장한다.

GVP는 10년 동안 잠재적인 위험 바이러스의 85퍼센트를 발견하는 것을 목표로 하고 있다. 이 목표를 달성하는 데 약 17억 달러약 8.4조원가 소요될 것이라고 예상했다. 실제 이들 연구팀은 중국 연구팀과 합동으로 중국 내 서식하는 박쥐로부터 수많은 사스 유사 바이러스를 분리해내기도 했다. 이러한 노력으로 인해, 코로나19 바이러스가 출현했을 때 박쥐 유래 바이러스임을 신속하게 밝히는 데 크게 기여했다. 이런 노력에도 불구하고 여태껏 발견한 바이러스는 자연계 야생 바이러스의 극히 일부분에 지나지 않는다.

중요한 것은 수집된 야생 바이러스들이 실제 인체 감염 위험이 얼마나 되는지를 평가하는 데 한계가 있다는 것이다. 중국 남부 지역 윈난성 동물 박쥐에서 분리된 코로나바이러스코로나19 바이러스의 조상으로 추정를 분리해서 조사했음에도 그 바이러스가 미래에 인간에게 엄청난 위험을 줄 잠재적인 바이러스라고 평가하지 않았다.

사람에게 직접 감염 실험을 할 수 없을뿐더러, 다양한 종류의 미지 바이러스들을 대상으로 일일이 인체 감염 위험을 평가할 수 있는 실험 동물 모델이 존재하는 것도 아니다. 그리고 한번 생각해보라. 지금껏 우리가 목격해온 신종 바이러스들 중 야생에서 직접 넘어온 것이 얼마나 되는지를. 수많은 신종 바이러스가 중간 매개 동물을 거치면서 비로소 사람 간 전염이 가능한 구조를 획득했다.

이러한 상황에서 매개 동물 연결 고리를 뺀 야생 상태 바이러스를 가지고 어떻게 인체 위험을 평가하겠는가? 그래서 중국 과학자들이 코로나19 출현 일 년 전, 사스바이러스와 유사한 바이러스들이 많으니 미래에 박쥐 바이러스로 인해 제2의 사스가 발생할 수 있다고 경고를 담은 연구 결과를 발표한 것이 전부였다. 따라서 야생 바이러스를 가지고 생태계 위험 지도를 만들더라도 미래의 팬데믹을 예측하고 대비하기 위해서는 아직도 가야 할 길이 멀다.

02

잊을만하면 깨어나는 신종 바이러스의 불씨

현장 주변 심리학

"범인은 멀리 있는 것 같지만 항상 주변에 있다. 범인은 항상 현장으로 돌아온다."

범죄 사건에서 주로 등장하는 말이지만, 이 말은 신종 바이러스 출현 사건에도 그대로 적용될 수 있다. 이 말을 토대로 신종 바이러스 사건에 대한 시나리오를 구성해볼 수 있을 것이다. 신종 바이러스는 대부분 동물에서 넘어왔으니, 바이러스를 가져와서 사람들에게 퍼트린 범인은 바로 동물이 될 것이다. 생각해보면 당연하다는 걸 금새 알 수 있다. 바이러스를 가진 동물이 대충 스쳐 지나간다고 바이러스가 사람에게 넘어오는 것이 아니다. 사람과 자주 밀접하게 접촉해야 가능하다. 바이러스는 그냥 하늘에서 뚝 떨어지는 게 아니기에 바이러스를 퍼트린 범인은 당연히 사람들 주변에 오랫동안 머무르는 동물이어야 가능하지 않겠는가?

그렇지만 범인 동물도 처음부터 그 바이러스를 가지고 있지는 않았을 것이다. 원래부터 바이러스를 가지고 있던 자연 숙주라면 오래전에 사람에게 바이러스를 옮겼어야 한다. 다시 말해 자연 숙주는 사람과 접촉이 거의 없는 야생동물이어야 논리가 성립될 수 있다. 21세기 들어 바이러스의 자연 숙주로 주목받고 있는 야생동물은 박쥐이다. 날개를 가지고 있고 비행 능력이 있어서 평소에는 사람과 직접 접촉할 기회가 거의 없기에 과거에는 쉽게 노출되지 않았기 때문이다.

이 바이러스 출현 시나리오가 완성되려면 다시 자연 숙주와 바이러스를 퍼트린 범인 동물 간의 관계가 설정되어야 한다. 여기서도 자연 숙주는 바이러스를 퍼트리는 범인 동물과 밀접하게 접촉하는 상태에 놓여있어야 하며, 그렇다고 오랫동안 밀접하게 접촉해왔던 관계는 아니어야 한다. 오래전 범인 동물이 그 바이러스를 가지게 되었다면, 사람에게도 이미 넘어왔어야 하기 때문이다.

어느 날 '바이러스 X'가 출현해서 제2의 코로나19 사태가 벌어졌다고 가정해보자. 그 바이러스의 기원을 조사하는 임무를 맡은 역학 전문가라면 바이러스 출현 과정을 어떻게 추적할까?

먼저 '바이러스 X'가 처음 출현해서 유행한 지역이 어디인지를 특정할 것이다. 지역이 특정되지 않으면 범인을 찾아내는 데 실패할 확률이 아주 높아지고 미궁에 빠질 수도 있을 것이다. 엉뚱한 곳에서 범인이 나올 리가 만무하기 때문이다. 조사 지역이 특정되면, 특정 지역과 그 주변에서 범인을 찾아 나서야 한다. 그다음 범인으로 용의선상에 올릴 대상을 정해야 한다. 일단 '바이러스 X'는 원래 사람에서 존재하던 바이러스가 아니다. 즉 동물이 범인일 가능성이 아주 농후하다. 어떤 동물을 용의선상에 올릴 것인지 특정해야 한다. 최초 감염자와 자주 접촉할 수 있는 동물 또는 그 동물의 생산물을 용의선상에 올리고 조사한다. 여기서 최초 감염자가 확인되지 않으면, 이 사건은 미궁에 빠질 가능성이 높아진다. 그러면 그 지역에서 사람들이 자주 접촉하는 동물생산물들을 모두 용의선상에 올려놓고 광범위한 조사를 해야 한다. 시간과 노력이 많이 들게 된다. 다행히 어떤 동물이 감염 증세를 보였거나 폐사를 했다면 범인을 쉽게 특정할 수 있을 것이다. 그 동물을 우선적으로 조사해서 바이러스 감염 증거를 확보하면 된다.

또한, 원래부터 바이러스 X를 가지고 있던 자연 숙주를 찾아야 한다. 그 숙주 동물은 지역 주변에 머물러 있는 야생동물일 가능성이 높다. 주변 지역이 아니더라도 범인중간 매개 동물과 자주 접촉하는 야생동물 생산물예: 야생동물 고기도 용의선상에 포함시켜 조사해야 한다. 이때, 바이러스를 퍼트린 범인중간 매개 동물과 쉽게 접촉할 수 있는 환경적 여건도 고려해야 한다.

그래서 첫 발생지 주변 지역을 중심으로 서식하고 있는 각종 야생동물들을 용의선상에 올려놓고 조사에 들어간다. 이 과정에서 수백 내지 수천 마리의 야생동물을 포획해서 혈액이나 오줌, 분변, 타액 등을 채취하고 일일이 어느 동물이 진범인지 조사해야 한다. 그렇게 하는 데에는 많은 시간과 노력이 투입된다.

최초 환자와 접촉 가능한 야생동물종들을 분류해서 조사하고, 조사 대상 동물들 중 바이러스를 가지고 있는 동물종에서 그 증거를 확보하는 일이 우선이 된다. 특정 야생동물 집단에서 항체가 다수 검출된다면, 자연 숙주로 지목될 가능성이 상당히 높아진다. 그 후 그 야생동물 집단에 대한 대대적인 바이러스 검사가 들어가게 된다. 그래서 신종 바이러스로 의심되는 병원균이 발견된다면 신종 바이러스 기원 동물로서 유력하게 인정받게 된다.

만약 과거에 유사한 신종 바이러스가 출현한 사례가 있는 경우 야생동물 중 용의선상에 오를 자연 숙주 용의자를 압축하는 데 결정적인 힌트가 된다. 2002년 출현한 중국 사스바이러스의 자연 숙주관박쥐를 찾아내는 데 수년이 걸렸지만, 코로나19 바이러스의 자연 숙주관박쥐는 단 며칠 만에 찾아냈다사스 출현 후 수많은 박쥐 바이러스를 수집해 놓았기 때문에.

숙주 감염의 1차 관문, 세포 현관문 열기

야생 바이러스가 사람의 신종 바이러스로 자리매김하는 데에는 중간 매개 동물의 역할이 필연적이다. 역대 신종 바이러스의 중간 매개 동물은 2019년 코로나19에서는 천산갑이 유력하게 거론되었고, 2012년 메르스에는 낙타, 2009년 신종플루에는 돼지, 2002년 사스에는 사향고양이, 1998년 니파바이러스에는 돼지, 1994년 호주 헨드라바이러스에는 경주마였다. 이 외에도 중간 매개 동물은 많이 있을 것이고, 앞으로도 신종 바이러스 출현에 중간 매개 동물이 등장할 확률이 높다.

야생 바이러스는 왜 직접 사람으로 넘어오지 못하고 중간 매개 동물을 거친다고 보는 것일까? 그것은 동물과 사람 간 접촉의 빈도와 접촉 강도만으로는 신종 바이러스의 출현 과정을 모두 설명할 수는 없기 때문이다. 일상적인 접촉으로도 가능하다면 인간은 들판, 야산, 강 능지에서 자주 부닥치는 각종 야생동물이 가지고 있는 수많은 바이러스의 공격에 시달리게 될 것이다.

야생 바이러스는 왜 사람으로 넘어오기 힘들까? 이는 종간 장벽이 존재하기 때문이다. 그런데 중간 매개 동물과 사람 간에도 종간 장벽이 존재하는 것은 마찬가지 아닌가. 그래서 결국은 자연 숙주(야생동물)가 가지지 못한 종간 장벽을 여는 열쇠를 중간매개 동물이 가지고 있다는 결론에 도달할 수 있다.

숙주가 바이러스에 감염되는 과정을 살펴보면, 일차 관문은 바이러스가 숙주 세포에 달라붙어야 한다. 우리가 사는 집의 현관문을 예로 들면, 현관문에는 도둑이 들지 못하게 자물쇠가 설치되어 있어, 그 자물쇠에 맞는 열쇠를 가지고 있는 사람만이 현관문을 열고 집안으로 들어 갈 수 있게 되어 있다. 바이러스가 세포에 침투하는 과정에도 열쇠와 자물쇠의 원리가 작동한다. 바이러스가 숙주에 들어가기 위해서는 숙주 세포에 있는 현관문세포 수용체에 맞는 열쇠수용체에 결합하는 바이러스 표면 부위를 가지고 있어야 한다. 바이러스가 가진 열쇠가 세포 현관문 자물쇠에 맞아야 바이러스가 그 문을 열고 세포 속으로 침투할 수 있다. 일단 바이러스가 세포에 달라붙으면 그다음부터는 상대적으로 쉬워진다. 세포 대사 도구를 이용해서 자신의 유전자와 단백질 껍질을 복제해서 후손 바이러스들을 찍어내면 되는 것이다.

한편, 바이러스가 달라붙는 세포 수용체의 종류에 따라 바이러스의 서식 장소가 결정된다. 세포 수용체가 소화 장기에 풍부하게 있으면 그 바이러스는 소화 장기에서 증식하여 설사, 장염 등을 유발할 것이고, 호흡기도에 풍부하면 그 바이러스는 호흡기에서 증식하여 기침, 콧물, 심지어 폐렴까지 유발할 것이다. 그 외에도 적합한 그 수용체가 분포하는 곳이라면 해당 장기에 침투하여 각종 증상을 나타낼 것이다.

독감을 일으키는 인플루엔자의 수용체는 호흡기나 소화장기 점막 세포에 많이 분포하는 시알릭산이다. 모든 동물종은 세포 표면에 시알릭산 수용체를 가지고 있기 때문에 모든 동물에 감염될 것 같지만 실제로는 그렇지 않다. 시알릭산 수용체가 동물종마다 달라서 그 구조에 맞는 열쇠바이러스 표면 구조를 가진 바이러스만이 그 세포에 침투할 수 있을 것이다.

야생 조류와 사람의 상기도에 분포하는 시알릭산 구조가 서로 다르기 때문에 야생 조류 바이러스가 사람 상기도에 달라붙지 못하는 것이다. 야생 조류와 유사한 구조를 가진 수용체는 하기도폐에 분포하고 있는데, 만약 조류 인플루엔자가 폐까지 침투한다면 급성 폐렴을 유발하여 인체에 매우 치명적인 상황이 될 것이다.

조류 인플루엔자 감염자의 경우 몸속 깊숙한 곳폐에서 바이러스가 증식하기 때문에 쉽게 배출이 일어나지 않으며, 다른 사람도 쉽게 감염되지 않는다. 조류 인플루엔자 바이러스가 사람 간 감염이 쉽게 일어나지 못하는 이유가 여기에 있다.

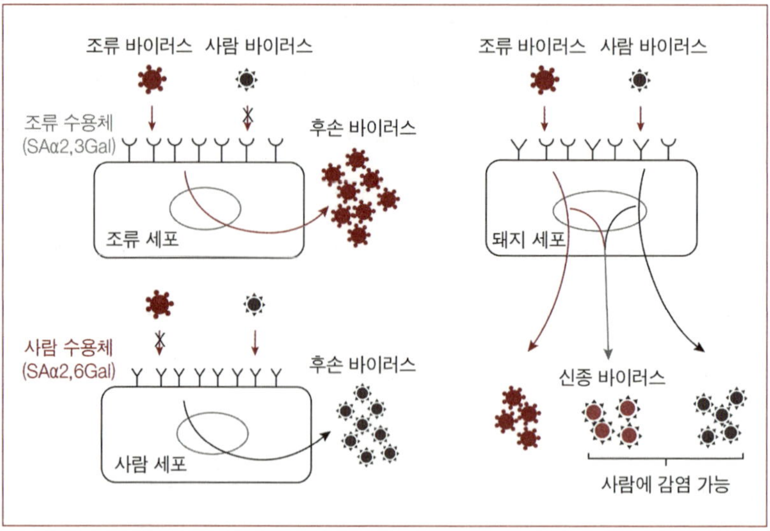

인플루엔자 종간 장벽과 신종 바이러스 출현 과정

그러나 만약 조류 인플루엔자 바이러스가 돼지에 감염되는 경우는 상황이 달라진다. 돼지는 야생 조류 수용체와 사람 수용체를 모두 상기도에 가지고 있다. 그래서 조류 바이러스가 돼지에 감염될 수 있으며 사람 바이러스도 감염될 수 있다. 이 상황에서 두 바이러스가 뒤섞여 조류 바이러스가 사람 바이러스 표면 돌기를 가지는 경우가 발생하면 신종 바이러스가 만들어지는 것이다.

지금까지 팬데믹을 일으킨 바이러스는 이러한 과정을 통해 출현했다. 돼지가 중간 매개 동물로서 사람에게 감염이 가능한 바이러스를 만드는 믹서기 동물 역할을 하는 것이다. 돼지에서 조류 바이러스와 사람 바이러스가 뒤섞이는 최악의 상황이 나타나지 않도록 방역 관리와 감시 활동을 지속적으로 하고 있는 이유가 여기에 있다.

바이러스의 특기, 타고난 유전자 조작 기술

21세기 들어서면서 유전자DNA를 조작하는 기술이 하루가 다르게 발전하고 있다. 과거에는 상상하지 못했던 맞춤형 기능성 백신 제품이나 치료제가 만들어지고 있다. 여기에 사용되는 기술은 인간이 창조한 것이 아니라, 생명체가 가지고 있는 유전자 합성 기술과 각종 효소 작용을 응용하여 발전시킨 것이다. 바이러스가 가진 유전자는 생명체와는 비교할 수 없이 작은 규모이기에 바이러스를 인위적으로 조작하거나, 바이러스 유전정보를 분석하고 해석하는 것은 어렵지 않게 수행할 수 있다.

바이러스 유전자를 조작하는 기술은 사람의 탁월한 영역이라고 치부할지 모르나, 이 기술은 원래 바이러스가 본질적으로 가지고 있는 특기 중의 하나이다. 바이러스는 자신의 유전자를 조작함으로써 생존에 유리한 형태로 구조를 만들고, 숙주 세포에서 바이러스 복제가 보다 원활히 이루어질 수 있도록 자신의 유전자를 변형시킨다. 물론 유전자의 변형에는 정교하지 못한 바이러스 복제 효소의 역량도 한몫하지만 말이다. 바이러스는 이 기술을 사용하여 다양한 형태의 후손 바이러스를 만들어내며, 적자생존을 통해 숙주에서 생존하는 데 유리한 후손 바이러스를 남긴다. 이를 통해 바이러스는 자신의 고유 숙주에서의 영역을 구축하면서 동시에 숙주 영역을 확장시키는 기회를 노린다.

바이러스가 구사하는 최고의 유전자 조작 기술은 서로 다른 두 유전자를 마구 뒤섞는 데서 빛을 발한다. 유전자 뒤섞임 기술은 자신의 유전자원을 재창출하여 변종 또는 신종 바이러스를 만드는 중요한 토대가 된다. 특히 이 기술을 이용하여 창출된 신종 바이러스는 숙주 면역체계가 바이러스를 제때 인지하지 못하게 만들고, 심지어 기존의 숙주 영역의 범위를 더욱 더 확장시키는 데 유용하게 작용한다.

유전자 뒤섞임 기술을 매우 탁월하게 구사하는 바이러스는 유전체를 여러 조각으로 가지고 있는 바이러스들이다. 대표적인 바이러스가 인플루엔자바이러스이다. 인플루엔자바이러스는 크게 A, B, C, D 네 가지 유형이 자연계에 존재한다. 사람과 동물에게 제일 문제를 많이 일으키는 A형 인플루엔자바이러스를 예로 들어보자.

이 바이러스의 게놈은 8종의 서로 다른 유전자 절편으로 구성되어 있다. 물론 이들 유전자 절편 각각은 바이러스 증식에 필요한 고유한 기능을 가지고 있어, 유전자 절편 중 어느 하나라도 없으면 바이러스 증식이 불가능하다. 이 바이러스 게놈 유전자 절편 각각은 세포 복제 기구를 사용하여 대량으로 복제한다. 그 후 복제된 유전자 절편 8종을 각각 하나씩 포장해서 포장 용기인 바이러스 껍데기에 담아 후손 바이러스들이 대량으로 생산한다. 하나의 바이러스가 세포에 침투하여 한 치의 작업 공정의 실수도 없이 8개의 유전자 조각을 복제하고 포장해서 수백 개의 후손 바이러스를 만드는 작업을 하는 것을 보면 자연의 신비가 느껴진다.

양계 농장의 닭에 서로 다른 두 인플루엔자바이러스가 동시에 감염되면 무슨 일이 일어날까? 중국이나 동남아시아 국가에서는 한 지역의 양계 농장에서 여러 종의 조류 인플루엔자가 혼재하는 경우는 흔하다.

양계 농장의 닭에 두 종류의 조류 인플루엔자 바이러스바이러스 1과 바이러스 2가 감염되면 바이러스가 숙주의 상기도 세포에서 증식을 시작할 것이다. 이때 한 세포 안에 두 바이러스가 동시에 감염되는 상황도 드물지 않게 일어난다. 이 경우, 바이러스 1의 유전자 절편과 바이러스 2 유전자 절편이 한 세포 안에서 한꺼번에 같이 복제되는 상황이 벌어질 것이다. 그러면 복제된 후손 바이러스는 어떤 형태를 가지게 될까?

물론 바이러스 1의 후손 바이러스도 생길 것이고, 바이러스 2의 후손 바이러스들도 생길 것이다. 그러나 거기에서 끝나는 것이 아니다. 바이러스 1의 유전자 일부와 바이러스 2의 유전자 일부가 뒤섞여서 조립된 바이러스들도 만들어지게 될 것이다. 즉 다양한 유형의 바이러스가 만들어질 수 있다. 이론적으로는 두 바이러스의 유전자 8조각이 재조합되어 256개2^8의 서로 다른 후손 바이러스들이 만들어질 수 있다. 실제로는 그보다는 훨씬 적은 종류의 바이러스가 만들어지겠지만 말이다.

이렇게 다양한 종류의 후손 바이러스들이 만들어지면 그들 사이에 생존 경쟁이 일어날 것이다. 그중에서 바이러스를 복제하는 능력이 우수하여 생존 경쟁에서 우위를 차지하는 바이러스들이 우점종을 차지할 것이고, 그렇지 못한 후손 바이러스들은 도태될 것이다. 실제로 조류 인플루엔자 상재 지역에서 이러한 바이러스 재조합 현상은 자주 일어나며, 신종과 변종 바이러스가 빈번하게 나타난다. 나노 물질에 불과한 바이러스의 세계에서도 자연 생태계의 냉혹한 이치가 그대로 적용되는 것이다.

그러면 조류 인플루엔자바이러스 간 동시 감염이 아니라, 서로 다른 동물종의 인플루엔자바이러스가 동시에 감염되는 경우 어떤 상황이 벌어질까? 이러한 상황이 벌어지려면 서로 다른 동물 인플루엔자바이러스가 모두 감염될 수 있는 동물이 존재해야 할 것이다. 바로 그런 역할을 할 수 있는 대표적인 동물이 앞에서 말한 믹서기 동물, 돼지이다.

매우 극단적인 경우이지만 양돈장 돼지는 다양한 동물 바이러스들에 노출될 수 있다. 돼지 인플루엔자도 흔하게 존재하니 이 바이러스에 노출될 것이고, 양돈장 인부가 독감에 걸려 있으면서 축사 작업을 했다면 사람 인플루엔자바이러스특히 A형 인플루엔자에도 노출될 수 있다.

이런 경우, 양돈장 돼지는 이들 인플루엔자바이러스에 모두 감염될 수 있다. 그러면 앞서 닭에서의 사례와 같이 다양한 재조합된 인플루엔자바이러스들이 생성될 수 있다. 돼지 바이러스와 사람 바이러스가 재조합된 신종 바이러스도 그중에 하나일 것이다. 이렇게 조합된 바이러스가 복제 능력이 우수하여 돼지들 사이에 전염이 왕성하게 일어나

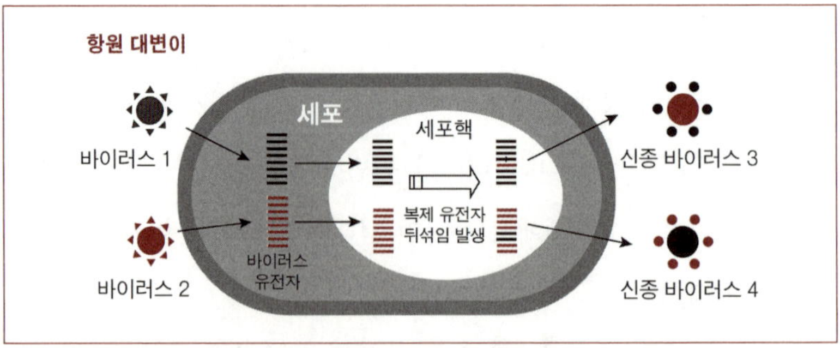

서로 다른 바이러스가 동시에 세포에 감염될 때 다양한 신종 바이러스가 출연할 수 있다.

고 우점종을 차지한다면 상황은 위험해질 수 있다. 양돈장 인부가 감염되어 사람 간 감염이 일어나는 최악의 상황으로 이어질 수 있다. 2009년 신종플루 H1N1 바이러스가 이러한 과정을 통해 출현했다. 이런 상황이 다시 또 벌어지지 않도록 조심해야 한다.

정교하게 다듬기

여러분이 실수로 집 열쇠를 망가뜨려서 현관문을 열고 들어갈 수 없는 난처한 상황에 처했다고 가정해보자. 집에 들어가기 위해서는 어떤 방법을 쓰든 현관문을 열 수 있는 방안을 강구해야 할 것이다. 물론 집에는 가족들이 모두 외출해서 아무도 없는 상황이다. 여러분이라면 어떤 시도를 할까?

당장은 임시방편으로 자물쇠의 잠금장치에 맞게 철사나 핀 등을 구부려서 문을 열려고 시도할 것이다. 그런 능력이 있다면 큰 고생 없이 문제를 해결할 것이다. 두 번째 방안으로, 열쇠 수리공이나 잠금장치를 푸는 데 소질이 있는 지인을 불러 현관문을 열어보려고 시도할 것이다. 마지막 방법은 같이 거주하는 가족 중 누군가에게 연락해서 가능한 한 빨리 집으로 오도록 재촉을 한 다음, 근처 카페에서 느긋하게 커피를 마시며 기다릴 수 있다.

만약 야생 바이러스가 사람에게 넘어갈 수 있는 푸시 앤드 풀 환경 여건이 발생하여 스필오버의 티켓을 획득했다면, 만능열쇠를 가진 바이러스인수공통감염병 바이러스는 쉽게 사람을 감염시킬 것이다. 그런데 이 바이러스가 세포 현관문수용체을 열려고 시도했는데 자신이 가진 열쇠수용체 결합 부위가 맞지 않는 경우라면 스필오버에 성공하기 위해 어떤 일을 벌이는 걸까?

대부분의 경우 이런 상황에서는 아무리 시도사람과 접촉해도 세포 현관문을 열 수 없어 숙주에 침투하는 것을 포기해야 할 것이다. 이 상황은 자연계에서 일어날 수 있는 가장 흔한 일이다. 바이러스에게 멋진 기회가 생겼지만 어쩔 도리가 없다. 집에서 같이 생활하는 반려견이 개 파보바이러스에 걸리더라도 주인이 개 파보바이러스에 걸리지 않은 것이 바로 이런 상황이다. 종간 장벽은 너무나 높다.

사실 바이러스가 가진 열쇠 부위 중 아미노산 한 두 개만 살짝 변형시켜도 현관 자물쇠에 맞게 할 수 있는 일인데도, 그 작업이 그리 호락호락하지 않다. 결코 쉽지 않고 시간이 많이 걸리는 어려운 상황이지만, 야생 바이러스는 포기하지 않고 수많은 도전을 한다. 드디어 자신이 가진 열쇠를 다듬어 사람 세포 현관문에 딱 들어맞도록 변형시키는데 성공한다. 이것은 현실적으로 매우 드문 일이지만 성공하는 바이러스는 있다.

대표적인 사례가 코로나19 바이러스다. 이 바이러스의 수용체는 혈압과 전해질 균형 조절 체계에 중요한 역할을 하는 안지오텐신 전환효소 2ACE2이다. 조상 바이러스인 중국 중간관박쥐 코로나바이러스RaTG13, 유전자 96.2퍼센트 일치도 ACE2 수용체에 결합할 수 있다. 그러나 사람 수용체ACE2와 유사하긴 해도 딱 들어맞는 구조는 아니었다. 미국

미네소타 대학 팡리 교수 팀의 연구 결과에 따르면, 코로나19 바이러스는 바이러스 돌기S 단백질의 수용체 결합 부위RBD 내 일부 아미노산을 변경시킴으로서 그 문제를 해결했다. 단 세 군데L486F, Y493Q, D501N 수리하는 것만으로 충분했다.

야생 바이러스에게 매우 운이 좋은 경우는 평소에 자주 스치는 열쇠 수리공 동물믹서기 동물을 만나는 것이다. 야생 바이러스가 사람 세포 현관문을 열지 못하는 상황에서, 평소에 안면이 있는 열쇠 수리공 동물은 야생 바이러스의 열쇠를 사람 세포 현관문에 맞도록 고쳐준다. 그런 행운이 주어진다면 야생 바이러스는 유유히 현관문을 열고 사람 세포 속으로 들어가서 자신의 후손을 만들어낼 것이다. 이 사건의 결과로 바이러스는 새로운 숙주 영역을 확보한 기쁨의 잔을 들게 될 것이고, 숙주는 갑작스런 불청객의 방문으로 궁지에 몰리게 될 것이다. 심지어 숙주는 생명에 위협을 받는 치명적인 상황으로 몰릴 수도 있다. 앞에서 언급한 팬데믹 인플루엔자바이러스들이 이런 과정을 거쳐서 출현했다.

바이러스가 원래의 자연 숙주를 버리고 새로운 숙주를 찾을 때만 신종 바이러스가 탄생하는 것만은 아니다. 일부 바이러스는 자신의 숙주를 바꾸지 않고, 서식처 장기 부위만 바꿔 새로운 병증을 유발하는 신종 바이러스로 둔갑하는 경우도 간혹 있다. 1986년경 유럽 벨기에와 프랑스의 양돈장에서 이상한 호흡기 괴질이 돌기 시작했다. 다행히도 괴질에 걸린 돼지는 기침만 했을 뿐 심각한 병증을 보이지는 않았다. 그런데 흥미롭게도 이 호흡기 괴질에 걸린 돼지는 심한 설사병을 앓는 돼지 전염성 위장염에 걸리지 않았다. 분명 돼지 전염성 위장염 바이러스TGE와 교차 면역을 일으키는 사촌 바이러스TGEV가 분명해보였다. 그 정체는 곧바로 밝혀졌는데, TGE 바이러스와 사촌 관계인 돼지 코로나 호흡기 바이러스PRCV였다. 그런데 놀랍게도 과학자들이 분석한 이 바이러스의 정체는 TGE 바이러스의 변종이었다. TGE 바이러스 돌기 단백질의 끝부분전체 아미노산의 27퍼센트이 잘려 나가면서, 돼지의 창자에서 주로 서식하던 바이러스가 돼지 호흡기에 서식하는 바이러스로 돌변한 것이었다. 이렇게 바이러스는 변이를 통해 다양한 형태로 진화한다.

03

도처에 놓여있는 위험한 바이러스 화약고

철새가 주는 경고

겨울철 월동기가 다가오면 시베리아에서 번식기를 거친 겨울 철새 수백만 마리가 우리나라 철새 도래지로 몰려온다. 이 겨울 철새들의 주력 부대는 오리 종류이다. 십여 년 전 추운 겨울 어느 날 이른 아침의 일이다. 철새의 조류 인플루엔자 조사를 위해 김제 평야가 펼쳐져 있는 금강하구 강둑으로 갔다. 도착한 강둑에 차를 세워놓고, 한참 동안 수십만 마리의 야생 철새가 무리 지어 다니는 모습을 바라다 보았다. 야생 철새의 비행은 마치 에어쇼를 하는 듯 매우 역동적이었다. 철새의 군무는 아침 햇살이 비치기 시작하는 하늘을 배경으로 환상적인 분위기를 연출했다.

한참 동안 넋을 놓고 철새들의 군무를 관람하다가 조류 인플루엔자 조사를 위해 주변을 살피기 시작했다. 금강하구 둑방 여기서기 차를 세워놓고 철새를 관조하는 사람들이 보였다. 그중에는 차 위에 철새 배설물이 잔뜩 떨어져 엉망이 된 차들도 심심치 않게 보였다. 철새 무리가 둑 위 하늘을 비행하며 지나가는 동안 용변을 본 흔적이었다.

2014년 1월 중순경, 전북 고창에 있는 동림 저수지에서 수십 마리에 달하는 가창오리가 집단 폐사체로 호수 수면 위로 떠올랐다. 그리고 비슷한 시기에 그 저수지 인근에 있는 오리 농장들에서 사육하는 어린 오리들이 폐사하는 사건이 발생하기 시작했다. 언론에서도 조류 인플루엔자로 추정된다는 보도가 흘러나오기 시작했다.

우려는 사실이었다. 방역 당국에서 긴급 조사에 들어갔고, 조사 결과 조류 인플루엔자로 판명되었다. 놀랍게도 그 바이러스는 우리나라에서 발생한 적이 없는 조류 인플루엔자 H5N8이었다. 그 이전에 문제를 일으킨 바이러스는 모두 조류 인플루엔자 H5N1 바이러스였다.

그 후 여러 지역에서 잇달아 가창오리뿐만 아니라 청둥오리, 큰기러기 등 다양한 야생 오리류에서 감염된 개체들이 발견되기 시작했고, 다시 그 주변 축산농가에서 조류 인플루엔자가 발생했다. 발생 농장의 오리들 사이에서 대량으로 증폭된 바이러스는 차량과 사람 등을 통해 여러 지역의 가금 농장들로 확산되어, 한동안 국내 가금 산업계를 공포 속으로 몰아넣었다. 그 후 월동하던 철새들이 다시 시베리아로 북상하면서, 여러 경로로 시베리아 지역에 모인 철새들과 번식기를 보내고, 이들 철새들이 남하하면서 유럽과 미국, 중동, 아프리카까지 세계적인 조류 인플루엔자 대유행, 즉 팬데믹을 초래하면서 가금 산업을 위기로 내몰았다. 2015년 미국에서만 조류 인플루엔자로 인해 무려 5천만 마리가 살처분되었다.

2010년 12월, 중국 동부 지역 장수성 재래시장에서 판매하던 오리에서 H5N8 바이러스가 처음으로 모습을 드러냈다. 이 바이러스는 중국 오리들 사이에서 여러 종의 조류 인플루엔자 바이러스들이 뒤섞이며 신종 바이러스로 탄생한 것이었다. 당시 중국 과학자들이 국제 학술지를 통해 중국 재래시장 닭과 오리에서 유행하는 많은 조류 인플루엔자 바이러스들을 보고했지만, 그중 하나에 불과했던 H5N8 바이러스는 크게 주목을 받지 못했었다. 2014년 1월에서야 이 바이러스가 얼마나 위험한 바이러스였는지 알게 되었으니, 이 또한 블랙스완 사건이었다.

2014년 이 바이러스가 처음 국내에 출현할 당시, 어떻게 국내에서 출현하게 되었는지 학자들 사이에 논란이 있었다. 가창오리가 이 바이러스를 가지고 국내에 들어왔다면, 고창 저수지에서 집단 폐사까지 당했던 가창오리들이 시베리아로부터 국내까지 먼 거리를 비행해 오기 어려웠을 것이다. 그래서 설득력 있게 거론되었던 시나리오는 서해안 맞은편 중국 지역에서 유입된 후 가창오리 떼를 감염시켰다는 중국 유입설이다. 이 설에 따르면, 2014년 1월 중국 장수성 또는 산둥성에 있던 미확인 야생 조류가 H5N8 바이러스를 보유한 채 서해안 동림 저수지로 날아들었다가, 마침 한반도 북부에서 남하한 가창오리에게 전염시켰다는 것이다. 그런 경우라면 가창오리는 한반도에 월동하러 내려왔다가, 졸지에 바이러스에 걸리는 날벼락을 맞은 것이다.

과거 몇 년 동안 철새들 사이에서 조류 인플루엔자 움직임이 잠잠하다 싶더니, 2019년부터 아프리카에서 유럽·중동을 거쳐 시베리아로

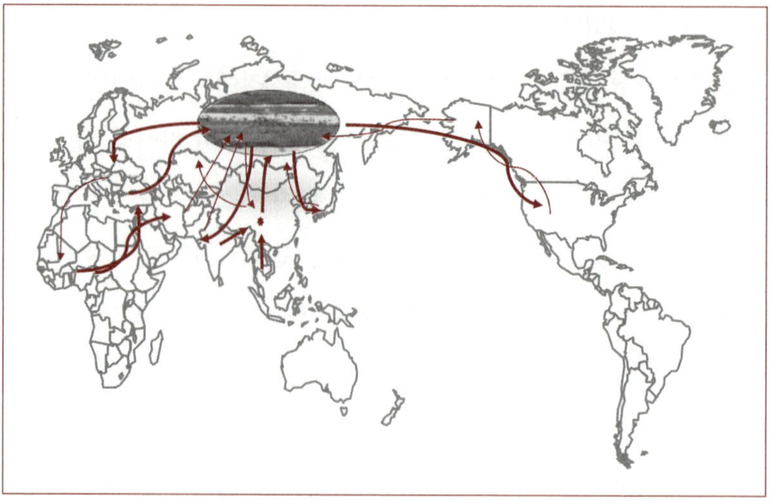

야생 철새의 이동에 따른 조류인플루엔자 확산 패턴

이동하는 철새들의 움직임이 이상해지기 시작했다. 철새가 옮기는 조류 인플루엔자는 2019년에서 2020년으로 이어지는 겨울 동안 철새 중간 기착지인 동유럽을 중심으로 유럽 가금 산업을 쑥대밭으로 만들었다. 그 후 바이러스는 철새를 따라 우랄산맥을 거쳐 동진하고 있었다. 이 바이러스가 시베리아를 거쳐 극동 지역으로 이동할까 봐 전문가들은 우려했다.

전문가들이 우려했던 상황은 불행하게도 현실이 되었다. 이 바이러스H5N8가 철새 무리들을 따라 국내에 유입되었다. 2020년 10월 21일 천안 봉강천 철새에서 바이러스가 처음으로 검출되더니, 철새 오염이 가장 심했던 2016년에서 2017년으로 이어지던 겨울보다 무려 3.2배나 넘는 바이러스들이 전국의 야생 철새에서 검출되었다. 그냥 철새가 스쳐 지나는 곳마다 바이러스를 뿌린다고 할 정도였다. 그 피해는 바로 나타났다.

2020년에서 2021년으로 이어지는 겨울 동안 북방 철새 무리들이 몰고 온 H5N8 조류 인플루엔자바이러스 폭풍은, 코로나19 팬데믹의 지속으로 국민들과 언론의 관심에서 크게 주목을 받고 있지는 않지만 가금 농가들에게 혹독한 겨울을 안겨주었다. 이 바이러스는 국내 철새에서 처음 바이러스가 검출된 지 한 달 뒤인 2020년 11월 26일 정읍 집오리 농장에서 처음 발생했다. 그 후 석 달 동안 조류 인플루엔자로 3천만 마리가 살처분됐고, 특히 전체 산란계달걀 생산을 하는 닭 중 20퍼센트가 살처분되면서 시중 달걀 값이 폭등했고 외국으로부터 달걀 5,900만 개를 긴급 수입하는 사태까지 벌어졌다. 이처럼 조류 인플루엔자는 우리의 실생활과 직접 연결되는 식량 안보 질병이다. 또한 조류 인플루엔자 때문에 가금 농장 주인들에게 겨울은 공포의 계절이다.

거침없이 진군하는 모기

2016년 신생아 소두증두부 및 뇌가 정상보다도 이상하게 작은 선천성 기형을 유발하는 신종 바이러스인 지카바이러스Zika virus가 중남미 지역을 중심으로 대유행하면서 전 세계를 공포로 몰아넣었다. 2015년에만 브라질에서 감염자가 150만 명을 넘어섰고, 임산부 감염으로 1,700여 명의 소두증 신생아가 태어났다. 당분간 남미 지역에서는 그 상황이 호전될 것 같지 않다. 아이를 키우는 부모의 입장이다 보니, 그 아이가 살아갈 인생을 생각하면 애잔하기 이를 데 없다.

이 바이러스는 1947년 아프리카 우간다 밀림에서 야생 원숭이 황열 조사를 하던 과정에서 우연히 발견된 아프리카 토속 바이러스였는데, 1970년대 말 아프리카를 벗어나 동남아시아로 진군하더니 태평양 작은 섬들을 거쳐 2015년 브라질까지 상륙했다. 남미 대륙에 상륙하기 전에는 소두증 문제가 거의 알려지지 않았는데, 이 바이러스에 노출된 적 없어 면역력이 없던 남미 사람들에게는 치명적으로 다가왔던 것이다. 파나마 운하를 건설하기 위해 동원된 아프리카 노예선을 타고 중남미 지역으로 넘어온 공포의 모기 바이러스, 황열 바이러스의 데자뷔였다. 황열은 원래 아프리카 토속 바이러스였지만, 지금은 중남미 지역에서 최대의 골칫거리 질병이다.

모기 질병은 비단 먼 나라만의 이야기가 아니다. 2014년 여름, 우리나라 바로 이웃 일본 사회는 뎅기열 발생으로 때 아닌 비상이 걸렸다. 2014년 8월 하순, 일본 동경에서 해외여행 경험이 없는 뎅기열 환자가 69년 만에 처음으로 발생했다. 일본 뎅기열 환자는 한 명에 그치지 않았다. 그해 10월까지 160명의 환자가 발생했다. 특히 동경 요요기 공원 주변에서만 100여 명의 환자가 속출했다. 이 환자들은 요요기 공원 습지에 서식하는 모기에 물려 감염된 것으로 알려졌다. 실제로 이곳에서 채집한 모기에서도 뎅기열 바이러스가 검출되는 바람에 습지의 모기 서식지를 제거하고 공원을 폐쇄하는 비상조치까지 내려졌다. 뎅기열 상재 지역을 여행하고 다녀온 환자를 모기가 흡혈하는 과정에서 모기에 바이러스가 옮겨붙어 뎅기열 유행이 시작되었을 것으로 조심스럽게 추정하고 있다.

지구가 뜨거워지고 있다. 2012년 지구 평균 지표 온도가 1880년에 비해 0.85℃ 상승했다. 우리나라는 1912년에서 2017년이 되는 동안 약 1.8℃도 상승했다. 지구온난화는 가뭄, 홍수, 이상기온 등을 통해서 감염병, 특히 곤충 매개 감염병의 생태계를 변화시킬 수 있다. 지구온난화가 진행되면 감기나 독감 같은 호흡기 감염병의 발생은 줄어들게 되지만, 수인성 감염병과 함께 곤충 매개 질병의 발생이 증가하게 된다.

전 세계 모기들의 움직임이 심상치 않다. 사실 모기가 퍼트리는 질병 중에서 지구상에서 가장 심각하게 번지고 있는 감염병이 뎅기열이다. 1970년 이전에만 하더라도 뎅기열이 단 9개국에서만 유행했었지만, 현재 전 세계 127개국이 뎅기열 발생 위험을 안고 살아가고 있다. 지난 10년간 전 세계 뎅기열 환자는 8배 이상 급증했다. 세계보건기구에 따르면, 현재 전 세계 인구의 절반이 뎅기열에 노출되어 있으며, 2019년 뎅기열 환자가 4,200만 명에 달한다고 한다.

전 세계 뎅기열 감염자의 약 70퍼센트가 동남아시아에서 발생하고 있다. 태국의 경우 2015년에만 12만여 명의 환자가 발생했으며, 지난해 싱가포르는 코로나19 팬데믹을 겪고 있는 와중에 전년 대비 2배 이상 많은 35,315명이 감염되어 역대 최다를 기록했다. 동남아시아 지역에서의 뎅기열 감염자 증가로 우리나라에서도 동남아시아 해외여행 중 뎅기열에 걸려 입국한 감염자가 계속해서 증가하고 있다. 질병관리청 통계에 따르면, 2018년 159명에서 2019년 274명으로 감염자 수가 71.7

퍼센트 증가했다고 한다. 다행히 국내에서 감염된 환자는 아직 없다. 그러나 2014년 일본의 사례를 보면, 우리나라도 결코 뎅기열 안전지대가 아님을 알 수 있다.

질병관리청 통계에 따르면, 뎅기열을 옮기는 흰줄숲모기 성충이 2019년 제주에서 채집한 전체 모기 중 21.4퍼센트, 부산·경남 지역에서 채집한 모기 중 6.4퍼센트였다고 한다. 일반적으로 겨울철 평균기온이 10℃ 이상인 지역은 성충의 월동이 가능하여 뎅기열 감염 우려 지역으로 판단한다.

기상청에서는 현재의 기온 상승 추세가 지속되면 2040년 제주 남부 해안의 겨울철 평균기온이 10℃에 도달할 것으로 예상한다현재 8.9℃. 그래서 기온 상승으로 모기 성충이 월동할 수 있게 되면 지금과 상황이 달라질 수 있다. 실제 2019년 7월 인천 영종도 을왕산에서 뎅기열 바

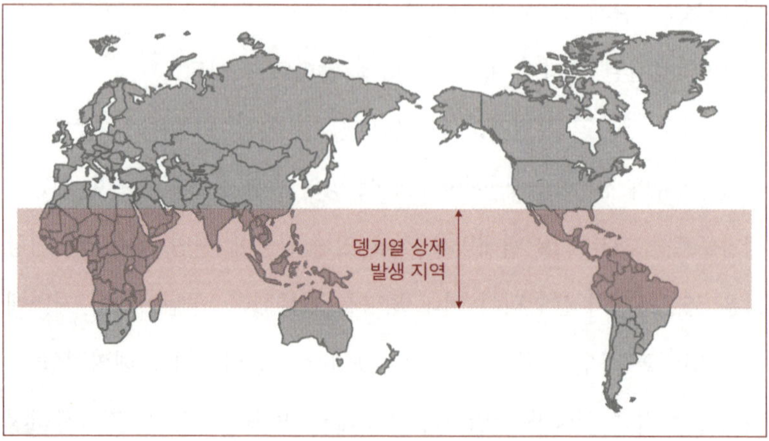

뎅기열은 최저 평균기온이 10℃ 이상인 지역에서 발생하며 전체 환자의 70퍼센트가 아시아에서 발생하고 있다.

이러스가 반점날개집모기 두 마리에서 검출되었다. 다가오는 미래엔 열대 질병으로만 간주하던 뎅기열도 남의 일이 아닐 수 있다.

감염병 위험의 불씨를 지피는 기후 변화

"기후 변화의 결과로 전 세계의 박쥐종의 서식지가 어떻게 변화했는지 이해하는 것은 코로나19 바이러스 기원을 추적하는 데 중요한 단서를 제공할 수 있다. 기후 변화로 서식지가 바뀌자 박쥐종들은 서식하던 곳을 떠나 다른 지역으로 이동했으며, 바이러스도 함께 옮겨졌다."

전 세계 박쥐의 서식지 변화를 연구하는 캠버리지 대학교 로버트 베이어 교수Robert M. Beyer가 한 말이다. 코로나19 바이러스의 출현 과정에 대한 미스터리가 풀리지 않는 가운데 2021년 2월 5일, 로버트 베이어 교수 팀은 박쥐 서식지 변화와 관련된 흥미로운 연구 결과를 <종합환경과학Science of the Total Environment> 저널을 통해 공개했다.

이 연구팀은 세계 여러 지역의 기온, 강수량, 대기 이산화탄소량 등 과거 기록을 바탕으로 100년 전의 세계 초목 지도를 만들었다. 그리고 그 지도에 박쥐종의 독특한 식습관 데이터를 다시 추가하여 분석함으로써 1900년대 초 박쥐종의 전 세계 생태 지도를 만드는 데 성공했다. 그리고 현재의 박쥐 생태 지도와 비교했다. 지난 100년 동안 환경 변화로 박쥐종의 숫자가 증가한 지역은 아프리카와 중남미, 중국 남부 인접 지역이었다. 이 연구팀은 박쥐 생태 비교 지도를 보는 순간 경악을

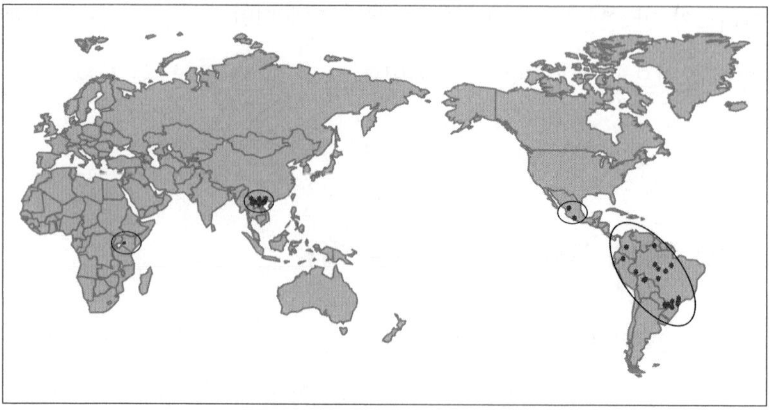

영국 로버트 베이어 연구팀이 밝혀낸 박쥐종 급증 지역. 남미 열대 우림과 함께 중국 남부 지역은 박쥐종이 급증한 대표적인 지역이다.

금치 못했다. 특정 지역에서 서식 박쥐종의 증가가 다른 지역과 비교할 수 없을 정도로 폭발적으로 나타났기 때문이었다. 중국 윈난성과 베트남·라오스 북부 지역이었다.

이 연구팀의 분석 자료에 따르면, 지난 100년간 다른 지역으로부터 40여 종의 박쥐들이 이 지역으로 유입되었다고 한다. 현재까지 밝혀진 전 세계 박쥐가 가지고 있는 바이러스 종류만 최소 2,800종인데, 학자들이 지속적으로 박쥐 바이러스를 수집하고 있어 그 숫자가 계속 크게 증가할 것이다.

박쥐 40종이 가진 바이러스를 상상해보라. 이들 박쥐가 가진 바이러스는 수백, 수천 종이 될 수도 있다인도박쥐는 58종의 바이러스를 가지고 있음. 지난 100년 동안 수많은 바이러스들이 박쥐 유입으로 이 지역에 들어온 셈이다. 그래서 로버트 베이어 교수의 주장처럼 아마도 이 지역에 박쥐들이 지속적으로 유입되면서 사스와 코로나19 출현의 환경적 배경을 제공했는지도 모른다.

이 자료가 공개되면서 세계 여러 언론으로부터 많은 주목을 받았다. 코로나19 바이러스의 조상 바이러스로 알려진 중국 중간관박쥐 코로나바이러스RaTG13가 2013년 7월 이미 중국 윈난성의 한 동굴에서 발견됐고, 중간 매개 동물로 지목되고 있는 천산갑이 서식하는 지역 중 하나이기 때문이었다우한 지역에는 천산갑이 서식하지 않음. 지금까지도 코로나19 바이러스가 중국 중간관박쥐 코로나바이러스가 천산갑을 통해 사람에게 출현했다고 유력하게 거론되고 있지만, 언제 어디서 어떻게 신종 바이러스가 만들어졌는지는 여전히 미스터리로 남아있다.

최근 몇 년간 중국 윈난성은 기후 변화로 박쥐가 좋아하는 숲이 우거짐에 따라 다른 지역으로부터 수많은 박쥐들이 모여든다. 이 지역에는 멸종 위기종인 포유동물, 천산갑의 서식 환경도 개선되어 개체 수가 크게 증가한다. 천산갑은 동굴 속에 들어가서 박쥐 배설물이 널려있는 동굴 바닥의 개미를 잡아먹는다. 천산갑 발에는 천장에서 떨어진 박쥐 배설물이 잔뜩 묻어있다. 마침 야생동물 사냥꾼은 동굴 속에 들어온 천산갑을 발견하여 포획해서 재래시장 야생동물 도매상인에게 판다. 그 기간 동안 천산갑은 박쥐 바이러스에 이미 감염되어 있었으며, 몸속에서 천산갑 바이러스와 뒤섞여 바이러스 X가 탄생하고 있다. 천산갑 비늘과 고기를 팔던 재래시장 상인은 어느 날 갑자기 고열과 심한 폐렴 증상을 보여 인근 병원에 긴급하게 후송된다. 비극의 서막이 열린다.

로버트 베이어 교수 팀의 공개 자료를 바탕으로 신종 바이러스를 주제로 감염병 영화의 한 장면을 꾸며보았다. 신종 바이러스 출현 과정이 좀 그럴듯해 보인다. 코로나19 바이러스 출현의 미스터리는 언젠가는 밝혀질 것이다.

밀림의 침묵과 부시미트

천산갑은 2020년 5월 코로나19가 전 세계적으로 확산되고 있을 때, 코로나19 바이러스의 중간 매개 동물로 지목되면서 갑자기 언론의 주목을 받은 동물이다. 2019년 9월 중국 광둥성 세관에서 밀수를 시도하다가 적발된 말레이시아 천산갑에서 코로나바이러스가 분리되었고, 이 바이러스가 코로나19 돌기 유전자의 일부를 가지고 있었기 때문이다.

천산갑은 아프리카와 동남아시아에 서식하는 멸종 위기 동물이다. 아르마딜로와 함께 비늘 등껍질을 가지고 있는 포유동물이기도 하다. 이 동물은 아프리카에서 부시미트야생동물 고기로 원주민들이 사냥하는 동물 중 하나이며, 중국인들 사이에서 천산갑 비늘이 신장질환이나 천식 등에 효험이 있다고 알려지면서 한약재로 사용되고 있으며, 천산갑 고기는 고급 보양식으로 여겨진다.

인공 사육이 되지 않는 동물종이고 중국인들의 수요가 있어 멸종 위기종인 천산갑을 밀수하려는 시도는 끊이지 않는다. 그러다 보니 천산갑의 주요 서식지인 말레이시아나 인도네시아로부터 중국으로 밀수하다가 세관에 적발되는 사례가 자주 뉴스 기사로 등장한다. 동남아시아 지역으로부터의 천산갑 부산물 공급량이 부족해지면서 심지어 민주콩고나 나이지리아 등 아프리카 지역으로부터 천산갑을 밀수하는 사례도 증가하고 있다. 해외로부터의 야생동물의 국내 유입은 남의 일이 아니다. 우리나라도 2018년 외국으로부터 유입된 야생동물이 약 50만 마리에 달한다. 희귀동물 밀반입을 시도하다가 세관 당국에 적발되어 압수되는 사례도 잦다.

야생동물을 밀렵해서 판매하는 행위가 특정 동물을 멸종 위기로 몰거나 야생 생태계의 질서를 왜곡시키는 주된 원인으로 작용한다. 또 이들 야생동물은 우리가 알지 못하는 각종 병원체를 가지고 있을 위험이 상존하고 있으며, 언제 어디에서 무슨 문제를 일으킬지는 예측할 수 없다. 감염병 X가 출현할 수 있는 위험을 안고 있는 화약고다. 코로나19 바이러스 출현과 관련한 문제에서 자유롭지 않은 것이다.

아시아 지역에서 야생동물 밀렵 행위를 통해 희귀한 야생의 맛을 즐기는 여웨이YeWei를 식문화로 가지고 있다면, 아프리카 시골 마을은

아프리카의 부시미트는 야생에서 사냥해서 얻은 고기를 말한다.
〈출처: wikipedia〉

가축을 생산하기보다는 야생동물을 사냥해서 부시미트로 먹는 식문화를 가지고 있다. 프리실라 안티Priscilla Anti 박사는 서아프리카 가나의 시골 마을에 거주하는 주민 1,274명을 대상으로 식습관에 대해 조사한 적이 있었다. 마을 주민 중 45.6퍼센트가 사냥21.1퍼센트, 덫 포획21.1퍼센트, 재래시장 구입10.3퍼센트 등을 통해 과일박쥐 고기를 먹은 적이 있다고 답했다. 또한 이들 주민 66퍼센트는 과일박쥐와 직접 접촉한 경험이 있으며, 37.4퍼센트는 물리거나 할퀌을 당하거나 박쥐 분뇨를 만진 적이 있고, 심지어 47퍼센트는 박쥐가 서식하는 동굴을 자주 방문하는 것으로 밝혀졌다.

황폐해진 산림, 지속된 가뭄 그리고 건기는 아프리카 시골 주민이 야생동물을 사냥하기 위해 보다 깊숙이 산속을 파고들게 만든다. 또 목초나 과일을 먹고사는 야생동물은 먹이가 부족하여 사람의 생활 영역을 침범할 수밖에 없는 환경적 여건이 된다. 결국 이러한 환경은 야생동물과 사람 간 접촉을 빈번하게 만들고, 미지의 야생동물 바이러스가 사람들에게 노출될 수 있는 위험성을 증가시킨다. 아프리카 지역에서 괴질이 발생한다고 해서 우리는 남의 일 보듯이 할 수 없다. 하루만에 세상 어디라도 갈 수 있는 지구촌 환경에서 먼 나라는 없다.

바이러스도 해외여행

박쥐나 조류 등 날개를 가진 동물만이 하늘을 비행하면서 국경을 초월하여 마음대로 여러 지역을 이동하는 것은 아니다. 인간도 동물만큼이나 빈번하게 하늘을 휘젓고 다닌다. 인간이 스스로 만든 도구, 비행기를 이용하면서부터이다.

국립과천과학관 '자연사' 관에 있는 '생동하는 지구'라는 전시물 체험 프로그램을 관람한 적이 있다. 그곳에 들어서면 관람 홀 중앙에 지구 모형이 떠 있다. 관람이 시작되고 어둠이 드리워지면, 우주에서 바라다 본 지구 영상이 그대로 지구 모형에 투영된다. 그러면 지구는 푸른 빛을 띤 블루마블의 아름다움으로 화려하게 부활한다.

우주에서 이렇게 아름다운 행성이 있을까? 필자를 감탄스럽게 만드는 지구, 참으로 아름답기 그지없다. 잠시 후 지구의 또 다른 장면이 관람객의 시선을 사로잡는다. 지구상에서 실시간으로 날아다니는 비행기의 움직임이다. 3만 대에 육박하는 수많은 민항기들이 지구촌 여기저기 상공을 날아다닌다. 수만 대의 비행기 행렬은 월동기 철새들의 군무와도 비견할 수 있을 만큼 멋진 장관을 연출한다. 지구촌 여기저기에서 쉴 새 없이 돌아다니는 엄청난 수의 비행기는 마치 둥근 공처럼 생긴 벌통 주변으로 날아드는 꿀벌을 연상시킨다.

오늘날, 비행기를 타고 해외여행을 다니는 것은 더는 자랑거리가 아니다. 2020년은 코로나 팬데믹으로 여행객이 급감했지만 조만간 다시 회복할 것이다. 한국관광공사 자료에 의하면 2017년 기준 우리 국민

중 해외 관광 경험이 있는 사람은 2,650만 명이었다. 우리 국민 두 명 중 한 명 꼴로 해외여행을 다녀온 셈이다. 아시아와 미국, 유럽 지역을 방문이 주를 이루지만, 아프리카와 남미 대륙을 여행하는 사람도 적지 않았다. 우리나라를 방문한 외국 관광객 수는 1,334만 명에 달했다. 매년 4천만 명에 달하는 사람들이 우리나라 국경을 출입한다.

국경을 넘나드는 여행객의 급증은 비단 우리나라만의 상황은 아니다. 지난 30년간 여행 속도, 여행 거리, 여행 인구 측면에서 전 세계적으로 비약적인 발전을 거듭해왔다. 특히 민간 여객기의 이용이 대중화되면서 매년 수억 명의 여행객들이 국경을 건너 사업, 공부, 연구, 관광 등 다양한 목적으로 여행을 다닌다. 세계관광기구World Tourism Organization, UNWTO에 의하면, 전 세계 해외여행자는 2008년 9억여 명에서 2018년에는 14억 명으로 최근 10년간 5억 명이 증가했다고 한다. 오늘날 국제 교류와 해외여행의 폭발적 증가로 인하여, 지구 어느 지역이든 여행하는 사람들로 북적거린다. 어쩌면 국경이라는 것은 형식에 지나지 않은 것처럼 보인다. 단 하루면 지구촌 어디든지 날아갈 수 있다. 말 그대로 지구촌이다.

우리의 삶이 세계화, 지구촌화되면서 인간이 갖고 다니는 각종 바이러스들도 덩달아 '지구촌화'되고 있다. 과거 군대 이동이나 신대륙 집단 이주 등으로 인해 감염병이 확산 또는 유입되던 시대와는 또 다른 세상이다. 2003년 사스 유행 때나 2009년 신종플루 H1N1 팬데믹은 항공기 여행의 발달이 전 세계적으로 감염병을 얼마나 급속하게 퍼트릴 수 있는지를 절실히 보여주었다. 항공 여행으로 단 하루 만에 지구

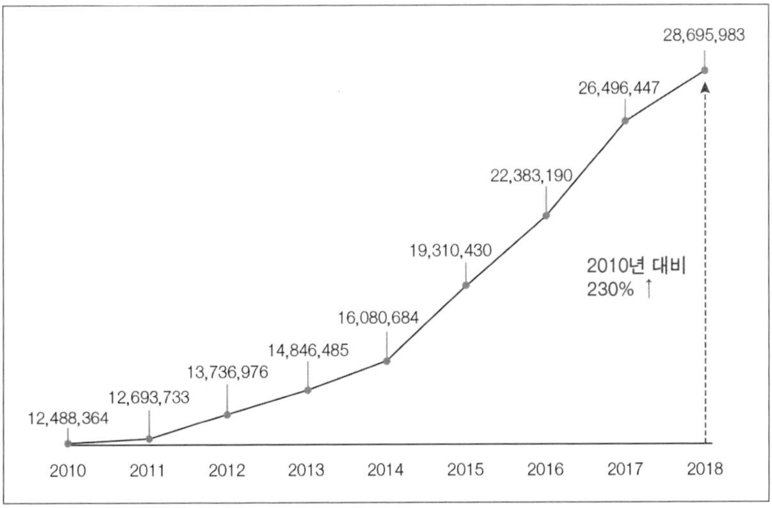

연도별 해외 출국자 현황
〈출처: 한국관광공사〉

촌 반대편까지 바이러스가 날아갈 수 있다.

어느 대륙, 어느 지역에나 우리 교민들이 진출해있고, 다른 나라 국민들도 여러 가지 이유로 우리나라를 방문할 수 있으며, 또 다른 나라를 경유해서 입국하는 제3국의 국민들도 있다. 감염자가 특정 지역에 체류하면서 감염병 유행의 도화선으로 작용할 위험성은 언제라도 있다. 감염자는 지구 반대편에 방문했다가 입국할 수도 있다. 그래서 우리는 지구 반대편 어느 지역에서 어떤 바이러스가 유행하는 것이 단지 그 나라만의 문제로 치부해버릴 수 없는 세상에 살고 있다.

2020년 코로나19 바이러스가 전 세계로 순식간에 확산되는 과정을 보면 지구촌이 감염병에 얼마나 취약한 구조를 가졌는지 알 수 있다. 공항 검역 과정에서 확진자가 거의 하루도 거르지 않고 나오고 있으며,

세계 어딘가에서 변이 바이러스가 등장할 때면 국내에도 어김없이 유입되곤 했다.

코로나19 감염 사례는 단지 일부에 지나지 않는다. 우리나라 국민들의 해외여행이 늘면서 졸지에 그 지역 풍토병에 걸려 귀국하는 사례가 적지 않게 발생하고 있다. 질병관리청에 의하면, 해외여행 중 감염병에 걸려 입국한 감염자 수가 매년 증가하고 있다고 한다. 2009년 148건에서 2017년 529건으로 매년 해외여행 감염자 수가 증가하고 있다. 해외여행자의 감염병 대부분은 아시아81퍼센트나 아프리카17퍼센트 지역을 여행하다가 그 지역 모기가 매개하는 뎅기열, 말라리아 등 풍토병이나 위생 불량으로 인한 식중독 원인균에 의한 것이다. 특히 가장 많이 걸리는 해외 감염병은 뎅기열이다. 2017년 한 해 동안 뎅기열 감염자가 171명에 달했는데 최근 뎅기열이 확산되고 있는 동남아 지역을 다녀온 여행자가 대부분이었다.

사람 간 전염성이 강한 바이러스에 걸려 귀국하는 것은 일단 위험신호이다. 일단 감염자에 의해 바이러스가 유입되면 주변 사람들을 감염시킬 수 있기 때문에 공중보건학적으로 문제가 심각해질 수 있다. 질병관리청 자료에 의하면, 2014년 442건의 홍역 환자가 국내에 발생했다. 이 중 해외여행 중 홍역에 걸려 입국한 감염자가 21명이나 되었는데, 이들로 인해 2차 감염자가 420여 명이나 발생했다. 또 대표적인 사례가 2014년 4월, 서울의 한 대학에서 발생한 홍역 집단 발병이다. 최초 감염자는 홍역에 감염된 동남아 여행객과 접촉한 대학 재학생이었다. 그 후 홍역은 학교 내 한 동아리를 중심으로 전파되어, 최종 환자가 발생할 때까지 총 86명이 감염되었다. 다행히 긴급 임시 예방접종과 대규모 행사 자제, 방역소독 등 보건 당국의 개입으로 발생 5주 만인 그해 5월 말 홍역 발생이 멈추었다.

홍역은 1960년대까지만 해도 공포의 대상이었다. 전 세계적으로 매년 700만 내지 800만 명의 어린이가 홍역으로 목숨을 잃었다. 그러나 홍역백신이 개발되면서 홍역으로 목숨을 잃는 아이의 수는 급격히 줄어들었다. 2014년에는 전 세계 홍역 사망자가 불과 14만여 명에 불과하여 세계적인 홍역 박멸의 희망을 보였다.

그런데 2020년 코로나19 팬데믹 유탄의 불똥이 홍역으로 튀었다. 코로나19 팬데믹으로 홍역 백신 공급이 원활하지 않아 홍역 예방주사 접종률이 크게 낮아진 탓이었다. 콩고, 우크라이나, 카자흐스탄 등 여러 국가에서 홍역이 크게 유행하면서 세계보건기구 2020년 11월 13일 자료 기준 전 세계 홍역 환자 869,770명에 사망자 207,500명으로 23년 만에 최고치를 갱신했다. 감염병이 또 다른 감염병을 부활시키는 상황이다.

감염병 인큐베이터, 대도시

필자가 유년 시절을 보냈던 1970년대 시골 마을은 골목길마다 아이들의 노는 소리로 시끌벅적했다. 당시 필자가 다녔던 초등학교는 한 학년 학생 수가 200명이 넘었다. 시골 읍내에 있는 초등학교는 웬만하면 그 정도 수준이었다. 그러나 이것은 이제 과거의 일이 돼버렸다.

1980년대 이후 도시로 젊은이들이 급격히 몰리면서, 전국 어디에서나 대부분의 시골에는 젊은이들이 별로 없는 농촌 공동화 현상이 벌어지고 있다. 단 몇 명의 학생들만 있는 교실의 풍경은 시골 초등학교에서 볼 수 있는 흔한 광경이 된 지 오래다. 시골 학교 상당수는 폐교가 되고, 상대적으로 큰 인근 초등학교와 통합되면서 겨우 명맥을 유지하고 있는 실정이다.

인구의 도시 집중화는 비단 우리나라만의 현상은 아니다. 지난 200년 동안 전 세계적으로 도시 인구의 비중은 5퍼센트에서 50퍼센트까지 급증했다. 이 현상이 지속된다면, 2030년에는 도시 인구가 전체의 3분의 2를 차지할 것이라는 전망이 나오고 있다. 이러한 도시화는 최소한 보건적 측면에서 뚜렷하게 상반되는 명암 효과를 만들어낸다. 경제적 수준이 뒷받침된다면 보다 나은 위생 환경과 보건 서비스 같은 보건 공공재 혜택으로 감염병의 위험을 줄일 수 있다. 반면 경제 수준이 낮을 경우 열악한 위생 환경과 인구 밀집으로 인해 수인성 질병과 호흡기성 질병의 급속한 확산을 부추길 수 있다.

오늘날 도시화가 가장 급속히 진행되고 있는 지역은 아프리카와 아시아 저개발국들이다. 아프리카 도시 인구는 1950년대에 비해 3배나 증가했고, 아시아에서도 두 배나 증가했다. 세계보건기구에 따르면, 전 세계적으로 도시 거주민 중 약 6억 명은 열악한 위생 환경에서 살아가고, 1억 3,700만 명이 제대로 된 식수조차 제공받지 못하고 있다고 한다. 이러한 환경 조건은 설사병이나 수인성 감염병의 창궐을 초래한다. 이 상황은 사하라사막 이남 지역 도시들 사이에서 특히 심각하다.

예를 들면, 나이지리아 이바단의 경우 거주민의 3퍼센트만이 안전한 식수를 공급받고 있는 실정이다.

또한 저개발국에서의 도시화는 심각한 쓰레기 문제를 초래한다. 이들 도시의 빈민가 지역은 행정력이 제대로 미치지 못하여 공터나 거리 구석구석마다 쓰레기가 산더미처럼 쌓여있다. 쓰레기가 쌓이면 감염병 매개 곤충의 서식처를 제공하고, 설치류가 득실거릴 수 있는 환경이 만들어질 수 있다. 버려진 깡통, 플라스틱병, 타이어 바퀴 등은 뎅기열, 황열, 치쿤구니야Chikungunya 등을 매개하는 흰줄숲모기의 서식처가 될 수 있다. 따라서 열대 및 아열대 도시 지역에서 모기 번식이 증가한다.

이런 지역들은 면역이 없는 인구의 유입, 불결한 위생 환경, 인구 밀집, 관광객 같은 유동 인구의 증가 등과 맞물려 황열이나 뎅기열 유행의 온상지가 됨으로써 모기 매개 감염병의 유행이 수면 위로 떠올랐다. 2016년 동남아 지역 도시들을 중심으로 뎅기열 발생이 크게 증가했던 것이 대표적인 사례다. 그리고 2007년 인도네시아 뎅기열 환자 12만여 명 중 2만 5,000명이 대도시 자카르타에서 발병했다. 2000년대 중반 이후 치쿤구니야 열병이 인도양 해안 도시를 중심으로 확산하고 있는 것도 부분적으로는 이러한 요인이 작용한 것으로 보인다.

대도시는 인구 밀집과 대중교통 발달, 공동 활동 공간의 증가 등으로 수많은 사람들이 직·간접적으로 접촉할 수 있는 기회가 많다. 이러한 도시 환경은 인플루엔자, 홍역, 결핵 등 호흡기 질병이나 전염성이 강한 감염병의 유행을 촉발시킬 수 있다. 인구 밀집이 빈곤과 결합할 경우 감염병 유행의 정도가 더 높아진다. 예를 들어, 인구 500여만 명이 거주하는 파키스탄 최대 도시인 카라치의 빈민가에서는 폐결핵의 유행률이 10만 명당 329명으로, 이 나라 평균 수치인 10만 명당 171명보다 거의 두 배나 높다. 특히, 국제 교류가 활발한 대도시의 경우 순식간에 전 세계로 감염병을 퍼트릴 수 있는 위험성이 있다.

중국 남부 광둥성 지역은 과거부터 팬데믹을 초래한 아시아 독감, 홍콩 독감 등 신종 인플루엔자바이러스의 출현과 사스 출현의 근원지였다. 이 신종 바이러스가 세계적으로 확산되는 거점을 마련해준 것은 광둥성 중앙에 위치한 홍콩이었다. 홍콩은 인구가 밀집된 대도시에다가 아시아와 다른 대륙을 연결하는 국제 교류의 허브 역할을 하는 국제 도시이기 때문이다. 사스는 광둥성에 거주하는 한 명의 감염자가 홍콩을 방문하면서 국제적 확산의 도화선을 제공했다. 대도시는 생활의 편리함을 제공하기도 하지만, 도시 인구 밀집 자체가 유행병을 배양하는 인큐베이터가 될 수 있다.

동물 바이러스 배양실, 축산 농장

우리나라는 1년 동안 1인당 평균 몇 개의 달걀을 소비할까? 2018년 기준 1년 동안 국내에서 소비되는 달걀 양은 약 140억 개, 1인당 268개 정도를 소비한다. 2000년에는 1인당 184개를 섭취한 것보다 달걀 섭취량이 148퍼센트 증가했다.

1980년대 이후 국내 육류 소비량은 매년 비약적으로 증가하고 있다.

농림축산식품부 통계 자료에 따르면, 2018년 1인당 평균 육류 소비량은 53.9킬로그램으로 1980년 11.3킬로그램보다 무려 4.8배나 급증했다고 한다. 육류별로 보면 닭고기 소비 5.9배2.4→14.2킬로그램, 쇠고기 소비 4.9배2.6→12.7킬로그램, 돼지고기 소비 4.3배6.3→27킬로그램가 증가했다.

이러한 현상은 비단 우리나라에만 국한되는 것이 아니다. 세계식량농업기구 통계에 따르면, 2009년 전 세계 육류 생산량은 2000년보다 평균 22퍼센트나 증가했다. 가금육 생산량은 35퍼센트로 가장 가파르게 증가하고 있다. 중국 등 아시아 국가들의 경제 성장이 두드러지면서 중산층 인구 증가로 이 국가에서의 동물성 단백질, 즉 육류 수요가 비례적으로 급증하고 있다. 이러한 수요 증가에 부응하기 위해서는 동물성 단백질의 공급, 즉 축산업의 발전이 필수적으로 동반되어야 한다.

마당에서 몇 마리 가축을 키우는 방식으로는 중산층 인구 증가에 따라 급증하는 육류 수요를 감당하지 못한다. 그래서 위생적이고 안전하게 육류를 대량 공급하기 위해 현대화된 사육 시설에서 대규모 밀집 사육을 할 수밖에 없다. 국가 경제가 급속히 발전하고 있는 베트남, 인도네시아, 태국 등에서는 중산층의 증가와 육류 소비 증가 수요를 맞추기 위한 대규모 축산농가들이 매년 급속히 증가하고 있다. 이미 시구적 경제 규모로 성장한 우리나라의 농가 대부분은 돼지는 수천 마리, 닭은 수만 마리 이상을 키우는 기업형 축산 농가다.

대규모 가축 사육 농가들에서는 사료 공급이나 가축 출하 등으로 쉴 새 없이 차량과 사람들이 농장을 드나든다. 마당에서 몇 마리 가축을 키우는 영세 농가와는 비교할 수 없다. 그래서 이러한 가축 사육 환경은 바이러스가 이 농장에서 저 농장으로 옮겨 다닐 수 있는 이상적인 여건을 제공한다.

가축에게 치명적인 바이러스가 발생할 경우 발생 농장은 바이러스를 마구 찍어내는 바이러스 공장으로 돌변한다. 그래서 발생 농장을 신속하게 방역하고 소독해서, 위험한 바이러스가 농장 바깥으로 누출되는 것을 차단하지 않으면 주변 축산 농장을 오염시키게 되고, 최악의 경우 전국으로 감염병이 확산될 수 있다. 방심하면 한순간에 돌이킬 수 없는 것이 가축 농장 방역이다.

2016년 조류 인플루엔자가 발생했을 때를 살펴보면 2016년 11월 16일부터 2017년 4월 4일까지 140일 동안 전국 37개 시·군에서 383건이 발생했고, 946개 농가의 가금류 3천 787만 마리가 살처분되었다. 당시 산란계 농장 피해가 극심해 달걀 공급량 부족으로 달걀 파동 사태를 맞았다. 2016년 12월 말 달걀 한 판 가격이 1만 원을 돌파했고, 이로 인해 가금 농장은 물론 관련 업계와 소비자들의 피해가 극심했다.

2020년에서 2021년으로 넘어오는 겨울 기간 또 다시 그 악몽이 재현되고 있다. 조류 인플루엔자 발생으로 3천만 마리가 넘는 닭과 오리가 살처분되었으며, 특히 산란계 농장의 피해 증가로, 한국농수산식품유통공사aT와 농산물유통정보 사이트KAMIS에 따르면 2021년 2월 9일 특란 30개 평균 가격은 7천 476원으로 한 달 전 6천 116원에 비해 22퍼센트, 1년 전 5천 219원보다 43퍼센트 올랐다.

가축의 감염병은 사람에게 직접 위해를 가하지 않는다 해도, 육류

고기 수급에 커다란 차질을 주기 때문에 축산물과 가공 부산물의 가격 상승을 부추긴다. 또한 일반 국민의 소비 심리를 위축시키고, 관련 식당이나 업계의 침체로 파산과 도산을 연쇄적으로 일으킨다. 이처럼 가축의 치명적인 감염병 유행은 식량 안보와 직결되는 문제를 야기하므로 결코 가벼운 문제가 아니다.

쉬어가는 페이지

영화 소재로 애용되는 '좀비 바이러스'의 실체는?

어릴 적 한여름 밤, 이불을 덮어쓰고 보았던 납량특집 드라마 '전설의 고향'은 소복을 입고 공중을 날아다니는 귀신을 보면서, 더위를 잊는 오싹한 정신적 피서 방법이었다. 어두운 밤, 시골길을 가다 묘지 옆 나무에 하얀 비닐을 보고 순간 소복 입은 귀신이 떠올라서, "걸음아, 나 살려라!" 하며 달린 기억이 있다. 시대적 분위기에 맞게 공포영화 주인공인 귀신은 다양한 캐릭터로 변해왔다.

최근 공포영화에서 단골 소재로 등장하는 공포의 대상 중 하나는 '좀비살아있는 시체'다. 우리가 보아왔던 귀신이 '실체가 없는 영혼'이라면, 좀비는 '실체가 있는 귀신'이라고나 할까? 일반적으로 영화에 등장하는 좀비는 총에 맞아도 죽지 않고, 몰려다니면서 인간을 사냥하는 집단성을 보여준다. 과거에 드라마에서 보아왔던 귀신은 대개 특정 대상을 목표로 한다는 점과 차이가 있다.

좀비를 다룬 영화 중 <좀비 바이러스>는 특히 관심을 가지고 본 영화 중 하나이다. 영화 제목처럼, 바이러스에 걸려 좀비 인간이 될 수 있을까? 바이러스의 본질적 측면에서 보면, <좀비 바이러스>는 현실 상황에서 존재할 수 없다. 바이러스는 절대적으로 살아있는 생물체인 숙주에서만 서식하기 때문이다. 시체 안에 바이러스가 감염 능력을 가진 채 있을 수는 있지만, 시체의 죽은 세포에서 바이러스가 증식할 수는 없다.

좀비는 시체이기는 한데, 영혼을 가지고 있다. 물론 영화이기 때문에 가능할 것이다. 뇌사 상태와 같이, 살아있으되 영혼이 없을 수는 있다. 그러나 현실적으로 시체에 영혼이 있을까? 불가능하다. 영화에서 그리는 좀비는 영혼이 있다고는 하지만 이성적 판단이 결여된 상태인 동물 본능적 상태를 보여주고 있다. 그러므로 영화에 등장하는 좀비는 살아있으되 산 것 같지 않은 인간의 모습이 투영된 것으로 볼 수 있다. 그런 경우라면 좀비 바이러스는 존재할 수 있을 것이다.

영화에서 좀비는 대개 인간을 할퀴고 물어뜯는 신경 증상을 보인다. 이러한 병증은 신체 부위 중 뇌 부위 손상이나 뇌 기능 장애로 인해 나타난다. 즉 좀비 바이러스는 뇌 조직에 침투하여 증식하는 신경계 바이러스로 정의할 수 있겠다. 또한 좀비들은 어둠 속에서 활동을 왕성하게 개시한다. 일본뇌염, 공수병이나 광견병 등 사람과 동물에게 신경성 질병을 일으키는 바이러스들이 많다. 그중에서 좀비 감염 경로와 임상 증상 측면에서 볼 때, 가장 유사한 증상을 보이는 감염병은 공수병이다.

공수병은 개, 너구리 같은 감염동물에게 물리거나 할큄을 당했을 때 피부 상처를 통해 걸리는 감염병이다. 일단 바이러스가 피부 상처를 통해 들어가면 신경 조직을 타고 뇌 조직 부위로 올라간다. 감염 부위에 따라 수주에서 수개월이 걸릴 수 있다. 공수병 환자나 광견병 반병 동물은 물어뜯기 등과 같은 공격적 행동을 보이고, 물을 삼키면 엄청난 목의 통증이 나타나기 때문에 물에 대한 공포감을 가지게 되며, 빛의 자극에 공포감도 가지고, 심한 경우 근육 경련과 같은 행동을 보인다. 사람이 공수병에 걸릴 경우 신속히 예방 백신 접종을 받지 않으면 100퍼센트 사망에 이르게 되는 매우 끔찍한 감염병이다. 그러므로 개한테 물리면 무조건 예방접종 등 치료를 받아야 한다.

영화는 영화일 뿐이다. 그러나 영화를 통해 비춰지는 좀비는 어찌 보면 우리가 생각하는 대로 이상적인 삶을 살아가는 것이 아니라 바쁜 일상에 쫓겨 다람쥐 쳇바퀴 굴러가듯이 살아가는, 또 살아가기 위해 버둥거리며 생존 경쟁에 내몰린 우리 대중들의 자화상을 투영한 것이 아닐까?

NEW VIRUS SHOCK

NEW VIRUS SHOCK

사소한 일을 하면서도 위대한 일을 설계하라.
그래야 모든 일이 제대로 이루어진다.
-미래학자 앨빈 토플러-

제4장

21세기 새로운 패러다임 팬데믹, 인류의 지속가능성을 위협하다

01 | 바이러스 팬데믹의 어두운 그림지
02 | 꺼지지 않는 지구촌 바이러스 유행의 불씨
03 | 급속하게 꺼지고 있는 바이러스 폭풍

01
바이러스 팬데믹의 어두운 그림자

잊혀진 역사, 천연두(두창)와 우역

오늘날을 사는 우리는 운이 좋게도 과거 어느 세대보다도 치명적인 감염병의 위협으로부터 훨씬 안전한 세상에 살고 있다. 과학과 의학의 눈부신 발전으로 치명적인 감염병을 예방하기 위한 각종 예방 백신과 다양한 치료제들이 즐비하다. 과거에 비해 풍족한 생활, 개선된 위생 환경 그리고 발달한 의료 기술로 오늘날, 우리나라에서 감염병으로 인한 영아 사망 위험 때문에 주민등록을 미루는 일은 일어나지 않는다.

세계은행이 발표한 자료에 따르면, 2019년 기준 영유아 사망률5세 미만 영아 1,000명당 사망자 수이 5명 이하인 양호한 국가가 39개국이라고 한다. 이들 국가는 경제적으로 풍족한 생활을 영위하는 선진국들이다. 매우 흥미롭게도, 세계를 주름잡는 3대 강대국인 미국6.5명, 중국7.9명, 러시아5.8명는 이 범주에 들지 않는다. 우리나라 영유아 사망률은 3.2명

상위 19위으로 매우 양호하다.

반면, 영유아 사망률 50명이 넘어 보건 문제가 심각한 국가들이 37개국에 달한다. 이들 국가들은 가난과 기아에 허덕이는 극빈층이 다수를 차지하는 최빈국들이다. 그래서 세계의 빈부 격차를 적나라하게 보여주는 지표 중 하나가 바로 이 영유아 사망률이다.

영유아 사망률이 가장 심한 지역은 어디일까? 예상한 대로 영유아 사망률이 최악인 상위 10개국이 모두 아프리카 국가들이다. 심지어 영유아 사망률이 100명이 넘는 매우 심각한 국가에는 나이지리아117.2명, 소말리아117명, 차드113.8명, 중앙아프리카 공화국110.1명, 시에라리온109.2명이 있다. 이들 지역은 내전전쟁과 감염병 창궐로 기아와 빈곤에 허덕이고 있다. 북한도 영유아 사망률 17.3명으로 심각한 상황에 직면해 있다.

2019년 5세 미만 영유아 사망률

순위	국가/지역	사망률(사망/1000명 출생)	순위	국가/지역	사망률(사망/1000명 출생)
1	나이지리아	117.2	184	일본	2.5
2	소말리아	117	185	싱가포르	2.5
3	차드	113.8	186	에스토니아	2.4
4	중앙아프리카 공화국	110.1	187	핀란드	2.4
5	시에라리온	109.2	188	노르웨이	2.4
6	기니	98.8	189	키프로스	2.3
7	남수단	96.2	190	몬테네그로	2.3
8	말리	94	191	슬로베니아	2.1
9	베냉	90.3	192	아이슬란드	2
10	부르키나파소	87.5	193	산마리노	1.7
…					

〈출처: WORLD BANK〉

지금은 이해하기 힘들겠지만, 해방 전에 태어난 세대에서는 실제 태어난 날과 호적상 생일이 다른 경우가 많았다. 그 당시는 가난으로 인한 굶주림과 위생 환경 불량 등으로 각종 감염병이 창궐하여 신생아 사망률이 높았던 시절이었다. 그래서 태어난 아이가 어느 정도 기일이 지나서도 살아있으면 그때서야 비로소 호적에 올리던 풍습이 있었다.

과거 우리 조상이 가장 공포스럽게 여긴 것은 전쟁과 호환 그리고 '마마'라 불리는 감염병 창궐이었다. 마마 귀신은 우리 조상들이 가장 두려워했던 감염병, 천연두두창였다. 천연두두창는 기원후 6세기경, 마한 시대에 한반도에 유입된 것으로 추정될 만큼, 우리나라 역사에서도 가장 오래된 감염병 중 하나가 아닐까 싶다. 당시 치사율이 30퍼센트에 달했던 공포의 감염병, 천연두는 특히 어린 아이에게 발생할 경우 둘 중 한 명은 살아남지 못하는 매우 치명적인 감염병이었다.

천연두에 걸렸다가 살아남더라도 얼굴에 심한 흉터가 남는 등 그 후유증은 실로 끔찍했다. 신라 '처용가'에서 처용이 제발 물러나라고 노래를 불렀다는 역신이 '천연두'라는 설이 유력하다. 역사 드라마에서 가끔 접하는, 마을에 여기저기 시신을 매장하고 집을 불태우는 장면도 아마도 천연두 창궐로 인한 참상을 그린 광경일 것이다.

먼 과거의 이야기가 아니라 불과 60여 년 전, 한국전쟁 기간 중에도 4만 명 정도가 천연두에 걸렸던 것으로 기록되고 있다. 다행히도 천연두 박멸을 위한 예방접종 사업으로 1960년에 발생한 3명의 천연두 환자를 마지막으로 우리나라에서 천연두는 자취를 감추었다.

1980년 5월 8일, 세계보건기구는 전 세계적으로 천연두가 완전히 퇴치되었다는 역사적인 박멸 선언을 했다. 천연두는 인류의 의지와 노력에 의해 지구상에서 완전히 퇴치된 최초의 바이러스 감염병이다. 천연두, 이제는 과거의 일이다.

홍미롭게도 인류의 의지에 의해 지구상에서 완전히 사라진 가축 바이러스도 하나 있다. 일반인들에게는 생소한 소의 치명적 역병, 우역이다. 2011년 5월 세계동물보건기구가 공식적으로 전 세계 박멸 선언을 했다. 우역은 전염력이 강한데다 일단 감염된 소는 살아남지 못하는 매우 치명적인 감염병이다. 소를 사육하는 농가에서는 가장 공포스러운 감염병이었다.

우역은 오래전부터 아시아에서 창궐하던 소 역병이었는데, 이 바이러스가 20세기 들어서면서 유럽과 아프리카아프리카 소와 물소 수천만 마리를 떼죽음으로 몰아간 질병에서 크게 퍼졌다. 이 사건은 식량자원 공급에 심각한 차질을 가져와 국제적 식량안보 이슈로 부각되었다. 이 문제를 해결하기 위한 국제 공조와 국제 협력의 일환으로 1924년 프랑스 파리에서 창설한 조직이 바로 세계동물보건기구이다.

사실 조선시대 한반도도 우역으로부터 자유롭지 못했다. 1870년대 만주 지역을 경유해서 한반도에 유입된 것으로 추정되며, 특히 한반도 북부에서는, 마을의 소들을 떼죽음으로 몰아가는 일이 비일비재했다. 그래서 몇 년 간격으로 우역이 유행하기 시작하면 집안 경제의 기둥이던 소를 잃는 농민들이 속출하면서 그 지역 민심이 흉흉해질 정도였다.

인간의 의지에 의해 지구상에서 사라진 사람 감염병천연두과 소 감염병우역이 마지막으로 자취를 감춘 지역이 모두 아이러니하게도 아프리카 지역이었다. 천연두와 우역을 지구상에서 몰아낼 수 있었던 것은 '백신에 의한 집단면역'이라는 인간의 무기가 있었기에 가능했다.

의학과 과학의 발달로 백신과 항생제, 치료제가 개발되기 시작하면서, 수천 년 동안 이어져 내려온 천연두 등 치명적인 바이러스의 공포로부터 해방되었다. 그리고 인류 스스로의 노력으로 위협적인 바이러스들을 지구상에서 제거할 수 있으리라는 희망을 가지게 되었다.

그러나 천연두가 사라지기 오래전부터, 이미 천연두를 대체할 새로운 주인공은 불씨를 서서히 키우고 있었다. 인류가 전혀 낌새를 차리지 못하는 사이에 은밀하고 광범위하게, 그것도 천연두가 지구상에서 마지막 모습을 보였던 아프리카 지역으로부터!

새로운 주인공, 인간면역결핍바이러스(HIV)

1981년 6월 5일, 미국 질병통제센터(CDC)가 발행하는 보건 주간지에 한 이례적인 면역결핍 환자를 소개하는 사례 논문이 게재되었다. 이 환자들은 1980년 10월부터 1981년 5월까지 미국 로스앤젤레스 지역 3개 병원에서 입원한 29세에서 36세의 남자들로서, 건강한 사람에게는 거의 발병하지 않는 폐포자충 폐렴Pneumocystits carinii pneumonia을 앓고 있었다.

이 폐렴은 일반 폐렴과 달리, 면역 기능이 심하게 손상된 환자에게 발생할 수 있는 흔하지 않은 폐렴이라 건강해 보이는 남자들 사이에서 연이어 발생한 것 자체가 매우 이례적인 것이었다. 이 환자들의 공통점은 남성 동성애자라는 것이었고, 건강한 사람에게는 잘 걸리지 않는 사이토메갈로바이러스 폐렴과 칸디다 진균증과 같은 합병증도 심하게 앓았다는 것이다. 바로 이 논문이 전 세계에 후천성면역결핍증 환자의 발생을 알린 역사적인 사례 보고 논문이 되었다.

당시 사례를 보고한 의사들은 면역기능 장애가 발생한 환자 사례라고 지적했다. 비슷한 시기에 미국 뉴욕과 캘리포니아 남성 동성애자들 사이에서 또 다른 면역결핍 사례가 보고되었다. 1981년 말까지 미국에서 면역결핍 환자 사례들이 급증하여 270건이 발생하였고 그중 121명이 사망했다. 면역세포인 T 세포를 심하게 파괴시키는 새로운 괴질이 출현하여 확산되고 있음이 분명했다. 1982년 미국 질병통제센터는 이 괴질을 후천성면역결핍증acquired immune deficiency syndrome, AIDS, 에이즈라고 명명했다.

1983년에 드디어 에이즈를 일으키는 범인이 밝혀졌다. 그 이전에 알려진 적이 없었던 신종 레트로바이러스, 즉 인간면역결핍바이러스HIV였다. 범인을 밝힌 주인공은 프랑스 파스퇴르연구소 뤼크 몽타니에Luc Montagnier와 프랑수아 바레 시누시Françoise Barré-Sinoussi였다. 이들은 이 바이러스를 발견한 공로를 인정받아 2008년 노벨생리의학상을 공동 수상했다.

이 바이러스 기원 및 확산에 대한 미스터리가 1999년 이후 서서히 하나씩 풀리기 시작했다. HIV는 원래 아프리카 열대우림 영장류들,

특히 침팬지가 가지고 있던 바이러스였다. 병원에 보관된 과거 혈액을 꺼내 역추적 조사를 했을 때 심지어 1959년 아프리카 콩고 지역의 한 남성 보관 혈액에서도 HIV가 검출되었다. 최소한 1959년 이전에 이미 인간으로 이 바이러스가 넘어온 것이 틀림없어 보였다. 아마도 1920년대 콩고민주공화국 킨샤사 지역에서 야생동물예: 침팬지을 사냥해서 파는 부시미트를 통해 우연히 전염되었으리라는 설이 유력하다.

HIV는 감염자의 혈액이나 체액에 들어있는 바이러스가 상처를 유발하는 성관계, 수혈이나 오염된 주사기 사용, 감염자 혈액 수혈지금은 미리 체크하기 때문에 이 문제는 사라짐 등을 통해 다른 사람에게 감염된다. 면역세포CD4+를 가진 헬퍼 T 세포, 대식세포, 수지상 세포 등가 감염 표적 세포이다. 초기에는 체중이 감소하고 마른기침, 만성 설사, 만성 기침, 피로감 호소 등을 일시적으로 보인다. 그 후 증상은 사라지고, 잠복 상태6개월에서 최대 15년, 평균 10년 이내에서 세포 독성 T 세포가 감염 헬퍼 T 세포CD4+ T 세포를 인지하여 파괴시킴으로써 면역체계를 무너뜨려면역결핍 기회감염정상적으로 감염되어도 문제 되지 않으나 면역결핍 때 병증을 나타내는 감염이 쉽게 일어나게 만든다. 가장 흔하게 걸리는 기회감염은 결핵이다.

인간면역결핍바이러스(HIV)를 발견한 공로로 노벨상을 받은 와 프랑수아 바레 시누시(좌)와 뤼크 몽타니에(우)
〈출처: 위키백과〉

우리나라 질병관리청 자료에 의하면, 1985년 에이즈 환자가 처음으로 발생한 이후 매년 환자 수가 꾸준히 늘어 2013년 누적 1만 명을 넘어섰다고 한다. 우리나라 에이즈 환자 수2017년 인구 10만 명당 0.3명와 감염자 수(10만 명당 2.0명)는 다른 나라에 비해 매우 낮은 수준이기는 하지만 여전히 안심할 수 있는 단계는 아니다. 2019년 신규 환자가 1,222명으로 대부분 성 접촉을 통해 감염되었으며, 20·30대가 전체 감염자의 63.7퍼센트를 차지했다.

긴 잠복기 동안에도 감염이 이루어질 수 있는 스텔스 바이러스 HIV는 천연두두창가 사라진 빈자리를 차지하며 20세기 말 최악의 감염병으로 등극했다. 세계보건기구에 따르면, 2018년 말 기준 전 세계 3,790만 명이 HIV 보균자로 살아가고 있다고 한다.

에이즈가 가장 심각한 지역은 아프리카 사하라사막 이남 지역이다. 이 지역은 2017년 기준 전 세계 HIV 보균자의 71퍼센트, 에이즈 관련 사망자의 75퍼센트, 신규 감염자의 65퍼센트를 차지한다. 이 지역 국가들은 열악한 경제 상황과 사회 불안정으로 자체적으로 에이즈를 치료·관리할 엄두를 내지 못한다. 에이즈는 빈곤한 국가 재정을 더욱 악화시키고, 가난한 자들을 더욱 더 빈곤의 궁지로 몰아넣는 악순환의 한 축을 형성한다.

유엔UN은 2030년까지 새천년개발목표Millennium Development Goals, MDGs의 하나로 세계적 보건을 위협하는 에이즈를 근절하기 위해 에이즈 퇴치 노력을 강화하고 있다. 특히 1990년대 중반 이후 다양한 항레트로바이러스 치료 요법이 개발되고 있으며, 지속적으로 치료제 성능이 개선되어 이제 에이즈는 충분히 관리 가능한 만성 감염 질병 수준이 되었다. 그리고 HIV 보균자에 대한 항바이러스 치료 지원이 매년 급증하고 있다. 그 덕분에 선진국에서 에이즈로 인한 사망자는 급격히 줄어들고 있다.

유엔에 따르면, 전 세계적으로 항바이러스 치료 혜택을 받는 HIV 보균자는 2005년 220만 명, 2010년 750만 명, 2018년 약 2,400만 명 등 매년 급증하고 있다고 한다. 그 결과, 2019년 HIV 신규 감염자 수는 전 세계 170만 명으로 2010년보다 39퍼센트 감소했다. 에이즈 관련 사망자도 2004년 200만 명, 2014년 120만 명, 2018년 77만 명 등 매년 급격하게 줄어들고 있다.

우울한 소식은 2020년 세계 각국이 코로나19 팬데믹 사태에 총력 대응하는 바람에 아프리카 지역 등에 대한 에이즈 자금 지원 조달에 심각한 영향을 미치고 있으며, 이로 인하여 제대로 치료받지 못하는 환자들이 증가하고 있다는 것이다. 유엔에 따르면 2020년과 2021년 HIV 치료 지연으로 에이즈 관련 사망자가 추가적으로 50만 명이 증가하여 2008년 수준으로 되돌아갈 조짐을 보이고 있다고 한다. 또 다른 우울한 소식은 세계적으로 신규 감염 및 에이즈 관련 사망자는 줄어드는 추세에 있으나 동유럽·중앙아시아2010년 대비 72퍼센트 증가, 중동 및 북아프리카22퍼센트 증가, 남미21퍼센트 증가에서는 오히려 신규 감염자가 증가하고 있다는 것이다. 아직 갈 길이 멀다.

아무것도 만지지 마라

2020년 코로나19 팬데믹이 장기화되면서 사회적 거리두기 조치가 길어지고 있다. 그로 인해 지인들과의 사적 만남이 제한되다 보니, 일과가 끝나는 저녁이면 여유가 있어도 너무 있다. 그러다 보니 자연스레 습관처럼 집에서 독서와 영화를 즐기게 된다. 모바일 영화 어플리케이션을 통해 그동안 보지 못했던 영화를 섭렵하게 된다. 영화광으로 만드는 이러한 상황은 비단 필자에게만 일어난 게 아닐 것이다.

사회적 거리두기가 장기화되면서 집에서의 영화를 보는 사람들이 폭증하고, 2020년 한 해 동안 여태껏 크게 주목을 받지 못했던 감염병 영화들이 안방극장을 뜨겁게 달구었다. 아무래도 감염병 사태의 격랑 속에 살아가다 보니 누구나 한 번쯤은 자연스레 관심이 갈 수 밖에 없었으리라. 감염병 영화 중에 최고의 작품을 꼽으라면 필자는 주저 없이 선택하는 영화가 있다. 2011년 국내에 개봉되었던 스티브 소더버그 감독의 감염병 팬데믹을 다룬 영화 〈컨테이전〉이다.

이 영화 개봉 당시 바이러스 전문가 본능이 발동하다 보니, 관객으로서 작품을 즐긴다는 생각보다는 영화에서 신종 바이러스가 어떻게 출현해서 어떻게 감염병 사회를 만드는지가 궁금했다. 그래서 주말에 혼자 영화관에 가서 관람석에 앉아 영화에 집중하면서 세심하게 보았다. 전체적인 흐름이 다소 지루하긴 했지만 미래에 닥칠 위험에 대하여 현실적으로 잘 묘사했다는 점에서 깊은 인상을 받았다.

이 영화에서는 인류에게 치명적인 신종 바이러스바이러스 X가 등장한

2011년 개봉된 감염병 재난 영화 〈컨테이전〉

다. 그 가상의 바이러스는 'MEV-1'이라 이름 붙여졌다. 그런데 실제로 그 이듬해인 2012년 사우디아라비아에서 놀랍게도 비슷한 이름의 치명적인 신종 바이러스인 메르스바이러스가 등장했다. 이 바이러스는 2015년 우리 사회를 한동안 혼돈에 빠트렸던 주범이다.

영화에서는 감염자와 접촉하는 순간 신종 바이러스가 사람에서 사람으로 퍼져나간다. 아무것도 만지지 마라! 영화가 내세우는 캐치프레이즈다. 코로나19 팬데믹 시대에서 만지거나 접촉하지 말라는 현실 사회의 경고가 가득한 분위기에서 이보다 더 피부에 와 닿는 말이 있을까? 필자가 바이러스 강연을 다닐 때면 자주 이 영화의 마지막에 나오는 짧은 장면을 소개하곤 한다. 신종 바이러스가 어떻게 출현하는지를 보여주기에 이보다 더 좋은 영상이 없을 정도로 완벽하기 때문이다.

이 영화에서는 신종 바이러스 MEV-1이 출현하는 과정을 어떻게 표현했을까?

홍콩 주변의 한 밀림 지역에서 벌목이 진행된다. 그곳 과일박쥐들은 졸지에 자신들의 서식지를 잃고 다른 곳으로 강제 이주하게 된다. 박쥐들이 새롭게 터전을 잡은 곳은 양돈장 인근의 밀림이다. 평소처럼 박쥐들은 밀림 바나나를 먹고 양돈장 축사의 천장에 매달려서 휴식을 취한다. 그러면서 과일박쥐는 자신의 습성대로 먹다 남은 바나나를 삼키지 않고 축사 바닥으로 내뱉는다. 그 바나나에는 박쥐 타액이 묻어있고, 거기에는 MEV-1 바이러스가 잔뜩 포함되어 있다. 바나나는 평소 돼지에게 좋은 간식거리였다. 돼지 한 마리가 과일박쥐로부터 바나나를 잽싸게 낚아채서 먹어 치운다. 그 시간에 홍콩의 유명한 호텔 요리사가 그 양돈장을 방문하여, 하필 바나나를 먹은 돼지를 요리용으로 낙점해서 데려간다. 그 요리사가 있는 호텔 식당에 마침 홍콩 출장을 온 베스 엄호프기네스 펠트로 분가 방문해서 만찬을 즐긴다. 그 요리사가 워낙 유명한 탓에, 베스는 식당을 방문한 기념으로 요리사와 인증 사진을 찍고 악수를 한다. 이렇게 바이러스 공포는 시작된다.

이 영화에서 등장하는 신종 바이러스는 원래 과일박쥐 바이러스였으며, 양돈장 돼지를 통해 요리사와 베스에게 옮겨진다. 이 같은 신종 바이러스 출현 과정은 가상의 스토리가 아니라 실제로 현실 세계에서 발생했던 것이다. 바로 1998년 말레이시아를 공포로 몰아넣었던 니파 바이러스의 출현 스토리다. 그리고 비행기를 통해 전 세계로 확산되는 과정은 2003년 사스 유행 상황과 유사하다.

경고에 그친 조류 인플루엔자

1997년 5월 9일 홍콩, 평소 건강하고 발랄했던 세 살배기 남자아이 람호이카Lam Joika는 갑자기 열이 나고 목이 아팠다. 걱정이 된 부모는 근처 의원에 데리고 갔는데 의사는 감기라며 간단하게 처방을 내렸다. 그러나 5일이 지나도록 병세는 호전되기는커녕 오히려 악화하여 폐렴 증상까지 보이자 부모는 퀸엘리자베스 병원으로 람호이카를 데리고 갔다. 의사들은 진단을 내리지 못했다. 람호이카는 호흡기 증상이 계속 악화하여 중환자실에서 산소 호흡기에 의존하기에 이르렀다. 의료진은 폐렴 치료를 위해 항생제를 투여했지만, 심각한 장기부전까지 진행되어 입원한 지 일주일 만에 결국 사망했다. 람호이카의 부모는 그렇게 건강했던 아이가 어떻게 폐렴으로 갑자기 죽을 수 있는지 믿을 수 없었다.

사망 전날, 의사들에 의해 람호이카 상기도에서 채취한 분비물이 홍콩 보건 당국에 보내졌고, 3일 뒤 그 샘플에서 인플루엔자바이러스가 검출됐다. 보건 당국은 람호이카의 사망 원인을 독감이라고 판정하고 그 결과를 병원에 통보했다. 그러나 보건 당국의 바이러스 분석팀장 윌리나 림Willina Lim 박사는 의외의 결과에 당황했다. 검출된 인플루엔자바이러스가 사람 독감 인플루엔자H1, H2, H3형 어느 것과도 반응하지 않았기 때문이었다.

그녀는 사람 독감 변종 바이러스라고 여겼다. 그 바이러스의 정체를 더는 확인할 수 없게 되자, 평소 하던 대로 전 세계 인플루엔자 유행 감시 분석을 하고 있는 세계보건기구WHO 협력센터 중 하나인 미국 질병통제예방센터CDC에 바이러스 시료를 보내 분석을 요청했다.

람호이카가 사망한 지 몇 달이 지난 여름날, 전 세계에서 몰려드는 수천 개의 샘플을 검사하는 업무를 맡은 미국 질병통제예방센터의 낸시 콕스Nancy Cox 박사는 평소처럼 밀린 인플루엔자 샘플을 조사하고 있었다. 그녀는 홍콩에서 보낸 샘플이 사람 인플루엔자바이러스와 반응을 보이지 않자, 나머지 인플루엔자 유형과 교차반응 검사를 했다. 낸시 박사는 실험 결과지를 받아들고 경악했다. 조류에서만 검출되는 H5형 바이러스였고, 사람에서 H5형 바이러스가 검출된 적이 없었기 때문이었다.

낸시 박사는 워낙 많은 시료를 검사하다 보니 혹시 모를 실험실 오염 가능성을 의심하여, 홍콩에 보관되어 있던 람호이카에게서 채취한 다른 샘플을 요청했다. 재검사 결과도 마찬가지였다. 미국 질병통제예방센터가 발칵 뒤집어졌다. 그 바이러스가 오리나 닭에서 사람으로 넘어온 것이 분명해졌다.

1918년 팬데믹을 일으켰던 스페인 독감의 악몽을 떠올렸다. 스페인 독감은 H1형H1N1이었지만, 야생 조류로부터 기원했다는 사실을 알고 있었기 때문이다. 세계보건기구는 즉각 역학조사팀을 홍콩에 파견했다.

세계보건기구 역학조사팀은 퀸엘리자베스 병원 관계자들을 조사했지만 어떠한 단서도 찾지 못했다. 람호이카 부모가 양계 관련 일을 하는 사람도 아니었다. 주치의는 람호이카가 평소 매우 건강했고 그전까지 앓은 병이 없다고 말했다. 역학조사를 하던 과정에서, 람호이카가 다니던 유치원에서 시장에서 병아리를 사다가 교실 귀퉁이에 키우며 아이들이 같이 놀았는데 며칠 만에 그 병아리들이 다 죽어버렸다는 충격적인 사실을 우연히 듣게 되었다. 즉각 묻어 둔 병아리를 꺼내 보건당국에서 인플루엔자 검사했지만 바이러스는 검출되지 않았다. 죽은 지 몇 달이나 지나 부패한 탓에 증거를 찾지 못한 것일 수도 있었다. 더는 홍콩에서 추가 감염 사례가 나타나지 않자 우발적으로 일어난 사건으로 치부하고 역학조사는 마무리되었다.

그러나 그 사태는 거기서 끝난 게 아니었다. 람호이카가 죽은 지 6개월이 지난 11월 8일, 이번에는 두 살짜리 남자아이가 독감에 걸려 입원했는데 마찬가지로 H5형 인플루엔자바이러스가 검출되었다. 다행히도 그 아이는 바로 회복되었다. 그러나 연이어 여기저기서 H5형 인플루엔자에 걸린 환자들이 발생했다. 그해 11월과 12월에 17명이 동일한 바이러스에 감염되고 5명이 사망했다.

문제의 심각성을 파악한 홍콩 당국은 홍콩 내 재래시장에서 파는 닭들을 조사했다. 결과는 충격적이었다. 그 기간에 홍콩 내 재래시장 닭의 20퍼센트가 조류 인플루엔자에 걸려 있었다. 다행히 사람 간 전염은 되지 않고, 감염 닭을 만져야 치명적인 감염이 발생하는 것이 분명해 보였다. 홍콩 내 사육하고 있는 90만 마리의 닭에 대한 도살 명령이 내려졌다.

그러한 조치가 실행되자 더는 추가 환자가 발생하지 않았다. 전문가들 사이에서 H5N1 조류 인플루엔자 인체 감염 사건을 단순히 바라봐서는 안 된다는 경고가 나오기 시작했다. 그러나 그 이후 몇 년간 조류 인플루엔자 인체 감염 사례가 발생하지 않자 이내 우려의 목소리는 잠잠해졌다.

나중에 밝혀진 사실이지만, 이 바이러스는 람호이카가 죽기 1년 전 홍콩 인근 광동성 기러기에서 처음 분리되었는데, 기러기 바이러스, 메추리 바이러스, 야생 오리 바이러스 등 세 종류의 조류 인플루엔자가 뒤섞여 탄생했다가 다음 해 초 홍콩으로 닭을 유입하면서 따라 들어온 것이었다. 1997년 홍콩 조류 인플루엔자 사건은 향후 전 세계 가금 산업에 치명타를 입힌 H5형 조류 인플루엔자 비극의 시발점이 되었다.

그로부터 6년 뒤 다시 상황이 바뀌었다. 2003년 말부터 동남아 지역 닭들 사이에 H5N1 조류 인플루엔자가 크게 유행하면서 인체 감염 사례가 나타나기 시작했기 때문이었다. 2004년 2월 12일까지 세계보건기구에 공식 집계된 H5N1 인체 감염 건수는 34건이 발생하여 23명이 사망했다. 이 중 베트남과 태국에서 25건이 보고되었으며, 19명이 사망했다. 엄청난 치사율이었다. 1997년 홍콩 사태 때처럼, 사람 간 감염 사례는 없었다. 모두 감염된 생닭과 밀접하게 접촉하는 과정에서 발생했다.

2006년 5월, H5N1 조류 인플루엔자 팬데믹의 불씨를 지피는 사건이 인도네시아에서 발생했다. 사람 간 전염이 확인된 최초의 사례가 나왔기 때문이었다. 인도네시아 수마트라 지역 쿠부 셈빌랑Kubu Sembilang 마을에 사는 37살의 여성 A는 시장에서 생닭을 팔아서 생계를 유지하고 있었다. 4월 하순 여성 A는 고열을 동반한 기침을 하기 시작했다. 날이 가도 기침은 멈출 줄 몰랐다. 그녀는 심한 독감을 앓으면서도 15살, 17살 두 아들을 데리고 4월 29일 20명의 친척이 모이는 가족 잔치에도 참석했다. 몸살이 너무 심했던 여성 A는 도저히 집안 음식을 장만하는 것을 도와줄 수 없어서 가족 모임 동안 내내 드러누워 있어야 했다. 그날 밤 두 아들과 옆 동네 카반지헤Kabanjahe 마을에 살던 남동생을 포함해서 9명이 작은 방에서 같이 하룻밤을 보내고 다시 집으로 돌아왔다. 그녀는 병세가 계속 악화하여 결국 5월 5일 사망했다. 그 일이 있은 지 3주가 지나자, 그녀와 같은 방에서 잤던 두 아들과 남동생도 심한 독감을 앓기 시작하더니, 두 아들도 결국 사망했다.

팬데믹의 어두운 그림자가 어른거리는 사건은 마을에서 연이어 발생했다. 그 마을에는 11명의 가족 친지가 모여 살고 있었다. 바로 옆집에 살고 있던 29살의 여동생 B는 사망하기 전까지 아픈 언니 A를 돌보았다. 여동생의 두 살배기 딸도 시름시름 앓기 시작하다가 결국 사망했다. 한마을에 살던 여성 A의 조카는 옆집에 살고 있었다. 그 조카도 4월 29일 가족 모임에 참석했고, 그 이후로도 수시로 수모인 여성 A의 집을 들락거렸다. 그 조카 역시 독감에 걸렸고 그를 간호하던 아버지도 독감에 걸렸다. 이들은 모두 독감을 견뎌내지 못하고 결국 사망했다. 그러나 독감에 걸린 남편을 간호하던 부인은 감염 노출 위험이 있었는데도 불구하고 다행히 독감에 걸리지 않았다. 최초 사망자 A는 원인도 모른 채 사망했지만, 인도네시아 보건 당국은 나머지 사망자에게서 조류 인플루엔자바이러스 H5N1에 걸린 사실을 확인했다.

이 사례는 사람 간 H5N1 조류 인플루엔자바이러스가 전염되는 사실을 말해주는 중요한 사건이었다. 유사한 사례가 베트남, 태국, 캄보디아에서도 발생했다. 고양이, 호랑이, 표범, 개 등 여러 포유동물에서도 치명적 H5N1 조류 인플루엔자 감염 사례들이 나타나기 시작했다. 마치 폭풍이 일기 직전과 같은 공포가 세계를 엄습했다.

이 사건이 던져준 충격은 엄청났다. 중국 남부 지역이 1957년 아시아 독감, 1968년 홍콩 독감 등 역사적으로 인플루엔자 팬데믹의 진원지 역할을 했기 때문에, 아시아 지역에서 또다시 인플루엔자 팬데믹을 재현할지도 모른다는 두려움을 갖게 만들었다. 또 다른 중요한 이유는 지금까지 닭에서 사람으로 직접적인 감염은 있었지만, 이번처럼 사람 간 전염을 일으킨 적은 없었기 때문이었다. 과거에는 전혀 경험하지

* 괄호 안의 숫자는 사망자 수

	2003	2004	2005	2006	2007	2008	2009	2010	2011	2012	2013	2014	2015	2016	2017	2018	2019
중국	1(1)		8(5)	13(8)	5(3)	4(4)	7(4)	2(1)	1(1)	2(1)	2(2)	2(0)	6(1)				
베트남	3(3)	29(20)	61(19)		8(5)	6(5)	5(5)	7(2)		4(2)	2(1)	2(2)					
태국		17(12)	5(2)	3(3)													
캄보디아			4(4)	2(2)	1(1)	1(0)	1(0)	1(1)	8(8)	3(3)	26(14)	9(4)					
인도네시아			20(13)	55(45)	42(37)	24(20)	21(19)	9(7)	12(10)	9(9)	3(3)	2(2)	2(2)		1(1)		
이집트				18(10)	25(9)	8(4)	39(4)	29(13)	39(15)	11(5)	4(3)	37(14)	136(39)	10(3)	3(1)		
터키				12(4)													
아제르바이잔				8(5)													
이라크				3(2)													
지부티				1(0)													
라오스					2(2)												
미얀마					1(0)												
네팔																	1(1)
파키스탄					3(1)												
나이지리아					1(1)												
방글라데시						1(0)			2(0)	3(0)	1(1)		1(0)				
캐나다											1(1)						
합계	4(4)	46(32)	98(43)	115(79)	88(59)	44(33)	73(32)	48(24)	62(34)	32(20)	39(25)	52(22)	145(42)	10(3)	4(2)	0(0)	1(1)

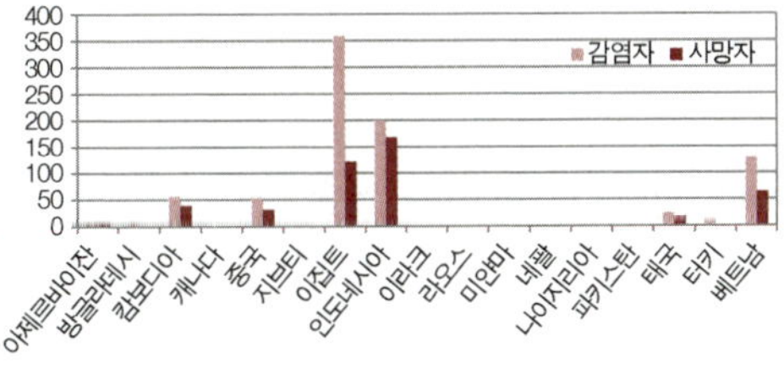

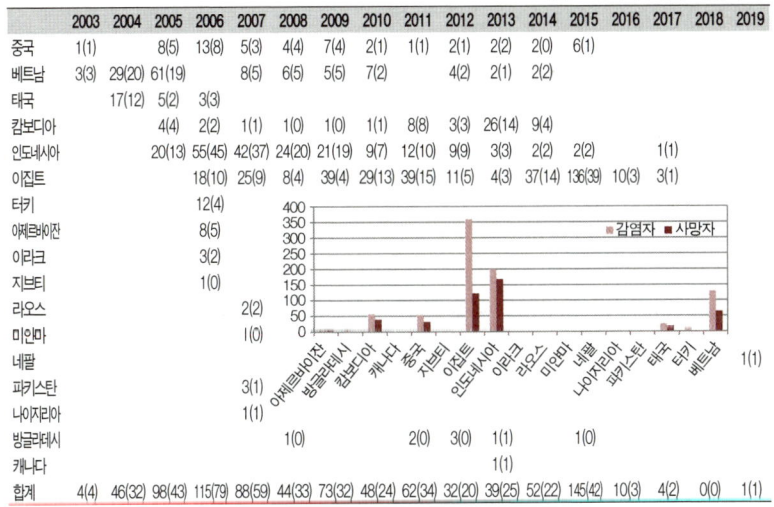

조류 인플루엔자 H5N1 감염자 및 사망자 현황
〈출처: 세계보건기구〉

않은 이 상황은 전 세계를 당황하게 만들었다.

이 바이러스가 향후 사람에게 적응하여 팬데믹으로 발전할 수도 있다는 위험 신호를 전문가들에게 다시 내보내기 시작했다. 사람 간 전염이 용이해지는 바이러스 출현은 시간문제인 것만 같았다. 언제 닥칠지 모르는 H5N1 인플루엔자 팬데믹을 대비해서 백신을 개발해야 한다는 목소리가 설득력을 얻었고, H5N1 인플루엔자 인체 백신 개발이 시작되었다. 심지어 팬데믹이라는 최악의 상황을 대비하여, 일부 국가에서는 H5N1 조류 인플루엔자 백신 항원을 비축하기도 했다지금까지 H5N1 인체용 백신이 사용된 적은 없음. 그러나 2020년까지 14년이 흐른 지금까지 17개국에서 861명이 감염되고, 그중 455명이 사망치사율 52.8퍼센트했지만, 다행히 우려하던 팬데믹은 오지 않았다.

아이러니하게도 인플루엔자 팬데믹은 H5N1 조류 인플루엔자가 문제되고 있었던 지역이 아니라 오히려 지구의 반대쪽에서 지펴지고 있었다. 바이러스 블랙스완은 항상 예측하지 못하는 극단의 영역에서 발생한다.

21세기 최초의 팬데믹, 신종플루

신종플루가 출현하기 10년 전부터 미국에서 인플루엔자바이러스에 불길한 조짐이 여기저기서 나타나기 시작했다. 신종플루의 근원이 되는 바이러스가 1998년 미국에서 처음 보고되고 난 이후의 일이다.

2005년 미국 위스콘신주 한 도축장에서 17살 청년이 독감에 걸려 앓아누웠다. 놀랍게도 그 환자에게서 당시 미국 돼지들 사이에서 돌아다니던 인플루엔자바이러스가 검출되었다. 이것이 신종플루 비극의 서막이 될 줄은 아무도 몰랐다. 그 이후 신종플루가 나타나기 전까지, 유사한 돼지 인플루엔자 감염 사례가 미국에서 11건이나 보고되었다. 미국의 여러 지역에 드리운 어두운 그림자는 결국 2009년에 사악한 모습을 드러냈다.

2009년 4월 25일, 마치 기다렸다는 듯이 공중파 방송들이 일제히 북미 지역에서 신종 독감이 급속히 확산하고 있다는 소식을 대대적으로 보도하기 시작했다. 2009년 4월 23일 멕시코와 미국 정부가 세계보건기구에 신종 독감 발생을 보고한 지 하루 만시차 고려에 벌어진 일이었다. 멕시코 보건부 장관은 멕시코시티에서 개최되는 공공장소에서 열리는 모든 행사를 금지하고 학교 휴교령을 내렸다.

신종플루는 명칭 때문에 혼선이 있었다. 처음 발생한 곳이 멕시코의 한 양돈장으로 지목되면서, 멕시코 독감으로 불리기도 했고, 그 바이러스가 돼지 인플루엔자 유래로 알려지면서 돼지독감이라 불리기도 했다지금도 일부 학자들은 돼지독감이라 부름. 그러나 국제양돈단체의 거센 반발이 이어지면서 2009년 4월 28일 세계동물보건기구OIE는 돼지에서 이 바이러스가 분리된 적이 없다는 이유를 들어 돼지독감의 표현을 적절치 않다고 발표했고, 세계보건기구WHO가 이를 받아들여 이틀 뒤 돼지독감 표현 대신 신종플루 AH1N1로 공식 명칭을 변경했다. 우리나라도 이를 수용해 지금까지 신종플루라고 부른다.

2009년 6월 11일, 스위스 제네바에 있는 국제보건기구 본부의 사무총장 마거릿 첸Maragret Chan은 신종플루 팬데믹경보 단계 6을 선언했다. 신종플루가 발생한 지 50일 만인 팬데믹 선언 당시 전 세계 74개국에서 확진자가 28,774명이 발생한 상태였다국내 확진자는 50명. 세계보건기구는 신종플루 발생 보고를 받자마자 경보 단계 3을, 확진자가 급속히 증가한 4월 27일 감염병 경보 단계 4를, 4월 29일 '대유행이 임박했음'을 뜻하는 경보 단계 5를 선언했다. 인플루엔자 팬데믹 선언은 1968년 홍콩 독감 대유행 이후 41년 만이었다. 2009년 6월 팬데믹을 선언한 직후 보란 듯이 지역 사회 유행이 폭발적으로 증가하면서 각국이 환자 집계가 불가능하게 되자, 세계보건기구는 확진자 집계를 포기했다.

H5N1 조류 인플루엔자 인체 감염 사례가 자주 발생하자 세계보건기구는 2005년 5월 이후 인플루엔자 감염병 경보 단계를 6단계로 규정하여 인플루엔자 발생 위험을 관리하고 있다. 단계 1은 동물에게만 바이러스 전염이 이루어지는 단계, 단계 2는 야생 또는 가축에서 유행하면서 사람 감염이 가능해 잠재적 팬데믹 위험이 존재하는 단계, 단계 3은 사람들 사이에서 간헐적 감염이 있지만, 매우 밀접한 접촉이 있는 상황에서만 제한적으로 사람 간 감염이 이루어져 지역 사회 유행은 일으키지 않는 단계, 단계 4는 지역에서 사람 간 전염이 이루어지는 초기 유행 단계, 단계 5는 최소 2개국에서 유행하여 팬데믹에 임박한 단계, 최고 단계 6은 다른 대륙이나 지역에서 최소한 1개국 이상 유행하는 팬데믹 단계로 위험 등급에 따라 분류하고 있다.

팬데믹 탄생의 조건, 즉 인플루엔자바이러스가 팬데믹을 일으키는

1단계	2단계	3단계	4단계	5단계	6단계
동물 내 유행	인체 감염 발생	사람 간 감염 발생	지역 내 유행	여러 지역 유행	전 세계 유행

세계보건기구(WHO) 감염병 유행 경고 등급

데는 몇 가지 공통점을 가지고 있다. 첫 번째 공통점은 팬데믹을 일으킨 바이러스는 언제나 계절 독감 변종 바이러스가 아니라, 사람에 노출된 적 없는 신종 독감 바이러스라는 점이다. 그래서 처음 출현 당시 지역 사회에 노출된 적이 없기에, 사람 면역체계에는 생소하고 위험하다. 신종 인플루엔자바이러스가 나타나기만 하면 초미의 경계 대상이 된다.

두 번째 공통점은 팬데믹 인플루엔자바이러스의 근원이 야생 조류가 가지고 있던 조류 인플루엔자바이러스라는 것이다. 야생 조류는 A형 조류 인플루엔자의 모든 아형 바이러스를 가진 자연 숙주 동물이다. 그렇다고 야생 조류 바이러스가 갑자기 사람에 출현하는 것은 아니다. 최소한 수십 년 이상 오랜 기간 소리 소문 없이 진화를 거듭하다가 어느 순간에 사람에 감염 가능한 구조로 바뀌면서 나타난다는 것이다.

마지막 공통점은 팬데믹 바이러스가 야생 조류에서 바로 닭으로 넘어와서 문제를 일으키는 것이 아니라 반드시 중간 매개 동물인 돼지를 거쳐 나타난다는 것이다. 돼지는 팬데믹을 만드는 믹서기 동물인 셈이다. 각국 방역 당국이 양돈장을 대상으로 돼지 인플루엔자 바이러스가 돌아다니는지를 계속 주시하고 감시하는 이유가 여기에 있다.

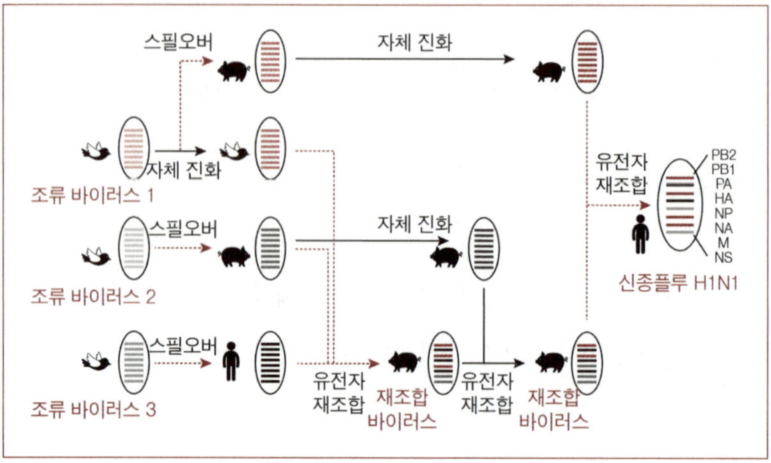

2009년 신종플루 A(H1N1)의 출현 과정: 야생 조류 바이러스가 돼지에서 정착한 다음 출현한 것으로 추정한다.

2020년 6월 29일 중국 과학자들이 미국 과학원보PNAS에 중국 돼지들 사이에 조용히 번지는 신종 돼지 인플루엔자바이러스에 대한 연구 결과를 발표했다. 코로나19 팬데믹으로 민감한 시기에 또 다른 신종 바이러스 출현이 팬데믹을 일으킬 수 있다는 우려로 전 세계 관심을 불러일으켰다.

연구팀은 2011년부터 2018년까지 중국의 10개성 도축장에서 수집한 돼지 1,000마리의 호흡기 검체를 분석했는데, 돼지에서 유행하던 인플루엔자바이러스가 신종플루 바이러스 유전자를 가진 신종 H1N1 바이러스G4EA로 2013년 중국 돼지에서 나타나서 2016년부터 급속하게 퍼졌다는 내용이었다. 일부 양돈장 인부들10.4퍼센트에서도 이 바이러스에 대한 항체 양성반응을 보였지만, 농장 인부들 상당수38.8퍼센트가 이미 신종플루 항체를 가지고 있었기 때문에 신종플루 교차반응일 가능성이 높아 큰 우려를 할 단계는 아니었다. 그러나 늘 조심해야 하고 감염 가능성에 대해 늘 감시해야 한다.

불똥이 튄 밍크 농장

신종 바이러스는 그냥 하늘에서 떨어지는 게 아니다. 신종 바이러스가 사람에 적응하고 확산되면 거기에는 관여하는 동물에 관하여 두 가지 방향으로 진화의 흐름이 존재하게 된다. 하나는 신종 바이러스가 출현하는 데 관여하는 동물에 관한 것이고, 또 다른 하나는 사람에서 확산되면서 다시 동물로 넘어가는 데 관여하는 동물에 관한 것이다. 전자는 '인수공통감염병Zoonosis'을 의미하며, 후자는 '역인수공통감염병Anthropozoonosis'을 의미한다.

2020년 코로나19도 예외가 아니다. 코로나19 바이러스 출현 과정에서 중국 윈난성 중간관박쥐가 주목을 받았다. 코로나19 바이러스가 이 박쥐 코로나바이러스의 기원으로 밝혀지면서였다. 두 번째 등장하는 동물은 천산갑이었다. 박쥐 코로나바이러스가 천산갑을 통해 사람으로 넘어온 것이 유력해 보였기 때문이다. 여기까지는 바이러스가 사람에게서 출현하는 과정에 등장한 동물들이다.

코로나19가 전 세계 전방위로 사람 간 확산하는 과정에서도 많은 동물이 등장한다. 가장 먼저 등장한 동물이 반려동물이다. 2020년 2월 초 홍콩의 한 확진자와 같이 지내던 반려견에서 코로나19 바이러스가 나왔다. 그 후 유럽과 미국에서 반려견과 반려묘에서 코로나19 양성 사례들이 나왔다. 2020년 3월 미국의 한 동물원에서는 감염된 사육사가 사자와 호랑이를 감염시키기도 했다. 남아프리카공화국에서도 감염된 조련사에 의해 퓨마가 감염되는 사례가 있었다. 이들 맹수들은 마른기침과 호흡곤란 증세를 보이기는 했지만 바로 회복되었다.

국내도 예외는 아니다. 2021년 1월 19일, 코로나19 확진자가 격리되면서 기르던 프렌치불도그수컷, 5세를 동물병원에 맡기는 과정에서 검사를 통해 발견되었다. 며칠 뒤 경남 진주 국제기도원 집단 감염 사례를 역학 조사하는 과정에서 고양이 한 마리가 코로나19 양성 판정을 받았다. 이러한 상황 속에서 동물에서 사람으로의 감염 위험과 반려동물 사이에서의 순환 감염의 우려가 나오기도 했다. 그럴 가능성은 거의

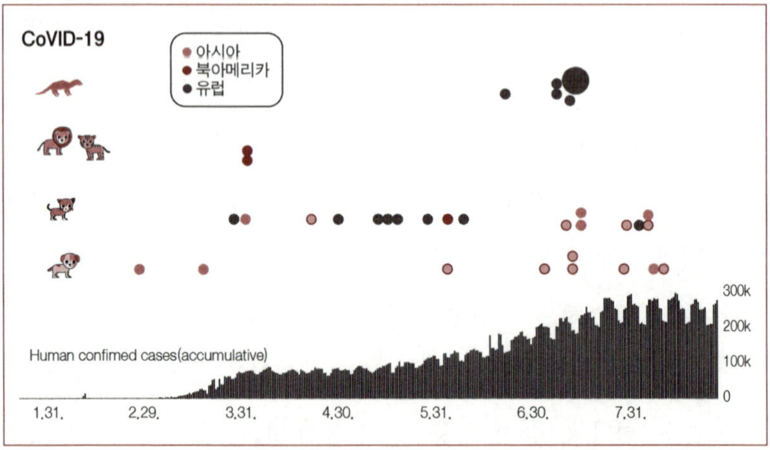

2000년 코로나19 팬데믹으로 사람들 사이에서 대유행하는 과정에서 사람으로부터 감염된 동물들

없지만 확진자가 동물과 접촉한다든가, 동물 간 밀접 접촉하는 것은 피하는 게 상책이다.

동물 감염과 관련된 문제는 다른 곳에 있다. 동물이 코로나19 바이러스 감염에 취약한 데다가 3밀밀집, 밀접, 밀폐 조건이 만들어지는 환경에서는 상황이 달라질 수 있다. 우려한 일은 뜻밖에 인간의 옷을 만들기 위해 밍크를 대량 사육하는 농장에서 나타났다. 밍크는 코로나19 바이러스에 취약한 족제비과 동물이다.

처음 밍크 농장에서 감염 증상이 발생한 것은 유럽에서 코로나19가 거침없이 확산되던 2020년 4월 말이었다. 2020년 4월 23일, 네덜란드에 있는 밍크 농장에서 집단 사육하는 밍크들 사이에 호흡기 증상이 나타나기 시작했다. 역학 조사 결과 최초 감염 밍크 발생 농장에 근무하던 농장 인부 한 명이 4월 1일부터 호흡기 질환을 앓았으며 이어 같이 일하던 인부에게도 옮겼다. 그러나 코로나19 검사를 받지 않았던 것으로 나타났다. 실제 바이러스 검사 결과 농장 인부와 밍크에서 거의 동일한 코로나19 바이러스가 검출되었다.

2020년 4월 25일, 두 번째 밍크 농장에서도 유사한 사례가 발견되었다. 농장 인부는 3월 31일 독감 증세로 입원한 적이 있었는데, 한 달 뒤 농장 인부를 조사했을 때 코로나19 항체 양성반응을 보였다걸렸다가 이미 나았다는 증거임.

두 농장에서 분리된 코로나19 바이러스는 차이가 많았다. 밍크 농장 간 코로나19가 전파된 것은 아니라는 의미였다. 이 밖에도 농장 인부들이 코로나19에 걸려 밍크에게 퍼트린 사례가 네덜란드에서만 15건이나 발생했다.

밍크 농장 발생 사례는 비단 네덜란드에서만 발생한 게 아니다. 덴마크, 스페인, 스웨덴, 이탈리아, 미국 등 여러 나라에서 보고되었다. 심지어 밍크 농장에서 키우는 개와 고양이가 밍크로부터 전염되는 경우도 발생했다.

"덴마크 내 5개 밍크 농장의 인부 12명이 변종 코로나바이러스에 걸린 것으로 확인되었다. 밍크 농장 발생은 공중보건에 위험이 될 수 있으며, 출현하는 변종 바이러스는 향후 개발될 코로나19 백신의 효능을 제한시킬 수 있다."

2020년 11월 4일 덴마크 프레데릭센 총리가 심각한 얼굴로 기자 회견장에서 한 말이다. 덴마크는 세계 최대 밍크모피 생산국으로 1,100여 개 농장에서 1700만 마리 밍크가 사육되고 있었다. 밍크 농장이 밀집되어 있는 덴마크 북부 지역 감염자 738명 중 절반이 밍크 농장 종사자인 것으로 알려져 있다. 덴마크와 네덜란드에서 밍크에서 다시 사람으로 옮긴 것으로 의심되는 사례들이 보고되었기에 덴마크 총리

유럽과 미국의 농장에서 코로나19 감염으로 집단 살처분된 밍크

가 한 말은 단순한 우려가 아니었다. 실제 동물 종간 전파는 그러한 변이의 압력을 받을 수 있다. 박쥐에서 사람으로 넘어왔던 신종 바이러스들처럼 말이다. 변종의 출현이 치료제나 백신의 효능을 저하시키는 방향으로 일어난다면 심각한 보건 문제를 야기할 수도 있다.

그러한 공포는 밍크의 대량 살처분 정책으로 나타났다. 미국, 유럽 내에서만 수백만 마리가 살처분됐다. 덴마크 총리의 기자회견 직후 덴마크 당국은 자국 내 사육 중인 모든 밍크1,700만 마리를 살처분하기로 했다가 농가의 거센 반발로 결국 취소했다.

네덜란드에서는 2020년 6월, 69개 농장의 57만 마리가 살처분되었고 2021년 3월까지 모든 밍크 농장을 폐쇄하기로 결정했다. 스페인에서는 2020년 7월 코로나19 발생으로 밍크 농장에서 사육 중인 9만여 마리를 긴급 살처분했다. 미국 유타주 밍크 농장에서 코로나19가 발병하여 1만 마리 이상이 폐사했다.

이러한 밍크 농장의 비극이 발생하자, 러시아에서는 밍크용 코로나19 백신을 개발하려고 발 빠르게 움직이고 있다. 미국에서도 동물용 약품 업체들이 밍크용 백신을 허가해달라고 요청하는 일까지 있었다.

밍크는 인간의 욕망과 이기를 위해 사육되었을 뿐만 아니라, 코로나19 바이러스 팬데믹의 최대 피해자가 되었다.

02

꺼질 듯 되살아나는 바이러스 유행의 불씨

의문의 보온병

지금으로부터 약 40년 전 1976년 9월, 벨기에 앤트워프 열대의학연구소에서 근무하고 있던 27살의 젊은 과학자 피터 피오트Peter Piot는 멀리 자이르현 콩고민주공화국의 수도 킨샤사Kinshasa로부터 온 의문의 보온병 하나를 받았다. 당시 킨샤사에 파견된 벨기에 의사가 보낸 것이었다. 그 보온병 안에는 혈액 샘플과 함께 '괴질에 걸린 수녀의 혈액'이라 적힌 메모지가 동봉되어 있었다.

피오트는 그의 동료와 함께 실험실에서 배양한 세포를 사용해 바이러스 배양검사를 하고 있었다. 평상시 일상적으로 하는 것처럼 그는 혈액 샘플을 꺼내 실험실에서 배양하고 있는 원숭이 콩팥 세포에 접종했다. 며칠 후 그는 검체를 접종한 세포를 현미경으로 뚫어지게 보고 있었다.

그 세포에서 바이러스가 증식하고 있는 것을 발견했다. 무슨 바이러스인지 알아보기 위해 전자현미경으로 바이러스를 관찰하다가 피오트는 큰 충격에 빠졌다. 그의 눈에 비친 바이러스 입자는 일반적인 바이러스 입자 모양과 달리, 지렁이 모양의 기괴한 구조를 띠고 있었기 때문이다.

피오트는 이 바이러스가 범상치 않은 치명적인 바이러스임을 직감했다. 1967년 독일 마르부르크Marburg에서 발생한 마르부르크 출혈열을 일으키는 바이러스와 매우 흡사했기 때문이었다. 마르부르크 출혈열은 백신 생산에 필수적인 원숭이 콩팥세포를 확보하기 위해, 우간다로부터 수입한 원숭이와 접촉한 백신공장 종업원을 중심으로 총 31명이 감염되고 7명을 사망하게 만든 충격적인 감염병이었다.

얼마 지나지 않아 피오트는 괴질에 걸린 수녀가 결국 사망했으며, 이어서 그 수녀가 있던 열대우림 외진 마을에서 고열, 설사, 구토 증상

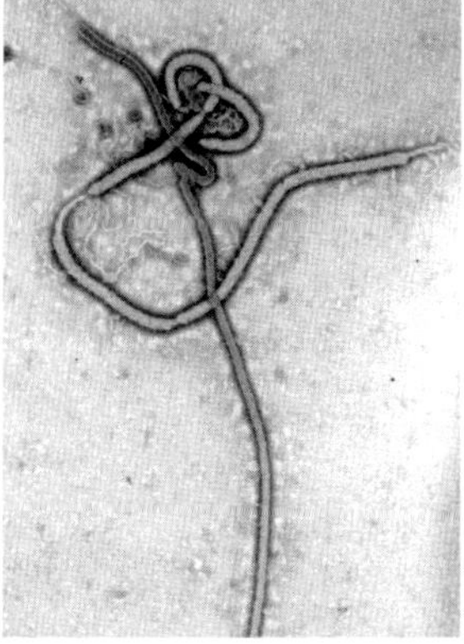

에볼라바이러스
〈출처: 미국 CDC〉

을 보이다가 피를 토하며 사망하는 사람들이 속출하고 있다는 소식을 듣게 되었다. 보름 후 피오트와 그의 동료들은 미지의 괴질 바이러스를 퇴치해야 한다는 사명감을 가지고 서둘러 필요한 검사 장비를 꾸렸다. 비행기를 타고 자이레 킨샤사와 붐바Bumba를 거쳐 적도 열대우림에 위치한 괴질이 발생한 얌부쿠Yambuku 마을까지 날아갔다.

그 마을은 콩고강 최북단 지류인 에볼라강 근처에 위치하고 있었으며, 죽음의 공포가 드리워진 곳이라고는 믿기 힘들 정도로 열대우림으로 둘러싸인 조용하고 아름다운 곳이었다. 가난한 원주민들이 마을을 이루며 살고 있는 곳이었다. 그곳에는 벨기에 출신의 가톨릭 신부와 수녀들이 병원과 학교를 운영하면서 선교 활동을 하고 있었다. 피오트가 검사한 수녀를 포함해서 수녀 네 명이 괴질에 걸려 이미 사망한 뒤였다. 나머지 생존자들은 죽음을 기다리고 있듯이 괴질의 공포 앞에서 떨고 있었다.

피오트와 동료들은 생존 수녀들을 대상으로 이곳에서 무슨 일이 벌어지고 있는지 조사했다. 수녀들의 진술을 토대로 괴질이 발생한 마을들을 지도에 표시하고 일일이 찾아다니며 그 괴질이 어디서 출현했고 어디까지 확산되었으며, 어떻게 전염되는지를 파악하기 시작했다.

조사 과정에서 뜻밖에도 괴질 환자 중 상당수가 젊은 임산부라는 점과 이 임산부들이 한결같이 얌부쿠 마을에 있는 작은 병원에서 정기 검진을 받았다는 사실을 알게 되었다. 그들이 방문한 지방 병원은 너무나 열악해서 위생 소독시설이라고는 거의 찾아볼 수가 없었다. 주사기는 몇 개에 불과했고, 한 주사기로 여러 명의 환자를 치료하는 데 사용하고 있었다.

그리고 사망한 임산부들의 장례식에 참석한 가족 친지를 중심으로 괴질이 확산되었다는 사실도 알게 되었다. 피오트가 발견한 괴질 바이러스는 지방 병원 임산부를 중심으로 퍼졌고, 환자를 돌보거나 장례식에 참석하여 감염 환자와 접촉을 하면서 확산되었다는 게 명확해졌다. 괴질 환자들은 즉시 사람들로부터 격리되도록 조치가 이루어졌고, 장례식에 참석한 사람들이 시신과 접촉하는 관습적인 행동을 하지 못하도록 했다.

결국 괴질의 확산은 멈추었으나 총 318명의 감염자가 발생했고, 치사율 88퍼센트로 이 중 280명이 사망했다. 감염병 역사상 이렇게 치명적인 바이러스는 유사 이래 없었다. 피오트는 이 공포의 괴질을 발생 지역 강 이름을 따서 '에볼라'로 명명했다.

에볼라 바이러스는 1976년 자이르에서 출현하기 3개월 전, 발생 지역에서 그리 멀지 않은 열대우림 지역인 남부 수단의 한 면직공장에서 이미 발생했다. 284명의 감염자가 발생, 151명이 사망하는 등 끔찍한 사건이었다. 이듬해 자이르에서 에볼라로 1명이 사망했고, 1979년에는 남부 수단 면직공장 인부 중 또다시 34명의 감염자가 발생하고 22명이 사망하는 등 공포의 여진은 계속되었다.

당시 면직공장 주변 박쥐 등 각종 동물을 조사했으나 직접적인 증거를 찾아내지 못한 채 끝이 났다. 그 후 에볼라가 홀연히 사라졌다. 사람들의 기억에서 사라지는 듯했다. 그러나 불씨가 사라진 것은 아니었다.

하인리히 법칙의 저주

모든 사건은 우발적으로 일어나지 않는다. 사라진 것으로 치부되었던 에볼라는 1994년 12월 가봉의 한 금광 채굴 현장의 인부들 사이에서 악령처럼 다시 나타났다. 종적을 감춘 지 15년 만에 정적을 깨고 다시 모습을 드러냈다. 그것은 비극의 서막에 불과했다.

다시 나타난 에볼라는 과거 1970년대 후반에 나타났던 에볼라와 달랐다. 에볼라는 아프리카 밀림 지역에서 규모는 다르지만 매년 발생했다. 치명적인 감염병임에도 불구하고, 외지고 격리된 아프리카 시골 지역에서 발생하다 보니 멀리 퍼지지는 않았다. 그래서 외신들도 에볼라가 발생할 때면 그저 먼 나라에서 벌어지는 그저 그런 단신 기사 정도로 취급했다.

마치 인간에게 경고 메시지를 보내듯이, 5년 내지 7년 주기로 에볼라가 발생함으로써 수많은 인명 피해를 초래했다. 금광 채굴, 야생 침팬지를 사냥하거나 도축하는 과정, 즉 인간이 열대우림 지역을 개척하고 침투하는 과정에서 스스로 만들어낸 참혹한 결과였다. 인간의 보다 나은 삶을 위한 열대우림 지역의 개척은 오히려 가만히 있는 에볼라 바이러스에 비단길을 깔아주는 격이었다.

에볼라의 주 무대는 항상 아프리카 중부 열대우림 지역이었다. 예외적으로 서아프리카아이보리코스트와 남부남아연방에서 각각 한 건이 발생했을 뿐이다. 그래서 에볼라라 하면 열대우림의 외진 시골 마을에서 발생하는 감염병이라는 이미지가 각인되어 있었다. 그러한 과거의 축적된 경험은 '칠면조의 경고'처럼 허무했고, 2015년 재앙의 순간을 예측하지 못함으로써 그 충격은 '블랙스완'으로 다가왔다. 그건 아프리카의 쓰라린 눈물이었다.

아프리카 지역 에볼라 발생 통계 데이터

연도	국가	바이러스형	발생 건수/사망자 수 (치사율)
2021	콩고민주공화국	자이르	진행 중
2018~2020	콩고민주공화국	자이르	3,481/2,299(66%)
2018	콩고민주공화국	자이르	54/33(61%)
2017	콩고민주공화국	자이르	8/4(50%)
2014	세네갈	자이르	1/0(0%)
2014	말리	자이르	8/6(75%)
2014	나이지리아	자이르	20/8(40%)
2014~2016	시에라리온	자이르	14,124/3,956(28%)
2014~2016	라이베리아	자이르	10,675/4,809(45%)
2014~2016	기니	자이르	3,811/2,543(67%)
2014	콩고민주공화국	자이르	69/49(71%)
2012	콩고민주공화국	분디부교	57/29(51%)
2012	우간다	수단	7/4(57%)
2012	우간다	수단	24/17(71%)
2011	우간다	수단	1/1(100%)
2008	콩고민주공화국	자이르	32/14(44%)
2007	우간다	분디부교	149/37(25%)
2007	콩고민주공화국	자이르	264/187(71%)
2005	콩고	자이르	12/10(83%)
2004	수단	수단	17/7(41%)
2003	콩고	자이르	178/157(88%)
2001-2002	콩고	자이르	59/44(75%)

연도	국가	바이러스형	발생 건수/사망자 수 (치사율)
2001-2002	가봉	자이르	65/53(82%)
2000	우간다	수단	425/224(53%)
1996	남아프리카공화국	자이르	1/1(100%)
1996	가봉	자이르	90/66(73%)
1995	콩고민주공화국	자이르	315/254(81%)
1994	코트디부아르	타이 포레스트	1/0(0%)
1994	가봉	자이르	52/31(60%)
1979	수단	수단	34/22(65%)
1977	콩고민주공화국	자이르	1/1(100%)
1976	수단	수단	284/151(53%)
1976	콩고민주공화국	자이르	318/280(88%)

〈출처: 세계보건기구〉

아프리카의 눈물

2014년 비극은 기니 남동부 외딴 지역 궤케두에서 시작되었다. 기니 남동부 지역은 최빈국 기니에서 가장 외진 산림 지역으로 라이베리아, 시에라리온과의 접경을 이루는 지역이다. 이 지역은 지난 수십 년 동안 내전으로 시달리던 라이베리아, 시에라리온 피난민들이 몰려들어 한때 인구 약 5만 9,000명에 달할 정도였고 그로 인해 각종 수인성 감염병 창궐로 몸살을 앓았다.

월드비전 홍보대사로 활동하던 배우 김혜자 씨가 서아프리카 지역에서 구호 활동을 하면서 전쟁과 가난, 그 참혹한 실상을 『꽃으로도 때리지 말라』는 책을 통해 소개했다. 서아프리카는 빈곤의 3대 축인

가난, 전쟁, 감염병이 끊임없이 이어지는 악순환의 고리에서 벗어나지 못한 대표적인 지역이다. 세계에서 여덟 번째로 가난한 기니는 인구의 절반 이상이 하루 2달러약 2,473원 이하의 수입으로 살아가고 있고, 이 중 절반은 하루 1달러약 1,236원도 채 벌지 못하는 극빈층으로 살아가고 있다.

2013년 11월 말, 우기에서 건기로 넘어가는 시점이었다. 기니 남동부 국경 마을 궤케두 지역의 작은 숲속 마을, 멜리안두Meliandou의 허름한 집 마당에서 네 살짜리 누나 필로민은 자주 두 살배기 남동생 에밀을 등에 업고 라디오 음악에 맞춰 신나게 놀고 있었다. 집을 둘러싸고 있는 나무에는 박쥐들이 자주 들락거렸다.

2013년 12월 2일. 갑자기 에밀이 시름시름 앓기 시작하더니 고열과 함께 설사를 하며, 토하기 시작했다. 가족은 극진히 간호했으나 나흘 만에 결국 에밀은 사망했다. 에밀은 서아프리카 에볼라 참상의 첫 번째 희생자Patient Zero가 되었다. 그의 사망 원인은 자이르형 에볼라였다. 에밀이 사망한 후 일주일 뒤 엄마12월 13일, 누나12월 29일, 할머니1월 1일까지 같은 병증을 보이며 사망했다. 마을 주민들은 괴질에 대한 공포로 그 집에 있는 각종 집기 도구들을 태워버렸다.

제대로 걷지도 못하는 남자아이가 어떻게 치명적인 에볼라 바이러스에 감염되었을까? 역학조사관들은 그 집 마당에 있는 박쥐에 주목했다. 박쥐는 에볼라 바이러스의 자연 숙주로 익히 알려진 동물이기 때문이다. 그런데 서아프리카에서 그 치명적인 에볼라가 나타난 적이 없기에 미스터리로 남았다.

자이르형 에볼라는 아프리카 중부 지역을 벗어난 적이 거의 없었다. 그런데 아프리카 중부 지역에서, 손님감염자이 찾아올 리 없는 외진 마을에서 발생한 것이다. 설령 그런 손님이 찾아온다고 해도 바이러스의 치명성 때문에 고열, 구토, 설사 등을 보이며 중간에 쓰러졌을 것이다. 궤케두 지역은 아프리카 중부의 기존 발생 지역과는 수천 킬로미터 떨어져 있는 데다, 인근 공항에서 비포장도로를 따라 차로 10시간 이상 가야 하는, 사람의 왕래가 거의 없는 외진 시골 지역이었다. 아무런 증상을 보이지 않으면서 건강한 상태에서 바이러스를 가지고 먼 거리를 단숨에 올 수 있는 동물은 하나밖에 없었다. 박쥐다. 그게 아니라면 그 지역에 서식하는 박쥐가 바이러스를 가지고 있으면 가장 그럴듯한 시나리오가 될 것이다.

에밀의 가족이 에볼라로 희생된 지 며칠 뒤 그 마을에 사는 산파가 고열로 궤케두 시골 병원에 입원하면서 산파를 진료하던 병원 간호사까지 비슷한 증세를 보이며 사망하기에 이르렀다. 병원 감염은 마을에서 마을로 전염이 확산되는 초기 유행의 기폭제가 되었다. 병원에서 시작된 에볼라는 궤케두 지역의 다른 마을로 번져나갔고, 다음 해 2월에는 마센타Macenta 지역, 3월에는 키시도구Kissidougou 지역까지 확산되었다. 이 지역 병원과 보건소에는 환자들이 몰려들었지만 위생장갑, 주사기, 소독제 등이 제대로 구비된 곳이 없었다. 오히려 병원이 에볼라를 재생산하는 역할을 했다.

궤케두와 마센타 지역 병원에서 에볼라 사망자가 속출하자 결국 2014년 3월 10일, 이곳 의료진은 기니 보건부와 '국경 없는 의사회'에 괴질 발생 상황을 긴급하게 알린다. 이로써 에볼라 발생이 세계보건기구에 통보되고 전 세계에 알려지게 되었다. 서아프리카 에볼라 유행 상황이 국내에 알려진 것은 2014년 3월 23일이었다. 이날 외신, 방송과 신문들은 일제히 아프리카 기니에서 에볼라가 발생하여 80명의 환자가 발생했고 이 중 59명이 사망했다는 소식을 긴급 뉴스로 전했다.

2014년 봄, 가장 빈곤한 서아프리카 지역에서 등장한 에볼라는 과거 유례를 찾아볼 수 없을 만큼 끔찍한 재난적 피해를 초래했다. 빈곤에 찌든 사회, 열악한 위생 보건 시설, 밀집된 인구 분포, 질병에 대한 무지, 미신과 민간요법 문화, 사망자와 신체를 접촉하는 장례 의식, 준비되지 않은 보건 대응 체계, 국제적인 긴급 의료 지원 미흡, 불안정한 사회 안전망 등 수많은 부정적인 요소들이 에볼라 유행 초기에 피해를 눈덩이처럼 키웠다.

세계보건기구에 따르면 2014년부터 2016년 5월까지 서아프리카 지역 에볼라 감염자는 28,610명, 사망자는 11,308명으로 치사율 39.5퍼센트라고 한다. 감염자는 기니 3,811명2543명 사망, 라이베리아 10,675명4,809명 사망, 시에라리온 14,124명3,956명 사망이었다.

2018년 로이터 통신은 당시 서아프리카 에볼라 대유행의 충격으로 이 지역에서만 약 530억 달러한화 약 60조 원의 경제적 피해가 발생했다는 분석 결과를 보도했다. 이들 세 나라의 경제 규모를 감안하면 경제 자체가 파산 수준이다. 특히 심각한 문제는 에볼라 유행에 보건 인력과 비용이 집중되면서 극빈층에게 더 치명적인 보건 공백이 생긴 것이다. 에이즈 등 이 지역에 고질적인 감염병 치료를 제대로 받지 못해서 죽음으로 내몰리는 사람들, 꽃으로도 때리면 아프다.

꺼지지 않는 불씨

아프리카 중부 지역에는 민주콩고를 가로지르는 길이 4,700킬로미터의 거대한 콩고강이 흐른다. 이 강을 따라 주변으로 펼쳐진 광활한 열대 우림은 오랜 세월 동안 사람의 발길이 닿지 않은, 마을도 길도 없는 열대림과 뱀처럼 굽이치며 흐르는 하천들이 즐비한 은둔의 땅이다.

이 땅이 바로 에볼라바이러스의 자연 진원지다. 이곳에서 에볼라바이러스는 인간의 침범을 막기 위해 과일박쥐와 연합하여 공격적 공생관계의 성벽을 쌓았다. 그곳은 수만 마리의 침팬지, 고릴라도 에볼라에 희생되는, 어떤 영장류 동물에게도 쉽게 허락되지 않는 땅이었다.

2018년 에볼라 출현의 진원지 역할을 해왔던 아프리카 중부 콩고민주공화국민주콩고에서 에볼라가 다시 유행하기 시작했다. 2018년 8월 분쟁 지대인 부카부 지역을 중심으로 에볼라가 발병한 뒤 2020년까지 3,481건의 감염 사례가 보고됐고, 2,299명이 사망했다. 2014년과 2016년의 서아프리카 에볼라 대유행 다음으로 큰 유행이었다.

민주콩고 시골 마을을 중심으로 유행하던 에볼라가 민주콩고 부카부 주도인 고마인구 25만 명로 유입되면서 세계보건기구는 2019년 9월 17일 급하게 '국제보건 비상사태'를 선포하기도 했다. 고마는 아프리카 중부 지역의 교통 요지였기에, 이로 인해 2014년 서아프리카 사례처럼 대규모로 확산될 가능성을 차단하기 위해서였다. 다행히 큰 불길로 번지지는 않고 2019년 11월 에볼라 유행이 잦아들었다.

그러나 때마침 불어 닥친 코로나19 팬데믹은 에볼라 바이러스에도 바람을 불어넣었다. 코로나19 대응으로 이들 지역 국제 대응 노력에 빈틈이 생기면서 2020년 2월 그 불씨가 다시 되살아난 것이다. 2021년 2월 14일 엎친 데 덮친 격으로 2016년 이후 서아프리카에서 자취를 감췄던 에볼라가 기니에서 다시 나타나 유행의 불씨를 지피기 시작했다. 뿐만 아니라 이 지역에 숨어있는 각종 감염병도 불 지필 기세다.

스마트폰 등 각종 전자 기기에 필수적으로 사용하는 고가의 희귀금속 중에 탄탈럼이라는 것이 있다. 탄탈럼의 주생산지가 바로 에볼라가 유행하고 있는 민주콩고 부카부와 인근 르완다 지역이다. 주변국은 이 광물을 채취하여 군자금을 조달하는데, 희귀금속이다 보니 공급 불안정 문제를 항상 안고 있어 소위 분쟁 광물이 되었다. 전 세계 탄탈럼 생산량의 약 68퍼센트가 민주콩고40퍼센트와 인접 국가 르완다28퍼센트 광산에서 생산된다.

이 광산채굴과 에볼라가 무슨 상관일까 싶지만 무관하지만은 않다. 채굴 노동의 비윤리성 문제가 아니다. 탄탈럼을 함유하는 콜탄 채취는 대부분 소규모로 이루어지며, 광산 채굴을 위해 밀림 깊숙한 곳까지 도로를 연결하고, 채굴 인부들이 야생동물을 사냥하여 부시미트로 끼니를 때우는 과정에서 에볼라에 노출될 위험을 안고 있는 것이다.

오늘날 민주콩고 사태는 이러한 시나리오가 상당히 그럴듯하게 들어 맞는다. 어쩌면 과일박쥐가 아니라 인간의 탐욕이 뿌린 전염병 유행의 씨앗인지도 모른다. 이 점에서 에볼라바이러스의 위험은 비단 아프리카에만 존재하는 것이 아니다. 에볼라 불씨를 제거하기 위해서 무엇을 해야 할까?

경주마의 갑작스런 죽음

1994년 9월 초, 호주 퀸즐랜드주 브리즈번 교외의 한 방목장에서 서러브레드 경주마 두 필이 한가로이 목초를 먹고 있었다. 이 중 한 필은 임신한 암말이었다. 그런데 얼마 후 임신한 암말이 제대로 움직이지 못했다. 주인은 말 두 필을 헨드라 지역 경주마 사육장으로 옮겨 놓고 치료를 해볼 작정이었다.

주인의 기대와 달리, 암말은 다음 날 갑자기 폐사했다. 문제는 거기에서 그치지 않았다. 암말과 같은 마방에 있던 다른 경주마 19필 중 12필도 고열과 함께 숨을 가파르게 내쉬고 입에 거품 섞인 분비물을 내뿜으면서 일주일 내에 모두 폐사했다. 나머지 말은 약하게 앓거나 증상 없이 회복되었다.

그런데 더 큰 문제가 발생했다. 첫 암말이 폐사한 지 5일 만에 그 말을 돌보던 조련사와 마부가 급성 호흡기 증상을 보이기 시작했다. 결국 조련사는 신부전까지 겹치면서 사망했고, 마부는 겨우 목숨을 건졌다.

경주마 서러브레드: 1994년 호주에서 출현한 헨드라바이러스의 중간 매개 동물이다.

이 사건이 벌어지기 한 달 전, 1,000킬로미터 떨어진 맥케이 지역에 있던 경주마 두 필암말과 망아지에서도 유사한 사건이 발생했다는 사실이 밝혀졌다. 헨드라 경주마 사육장의 경주마가 보였던 것과 비슷한 급성 호흡기 증상을 보인 것이다. 급사한 암말을 부검하던 수의사인 아내를 도왔던 주인이 뇌염을 앓았으나 다행히 회복되었다.

호주 질롱의 연방동물위생연구소에서 그 원인을 분석하였는데, 놀랍게도 원인은 파라믹소바이러스였다. 사람의 파라믹소바이러스 계통으로는 홍역 바이러스가 있다. 동물에서는 닭 뉴캣슬병 바이러스, 개 디스템퍼바이러스 등이 있다. 그런데 경주마에서 분리된 바이러스는 이들 바이러스와 전혀 교차반응이 없었다. 그 전에 세계 어디에서도 발견된 적이 없는 신종 바이러스였다.

바이러스 이름은 경주마 폐사 사건이 벌어진 장소헨드라의 이름을 따서 헨드라바이러스라고 명명했다. 그리고 미지의 신종 바이러스가 어디에서 왔는지 조사에 들어갔다. 범인을 찾아내야 다시는 재발하지 못하도록 대비를 할 수 있기 때문이다. 인간에서 노출된 적이 없다 보니 자연히 야생동물을 범인으로 지목하게 되었다.

두 사건의 발생 지점은 서로 1,000킬로미터나 떨어져 있고 서로 간에 역학적으로 연결된 요소가 없었다. 멀리까지 이동할 수 있는 야생조류 등이 주된 검사 대상으로 지목되었다. 너무 광범위한 지역에 수많은 동물을 검사하다 보니 검사 대상 범위는 커져만 갔고 분석해야 할 검사 건수도 늘어만 갔다.

야생동물 조사에 들어간 지 1년 가까이 지났지만 범인의 흔적을 찾지 못했다. 헨드라 경주마 폐사 사건이 벌어진 지 2년이 지난 1996년 9월 어느 날, 역학조사팀은 우연히 지나가던 목장의 울타리에서 철사에 걸려 있던 임신한 과일박쥐를 발견했다. 사실 차에 치이거나, 그물에 걸리거나, 울타리 철사에 걸리는 등 로드킬 사건은 야생동물에게 빈번하게 일어난다. 그 박쥐를 수거해서 검사를 진행했는데, 경주마에서 검출된 바이러스와 같은 바이러스가 검출되었다.

이후 연구팀은 호주에 서식하는 과일박쥐들을 포획해서 채혈 검사를 진행했다. 놀랍게도 두 마리 중 한 마리 꼴로 헨드라바이러스 항체를 가지고 있었다. 이미 호주에 서식하는 과일박쥐들 사이에서 헨드라바이러스는 광범위하게 퍼져있었다. 원래 호주에서 서식하는 과일박쥐가 가지고 다니던 바이러스였던 것이다.

아마도 초기 역학조사에서는 박쥐가 그런 바이러스를 퍼트릴 것이라고는 전혀 생각하지 못했던 것 같다. 운이 없게도 방목지에 있던 말이 하필 박쥐의 배설물이 묻어있는 목초를 먹음으로써 바이러스에 감염되고, 감염된 말이 흘린 분비물에 접촉했던 주변 사람들이 차례로 감염되었을 가능성이 높다.

과일박쥐에서 헨드라바이러스를 발견함으로써 야생 박쥐가 최근 출현하는 신종 바이러스의 범인이라는 증거를 확보한 최초 사건이었다. 그러나 그 이전에도 분명 박쥐가 신종 바이러스를 퍼트린 사건들이 있었을 텐데 모르고 지나쳤을 가능성이 높다.

1994년 헨드라 지방에서 발생한 치명적인 신종 전염병 사건은 신종 바이러스가 사람 간 전염성이 없어 더 이상 확산되지 않고 끝이 났다. 호주 헨드라바이러스는 1990년대 이후 일련의 신종 바이러스가 어떻게 인류 앞에 출현하는지를 보여주는 서막에 불과했다.

그 이후 헨드라바이러스는 잊을만하면 호주에 나타나서 문제를 일으켰다. 방목하는 경주마가 과일박쥐와 접촉하는 접점이 생기는 것이 문제였다. 2014년 6월까지 호주에서 헨드라바이러스 감염 사례가 무려 50건이나 발생했다. 그동안 말 83필이 감염되고 62필이 폐사했다. 말과 밀접 접촉한 사람도 7명이 감염되어 그중 4명이나 사망했다.

단지 인간의 퇴치 노력에 잠시 물러나 있었을 뿐, 인간이 과일박쥐와 접촉할 수 있는 여지를 보이는 순간 홀연히 나타나 문제를 일으키곤 했던 것이다. 과일박쥐가 호주에서 사라지지 않은 한 앞으로도 헨드라바이러스 불씨는 살아있을 것이다. 사람에게 적응되어 사람 간 전파가 용이한 변종이 나타남으로써 대형 재난으로 번지지 않기를 바랄 뿐이다. 신종 바이러스는 언제든 모습을 드러낼 수 있다.

돼지의 미스터리한 죽음

감염병 재난영화로서 유명한 <컨테이전>, 이 영화에 나오는 신종 바이러스 MEV-1의 출현 과정의 힌트를 제공한 사건이 1998년 말레이시아에서 일어났다. 호주 헨드라바이러스 사촌인 니파바이러스에 관한 이야기다.

니파바이러스는 1998년 말레이시아 말레이반도 서부 해안에 위치한 아름다운 도시 이포 근처 킨타 계곡에 위치한 니파 성허이 마을의 한 양돈장에서 발생했다. 그 양돈장은 3만 마리의 돼지를 사육하는 큰 양돈장이었다. 열대 지방이다 보니, 뜨거운 태양열에 축사가 데워지는 것을 차단하기 위해 축사 군데군데 과일나무를 심어놓았다. 그것이 신종 바이러스를 잉태시킨 화근이 되었다.

1998년 9월, 양돈장 돼지 몇 마리가 원인을 알 수 없는 병에 걸려 호흡곤란 증상을 나타내며 거칠게 숨을 몰아쉬기 시작했다. 병에 걸린 돼지들이 점점 늘어가자 거친 숨소리는 엄청난 소리로 양돈장에서 증폭되어 킨타 계곡 전체에 울려 퍼졌다. 일부 개체는 각혈을 하며 켁켁거리며 벽에 부닥치며 발악을 했다. 일부 돼지는 경련과 발작을 일으키며 고통스럽게 죽어 나갔다. 뒤이어 농장 주변에 돌아다니던 양들도 앓기 시작했고 농장의 개와 고양이들도 앓기 시작했다.

얼마 지나지 않아 더 큰 재앙이 닥쳤다. 니파 마을에 살며 농장 일을 도와주던 주민이 고열과 함께 극심한 두통을 호소하며 인근 병원에 긴급 후송되었다. 그 주민의 증세는 점점 심각해져 혼수상태에 빠졌다가 결국 사망했다. 사망 원인을 밝히는 과정에서 뇌염 증상을 보였던 사망자의 뇌척수액에서 일본뇌염 항체를 검출했다. 그래서 사망 원인을 일본뇌염으로 판정했다.

일본뇌염은 흔한 풍토병이기에 진단 결과를 의심하는 사람은 없었다. 그러나 그게 끝이 아니었다. 그 지역에서 유사한 환자들이 자꾸 늘어났다. 1999년 2월이 되자 상황이 급변했다. 말레이반도 서해안을 따라 양돈 밀집 지역인 네게리셈빌란 지역을 중심으로 이 괴질이 퍼지면서 감염자와 사망자가 속출했기 때문이다.

2월부터 눈에 띄게 증가하기 시작한 감염자는 3월과 4월이 되자 더욱 급증했다. 총 265명이 발생하여 이 중 105명이 사망했다. 농장 인부, 고기 판매유통업자, 도축업자 등 양돈 산업과 관련된 젊은 사람들이 대부분전체 환자의 92퍼센트이었다.

말레이시아 양돈장에서의 니파바이러스 출현 과정 모식도

말레이시아 보건 당국에 비상이 걸렸다. 일본뇌염 경보를 내리고 모기 퇴치 운동을 진행하고 일본뇌염 예방접종을 강력하게 추진했다. 당시 일본뇌염 백신이 부족해지자 한국으로부터 일본뇌염 백신을 수입하는 사태까지 벌어졌다.

그러나 일본뇌염이라고 보기에는 이상한 점이 많았다. 모기에 물려야만 전염되는 질병인데도 접촉만으로 전염되는 환자들이 속출했고, 감염환자 대부분이 일본뇌염에 취약한 노약자가 아니라 젊은 사람들이었기 때문이다.

말레이시아 방역 당국은 호주연방 동물위생연구소 과학자들의 지원을 받아서 그 문제가 무엇인지 조사에 들어갔다. 이들이 밝혀낸 범인은 파라믹소바이러스였고, 놀랍게도 헨드라바이러스와 매우 유사한 바이러스였다. 호주 과학자들은 1994년 호주 경주마 사건을 경험하여 헨드라바이러스를 밝혀낸 탓에 노련하게 말레이시아 감염병의 원인을 밝혀낼 수 있었던 것이다. 바이러스 이름은 최초 발생한 양돈장이 있던 마을 이름을 따서 니파바이러스라고 명명했다.

불과 3년 전에 발생한 호주 헨드라바이러스를 퍼트린 것이 과일박쥐였기에, 이 바이러스를 퍼트린 범인으로 과일박쥐를 쉽게 지목할 수 있었다. 예상했던 대로, 범인은 말레이시아에 서식하는 과일박쥐였다. 범인은 니파 성허이 마을 양돈장 주변에 있었다. 그 박쥐는 농장 축사에 심어놓았던 과일나무에 들락거리면서 바이러스를 양돈장 돼지에게 옮긴 것이었다. 아마도 박쥐가 먹다 남은 과일을 축사에 있던 돼지가 먹은 뒤 전염이 시작된 것으로 추정된다.

니파바이러스가 감염 돼지 이동으로 싱가포르 도축장까지 퍼지기는 했지만, 더는 다른 나라로 번지지 않고 멈췄다. 그렇지만 수많은 사상자 발생으로 인한 후유증은 한동안 말레이시아 사회를 충격으로 몰아넣었다. 그 이후 말레이시아에서 이 바이러스는 홀연히 사라졌다. 이 바이러스는 2001년 방글라데시와 그 인접 국가인 인도에서 다시 시작되었다. 전혀 다른 방식으로.

겨울철 독배가 된 대추야자 음료

대추야자 음료는 당분이 많이 들어있어서 달콤함은 이루 말로 표현하지 못할 정도로 환상적인 맛을 내기에, 방글라데시 사람들이 즐겨 먹은 천연 음료다. 우리나라로 치면 아침마다 한 잔씩 먹는 우유와 같은 것이다. 방글라데시 사람들은 우리나라의 겨울철10월에서 3월까지의 기간에 대추야자 수액을 채취한다. 이 시기는 다른 과일의 수확은 별로 없고, 대추야자 수액을 채취하기에 가장 좋은 시기이기 때문이다. 이들에게는 돈벌이가 되는 소위 한철 장사거리다.

방글라데시 시골 사람들은 늦은 오후가 되면 은색대추야자Phoenix sylvestris 나무를 타고 올라가 나무껍질을 벗겨내고 칼집을 내고 V자 홈을 판다. 그리고 그 아래에 대나무를 쪼개 만든 대롱을 달아 수액이 흘러내리도록 한 다음 수액이 모을 수 있는 항아리를 걸어둔다. 우리나라로 치면 산에 고로쇠 수액을 채취하는 원리와 비슷하다고 보면 된다. 그 수액을 밤새 모으면 1리터에서 많게는 3리터까지 모을 수 있다. 다음 날 이른 아침, 사람들은 대추야자 나무에 올라가 항아리를 수거하여 모은 수액을 통에 담아 길거리로 나가 판다. 대추야자 수액으로 만든 음료는 가능한 빨리 팔아야 한다. 서너 시간이 지나면 발효가 되기 때문이다.

방글라데시에서는 대추야자 음료로 인해 끔찍한 니파바이러스 감염 사건치사율 70퍼센트이 거의 매년 발생한다. 이 바이러스는 감염되면 고열과 함께 치명적인 뇌염을 일으키기 때문이다. 그런 문제가 방글라데시에서 처음 발생한 시기는 2001년이었다. 지난 10년간 319명이 니파바이러스에 걸리고, 225명이 사망했다. 방글라데시에서 니파바이러스 감염 사건을 일으킨 범인은 방글라데시에 서식하는 과일박쥐다.

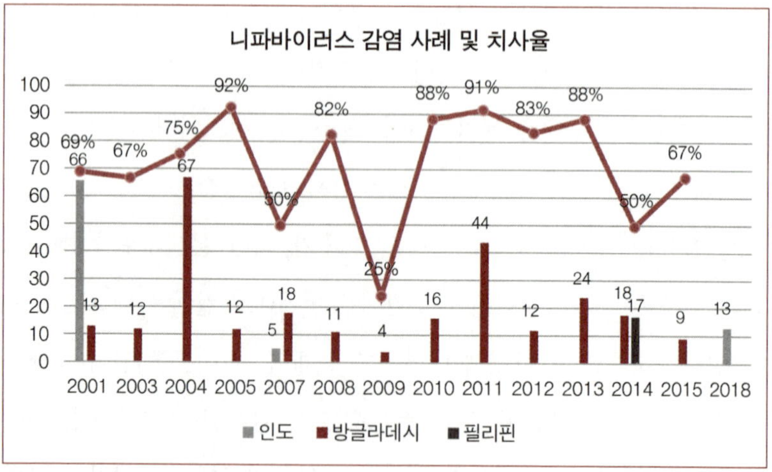

2000년 이후 동남아시아에 발생한 니파바이러스 감염증 발생 사례
<출처: WHO-SEARO>

과일박쥐는 사람들이 겨울철에 대추야자 수액을 채취하는 것을 잘 알고 있다. 달콤한 대추야자 수액은 과일박쥐에게도 환상적인 음료다. 박쥐는 수액을 채취할 능력이 없기 때문에 사람들이 대추야자 수액을 채취하기 위해 항아리를 매달아 놓으면 밤에 조용히 다가와서 대롱을 따라 흐르는 수액을 핥기도 하고, 항아리에 오줌을 누면서 수액을 오염시키기도 한다. 심한 경우 항아리에 들어가 먹다가 빠져 죽기도 했다.

니파바이러스를 가지고 있는 과일박쥐 개체 비율이 낮기는 하지만 간혹 바이러스를 가지고 있는 박쥐가 그런 행동을 하면 사단이 나는 것이다. 박쥐와 사람이 직접 접촉을 해서 시작되는 것이 아니라, 대추야자 수액을 매개로 벌어지는 식품 매개 질병인 셈이다.

사람이 확률은 매우 낮지만 하필 바이러스가 오염된 그 음료를 먹고 감염되거나, 그런 감염자를 가족이나 의료진이 돌보다 연쇄적으로 감염되는 사건이 거의 매년 반복적으로 일어난다. 바이러스의 전염력이 낮아 사람에서 집단 발생이 일어나지 않은 게 그나마 다행이다. 이 바이러스의 감염재생지수가 0.2 내지 0.33 정도로 낮다감염재생지수가 1 이상이면 유행의 조건이 됨.

니파바이러스는 유사한 문화가 있는 인도에서도 간혹 발생한다. 방글라데시처럼 그리 자주 일어나지는 않는다. 인도에서는 2001년, 2007년, 2018년 단 세 번 발생했다. 인도에서는 수액을 모으는 항아리 입구가 작아 항아리에 과일박쥐가 침입할 수 없어 바이러스로 오염시킬 확률이 방글라데시보다 낮다.

왜 이런 문제가 21세기 들어서 방글라데시와 인도에서 발생할까?

최근 들어 박쥐를 사냥해서 부시미트로 팔다 보니 과일박쥐 개체 수는 매년 감소한다. 특히 방글라데시는 소도시가 없을 정도로 매우 인구 밀도가 높은 나라이다. 그러다 보니 과일박쥐가 조용히 서식할 만한 공간이 그리 많지 않아 사람이 사는 주거 공간 근처로 모여든다. 이렇게 모여든 과일박쥐들은 대추야자 수액을 도둑질하는 것에 잘 적응되어 있다. 마치 우리나라 도심에서 보는 비둘기처럼.

니파바이러스는 일단 전염되면 생존을 장담할 수 없을 만큼 매우 치명적이다. 아직까지 니파바이러스를 예방할 백신이나 마땅한 치료제가 없다. 백신이나 치료제가 개발되고 있지만 언제 가능할지 장담할 수 없다. 개발 비용을 감당할 시장 규모가 되지 않기 때문에 제약사들이 적극적으로 뛰어들지 않는 것 같다.

극단적인 상황으로, 이 바이러스가 변종으로 발전해서 사람 간 감염이 쉬워져 도시 사람들 사이에 퍼져 나간다면 그것은 끔찍한 재앙이

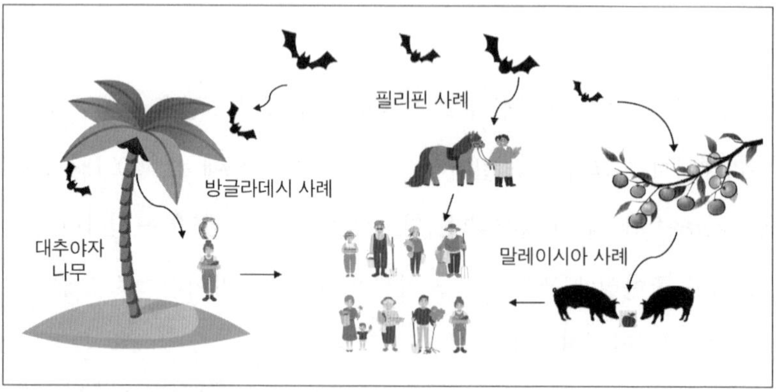

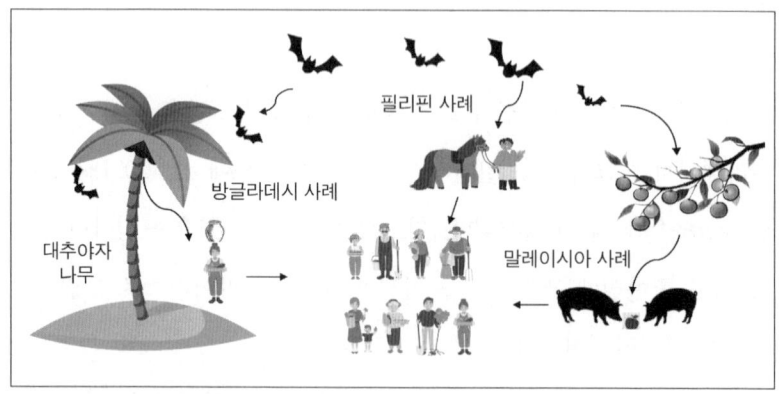

동남아시아 지역에서의 니파바이러스 출현 과정

될 수 있다. 초연결 사회에서 먼 나라의 일이 아니다. 신종 바이러스는 우리가 경험해왔듯이 늘 극단의 영역에서 블랙스완으로 발전했다.

방글라데시나 인도 사례가 재발하지 않도록 하려면 어떤 조치를 취해야 할까? 대추야자 수액을 채취할 때 박쥐가 접근하지 못하도록 하는 조치를 강구할 수 있을 것이다. 박쥐 사냥꾼, 대추야자 수액 채취자, 대추야자를 사 먹는 사람, 박쥐가 먹다 버린 과일을 먹는 사람그런 감염 사례는 없지만, 박쥐 둥지 근처에 사는 사람들에게 그런 문제가 발생하지 못하도록 공공 교육을 강화할 수도 있을 것이다. 또 한편으로는 과일박쥐가 대추야자 수액에 접근하지 못하도록 다른 과일나무를 심어 접근을 분산시키는 것도 생각해볼 수 있으며, 동절기에 대추야자 수액을 채집해서 바이러스 검사를 주기적으로 한다거나, 주변에 키우는 동물들이 중간매개 동물로 작용하지 못하도록 박쥐와의 접촉 방지와 감시 활동도 강화하는 방안도 생각해봄 직하다. 이러한 개입 조치를 국제적인 지원하에 이들 국가에서 해야 한다. 가난하고 역량이 부족할지 모르겠지만, 국가 차원의 의지가 필요하다.

과일박쥐들은 동남아 지역, 인도와 파키스탄, 중동, 아프리카 일부 지역까지 이어지는 광범위한 지역에 폭넓게 서식하고 있다. 이들 박쥐가 니파바이러스나 헨드라바이러스 같은 바이러스를 보유하고 있다는 것도 과학자들의 조사를 통해 확인했다. 실제 2003년 캄보디아 서부 지역 과일박쥐에서 니파바이러스가 검출되기도 했다. 그래서 과일박쥐 바이러스는 이들 지역에서 언제 어디서든 나타날 수 있다. 조심해야 한다.

2015년 말, 세계보건기구는 미래에 전 세계적인 위협을 줄 수 있는 잠재적인 위험성을 가지고 있어, 공중보건을 위해 백신이나 치료제 같은 대응 기술 개발이 시급한 감염병을 선정했다. 가장 시급한 감염병으로 메르스, 에볼라바이러스병, 사스, 니파뇌염, 라사열, 리프트밸리열, 마버그열, 크리미안콩고출혈열 8종을 선정했다. 그다음은 치쿤구니야열, 중증열성혈소판감소증후군(SFTS), 지카바이러스 감염증 등이 선정되었다. 이들 바이러스는 여전히 위험하다. 그 위험을 예측하고 예방하며 최소화하기 위해 관리하는 것은 바로 지구촌에 사는 인류의 몫이다.

03
급속하게 꺼지고 있는 바이러스 폭풍

선택의 기로에 서서

"아빠, 눈이 엄청 와요. 운전 조심하세요." 2021년 1월 초, 어둠이 세상을 뒤덮을 즈음, 연구실에서 각종 연구보고서를 준비하느라 정신이 없어 시간 가는 줄도 모르고 있는데 평소 같지 않게 딸에게서 급하게 연락이 왔다. 연구실 창문 밖에는 눈이 아예 쏟아 붇듯이 내리고 있었다. 돌발 상황! 건물 연결통로 베란다에는 눈이 이미 발목을 덮을 정도로 수북이 쌓여있었다.

"헉! 해지기 전까지는 눈 올 기미조차 없었는데, 언제 이렇게 폭설이 내렸지?" 거의 본능적으로 인간 서류들을 움켜잡고 서둘러 연구실을 나섰다. 건물 주차장으로 달려가는 짧은 시간에도 우산에 눈이 수북이 쌓였다. 뇌리에 스치는 생각은 오로지 빨리 차를 몰고 집으로 가야 한다는 생각밖에 없었다.

차를 몰고 서둘러 학교 주차장을 나서는 순간부터 무언가 불길한 느낌이 들기 시작했다. 건물을 관리하시는 분이 정신없이 계단이며 인도며 허겁지겁 눈을 치우고 있었고, 도로는 이미 눈이 쌓여 단단한 빙판이 만들어지고 있었다. 차를 몰고 나가는 그 짧은 시간에도 미끄러지듯 좌우로 흔들거렸다.

"가만, 차를 몰고 나가는 게 맞을까?" 그제서야 뭔가 일이 잘못되어 간다는 직감이 들면서, 냉정함을 찾기 시작했다. 뒤이어 아내에게서 전화가 왔다.

"아무래도 빨리 집에 오는 게 맞을 것 같아요, 차를 학교에 두고 오세요!" "이미 차를 끌고 나왔는데, 그냥 천천히 몰고 가지 뭐." 일단 나섰으니 그냥 집까지 강행하겠다는 마음을 먹었다.

학교 캠퍼스의 언덕길을 따라 정문으로 내려가는 길은 상황이 더욱 심각했다. 길바닥에 눈이 쌓인 데다 차들이 지나가면서 빙판을 만들고 차가 미끄러지듯 흔들거렸다. 한 시간이나 지나고 있었지만, 학교 정문을 통과하는 것은 고사하고, 캠퍼스 도로가에서 꿈쩍도 할 수 없었다. 필자의 차 앞뒤로 차들이 꼬리에 꼬리를 물고 있고 차를 되돌릴 틈도 없었다. 길가에는 눈만 하염없이 쌓여갔다. 조금씩 움직일 때마다 차가 헛바퀴를 돌기 시작했다. 당혹감의 수치가 점차 올라가고 있었다.

"아, 그냥 차를 학교에 두고 나왔어야 했는데!" 짧은 시간에 벌어진 돌발 변수 앞에 잠시 후 벌어질 일조차 제대로 예측하지 못한 대가를 치루고 있었다. 한 시간이 지나도록 차는 꽉 막힌 도로에서 한 바퀴도

전진하지 못하고 있었다. 캠퍼스 내 도로 맞은편에는 간헐적으로 귀가를 포기한 차들이 다시 주차장으로 향하고 있었다. 스필오버spillover! 이미 엎지르진 물을 담을 수는 없었고, 이제는 차선의 선택을 해야만 했다.

다행스럽게도 학교 캠퍼스 안에서 갇혀있는 상황이라 선택의 여지는 가지고 있었다. 차를 두고 가자! 핸들을 돌려서 학교 건물 주차장으로 가는 길을 선택했다. 차를 돌리긴 했지만, 꽤나 수북이 쌓인 도로 위에서 차바퀴는 헛돌기 시작했다. 후륜 차라 고갯길을 올라갈 수 없다며 주차 요원이 제지를 했다. 한참을 진퇴양란 속에 헤매던 차가 어느 순간 서서히 차바퀴를 움직이기 시작했다.

“하나님! 감사합니다. 그래, 조금씩만이라도 제발 움직여 다오!” 아주 느리게 차는 서서히 도로가로 향했다. 차량 통행에 장애가 되지 않는 곳에 차를 주차하자 귀가하던 주변 차량들이 하나씩 필자의 차 주위에 주차하기 시작했다. 이제는 가까운 전철역으로 가서 귀가하면 되는 것이다.

매서운 날씨 속에서 내리는 눈 폭풍을 뚫고 봉천 고개를 걸어서 넘어가는 길은 여간 고역은 아니었다. 그럼에도 불구하고, 봉천고개 길에 간헐적으로 멈춰선 차들을 보면서 최선의 선택을 했다고 위안을 삼을 수가 있었다. 그날 밤은 퇴근 시간대에 갑작스런 폭설로 인하여, 수도권 여러 곳에서 밤새도록 속수무책의 일들이 일어났다. 폭설이 만든 크고 작은 사건들이 코로나19 팬데믹 뉴스의 홍수 속에서 조그만 틈을 헤집고 방송 전파를 타고 흘러나왔다.

다음 날 아침, 여전히 한파가 기승을 부리고 있었고, 길가에 주차해 두었던 차들은 눈 얼음에 뒤덮여 상당 부분 형체를 감추고 있었다. 여기저기 지난밤의 눈 폭탄의 흔적이 남아있었지만, 다행히 단 하루도 지나지 않아 모든 게 정상으로 신속하게 돌아갔다.

갑작스러운 폭설이 내린 그날 밤, 2천만이 사는 수도권에서 수많은 사람들이 다양한 상황에서 다양한 선택을 했을 것이다. 수많은 선택적 상황에 직면하고, 그 상황을 해결하기 위하여 나름대로 최선의 선택을 해야 했다. 폭설의 돌발 상황을 예측했든, 안 했든 폭설이 오기 전 일찍 대피귀가했던 사람은 아마도 이런 재난 상황에서도 평화로운 마음으로 밤을 보냈을 것이다. 폭설의 위험을 알고 재빠르게 귀가한 사람도 최선의 선택에 안도감을 느끼며 하루를 보냈을 것이다.

과거에도 그동안 경험하지 못한 새로운 상황에 직면하는 사람들이 상당히 많았을 것이다. 별문제 없다고 안이하게 생각했든, 급한 업무로 어쩔 수 없었든, 이들은 뒤늦게 사태의 심각성을 깨닫고 각자도생의 해결 방안을 나름대로 강구해야 했을 것이다.

가장 최악의 상황은 '설마!' 하는 과거의 경험 법칙에 의존해 후륜 자동차로 귀가를 강행하다 비탈길 도로 한복판에서 갇혀버린, 거기에다 차 연료마저 바닥난 상태일 것이다. 차를 그나마 안전한 곳에 버려두고, 전철을 타고 귀가할 수 있었던 것은 그 상황에서 내릴 수 있는 최선의 선택일 것이다.

극단에 가까운 돌발 변수가 일으키는 재난 상황은 우리가 살아가면서 언제든 맞닥뜨릴 수 있다.

2020년 1월에 시작된 코로나19 팬데믹 사태의 긴 어둠의 터널 속에서 우리는 생물학적 환경 재난 상황에 직면했다. 여태껏 경험하지 못한 상황이었기에, 나라마다 나름대로 다양한 검역과 방역 전략을 선택했다. 팬데믹의 상황이 종료되고 나면, 어떻게 판단하고 어떻게 대응하는 것이 앞으로의 팬데믹을 대처하는 데 현명한 방법이었는지 평가될 것이다.

통제 전략과 실행 타이밍

누구든 감염병 유행으로 신체의 자유가 통제되고, 감염으로 신체의 고통을 받기를 원하는 사람은 없다. 그러나 국가 방역 당국의 적극적인 개입이 작동하지 않는다면, 위험한 바이러스는 누구든 가리지 않고 지역사회 전방위로 확산되어 감염으로 인한 고통의 나락으로 몰아갈 것이다. 이 또한 누구도 원하지 않는다. 그래서 최대한 감염으로부터 자신의 안전을 보호받기 위하여 신체의 자유가 일부 제한을 받는 희생을 감수하는 데 동의한다.

영국 임페리얼 대학 연구팀은 2003년 홍콩에서 사스 유행 당시 감염병 유행을 서시하는 데 보건 당국의 개입이 얼마나 중요한지를 시뮬레이션으로 분석했다. 그 결과에 따르면, 국가 개입이 없었다면 사스 유행은 통제 불능의 재앙으로 발전했을 것이라고 한다. 또한, 감염자 신고가 신속히 이루어지고 조기에 입원하는 것만으로도 2차 감염자를

19퍼센트 줄일 수 있고, 입원 후 신속한 격리 통제 조치까지 받는다면 2차 감염률 76퍼센트 감소시켜 감염병 유행을 통제하는 데 충분하다고 한다.

코로나19 팬데믹에 대처하는 데 있어서 나라마다 통제 전략과 실행 타이밍은 다르게 이루어졌다. 유행을 통제하는 데 필요한 세 가지 핵심 요소는 소위 3TTest, Trace, Treat다. 즉, 감염 또는 감염 노출 위험에 놓인 사람들을 조기에 신속히 검사Test하고, 역학조사를 통하여 확진자와 밀접하게 접촉한 사람들을 추적해 추가 감염자를 확인하고Trace, 이를 통해 감염자가 2차 감염자를 발생시키지 않도록 빠른 조치Treat를 취하는 것이다.

우리나라의 경우 이러한 3T 전략이 다른 나라들보다 잘 작동했다. 대량 신속 검사를 통하여 감염 초기 감염자를 신속하게 통제하고, 추적조사를 통하여 2차 감염자를 통제했다. 또한, 선별검사소 무작위 검사를 통해 역학조사로 잡히지 않은 상당수 감염자를 발견해 통제했다. 그럼에도 소위 '깜깜이 환자'의 문제가 해소되지는 않아 여전히 유행의 불씨를 안고 있다. 백신 접종을 통하여 집단면역이 이루어질 때까지 안심할 수는 없는 형편이지만, 유행 통제 수준으로 유지하는 것도 사실 대단한 성과이다.

만약 통제 전략에서 허점을 보여 코로나19 유행이 통제되지 못하고 봉쇄 수준으로까지 갔다면 우리가 겪는 고통은 지금보다 몇 배나 심각했을 것이다. 국민의 한 사람으로서 기꺼이 희생을 감수하며 공중보건 통제에 참여하고 있는 분들에게 진심으로 경의를 표한다.

코로나19 팬데믹 기세가 거침없던 2020년 봄, 필자는 한 금융권 지인을 만나 담소를 나누었는데 세상의 모든 이목이 백신 개발에 쏠려있다고 말했다. 사실 그 당시에 백신을 개발하는 데 전 세계 과학자들이 직·간접적으로 거의 다 동원되었다고 해도 과언이 아니었다. 물론 필자도 그중의 한 사람이었다.

이 사태를 잠재울 수 있는 최후의 보루가 백신이고, 인류 보건에 대한 엄청난 기여와 함께 백신 개발에 성공하면 엄청난 부를 선물로 받을 것이 명확해진 상황이었다. 백신 개발에 기여한 과학자에게는 노벨의학상이라는 선물도 주어지리라는 말도 나왔다.

코로나19 팬데믹이 발생한 지 일 년이 지난 시점에서 여러 종류의 백신이 출시되면서 백신에 대한 관심이 극에 달했다. 백신과 관련된 수많은 질문이 쏟아졌다. 당연하다.

백신의 예방 효과는 얼마나 좋을까? 동시에 모든 사람들이 접종받을 만큼 충분한 백신 공급이 이루어지기 어려우니 어느 집단부터 먼저 백신을 접종받아야 할까? 백신을 통한 집단면역은 얼마나 빨리 도달할 수 있을까? 백신을 접종받은 사람에서 면역 효과는 얼마나 지속될까? 여기저기서 나타나는 바이러스 변이에도 효과적으로 대응할 수 있을까? 급하게 백신이 출시되다 보니 혹시 부작용은 없을까? 백신 접종을 하면 코로나19 바이러스를 인류 집단에서 완전하게 제거할 수 있을까?

코로나19 백신이 초스피드로 개발되어 출시되고, 2021년에 많은 나라에서 백신 접종이 시작되다 보니 백신에 대한 많은 부분을 우리는 알지 못한다. 단지 추정할 뿐이다. 시간이 많이 경과되어야 질문에 대해 명쾌한 답을 내놓을 수 있을 것이다. 또한, 백신으로서의 효능과 안전성에 대한 우려는 각국 방역 당국과 전문가들에 의해 검토되어 출시되기 때문에 많은 부분 기우에 그칠 것이다.

2020년 12월 백신이 출시되면서 일부 국가들부터 백신 접종이 시작되었다. 가장 먼저 백신 접종에 들어간 나라들은 자국에서 코로나19 통제 시스템이 사실상 붕괴되었지만, 다행히 백신 확보를 위한 경제적 여유가 있는 부자 나라들이다.

감염병 팬데믹에 관한 한, 초연결 사회에서 특정 나라에서만 통제된다고 해결되는 것이 아니라 모든 나라에서 통제되어야 팬데믹 이전 상황으로 돌아갈 수 있다. 가장 이상적인 백신 접종 전략은 전 세계가 동시에 가능한 빨리, 최대한 많은 사람들이, 최대한 짧은 기간에 백신을 접종받아 동시에 집단면역이 형성되는 것이다.

그러나 우리가 바라는 대로만 흘러가지 않는 게 세상 이치인가 보다. 초기 백신 공급 물량이 충분하지 못하다 보니 나라마다 추구하는 백신 접종 정책과 전략이 다양할 수밖에 없다. 나라 간에도 우선순위가 만들어지고, 한 나라 내에서도 우선 순위가 만들어진다.

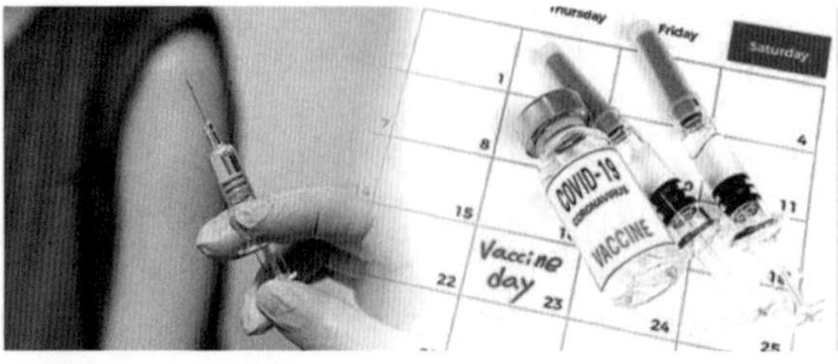

코로나19 백신 접종

그러나 백신이 코로나19 바이러스의 노출로부터 병증을 최소화하고, 설령 일부가 감염된다 하더라도 바이러스 배출량이 적어 타인을 감염시킬 가능성이 현저히 낮기 때문에 어느 나라든 백신을 접종해서 집단면역을 만들어 이 상황을 극복해야 한다는 데는 거의 이견이 없는 듯하다. 다만 백신이 효과적으로 집단면역을 형성하여 코로나 19를 극복하게 되기까지는 국가의 통제 전략과 실행 타이밍이 중요한 승패 요인으로 작동할 것이다.

백신 논쟁

감염병 통제를 위해서 백신을 접종해야 할까? 하는 논쟁이 치열하게 진행되고 있는 분야는 바로 가금 산업에서 치명적인 문제를 야기하는 조류 인플루엔자다. 우리나라에서 고병원성 조류 인플루엔자H5형가 가금 산업에 치명타를 입힐 때마다 백신 접종에 대한 논쟁은 주요 이슈로 떠오른다.

H5형 고병원성 조류 인플루엔자 백신 접종을 주장하는 측의 논리는 다음과 같다. 현재 방역 당국은 최악의 상황을 대비하여 조류 인플루엔자 항원 뱅크며칠 내 백신으로 제조할 수 있는 형태, 5천만 마리분를 구축하고 있고, 이들 백신이 조류 인플루엔자 예방에 충분한 예방 효과가 있기 때문에 조류 인플루엔자가 발생할 때 가금류를 살처분하는 것보다 낫다고 본다. 국내에서 알을 낳는 닭종계, 산란계 농장에서 저병원성 조류

인플루엔자H9형 백신을 접종함으로써 H9형 조류 인플루엔자 발생이 근절되는 수준까지 왔으며, 동남아 지역에서도 고병원성 조류 인플루엔자H5형 백신 접종을 하면서 농장 발생과 인체 감염이 현격히 줄었다고 주장한다. 필요하다면 사육 기간이 긴 종계병아리를 생산하는 닭나 산란계달걀을 생산하는 닭에서만이라도 제한적으로 사용해야 한다고 주장한다.

백신 접종을 반대하거나 신중해야 한다는 측의 논리는 다음과 같다. 방역 당국이 고병원성 조류 인플루엔자를 단기간에 통제할 수 있는 역량의 범위에 문제가 있다. 현재 비축한 백신은 종계나 산란계에서는 효과가 있을지 모르나, 정작 대부분을 차지하는 식용 오리나 닭육계에는 효과가 매우 제한적이어서 모든 가금 축종에 예방 효과를 발휘하기 힘들다. 백신을 접종하면 증상 없는 감염 닭이 발생하는데 이런 닭은 색출하기 어려워 오히려 인체 감염 위험이 증가할 수 있다. 또한 백신 접종 국가동남아, 중국에서 나타나듯이 상재화로 인해 시간이 지나면 변종이 나타나 백신을 주기적으로 교체해야 한다고 주장한다. 상재 국가인 나라로부터 가금 시장 개방 요구를 거절할 명분이 줄어든다는 주장이다.

조류 인플루엔자 백신 논쟁에서 어느 측의 주장이 보다 더 설득력이 있다고 생각하는가? 어느 나라든 방역 당국은 나름대로 국가 전략을 가지고 최선이라고 판단되는 방안을 선택한다고 본다. 정답은 없다.

모든 길은 코로나19로 통한다

새로운 바이러스가 출현해서 인류 사회를 발칵 뒤집어 놓으면 필연적으로 그 충격파는 사회 전반에 걸쳐 나타나게 된다. 2020년 코로나 팬데믹으로 인해 필자에게 일어난 가장 큰 변화는 학생들을 직접 볼 수 없는 데 있었다. 2020년 맡은 모든 수업이 비대면 온라인 화상 수업이었다. 그러다 보니, 학생들을 직접 볼 기회는 시험 기간 잠시뿐이었다. 그래서 가끔 학교에서 학생들이 다가와 반갑게 인사를 할 때 순간적으로 당황스럽다. 아는 척하려니 누군지 이름도 모르겠고, 모른 척하자니 학생들이 무시한다고 생각할까 봐 주저하게 되는 것이다.

2020년 코로나19로 인한 사회 전반에 걸쳐 나타난 충격은 엄청났다. 2021년 2월 26일 한국은행에서 발표한 자료에 의하면, 2020년 실질 국내총생산GDP은 연간 기준으로는 1,832조 원으로 2019년1,849조 원 대비 약 1.0퍼센트약 17조 원이 감소했다. 2019년 12월 정부가 발표한 2020년 실질 GDP 상승률을 2.0퍼센트로 예측했던 것을 감안하면 약 50조 원 감소한 셈이다. 국제통화기금IMF 외환위기 직후인 1998년 5.1퍼센트 감소한 이래 첫 마이너스 기록이다. 그나마 우리나라는 유행 통제에 나름대로 선방한 터라, 실패한 독일전년 대비 -5퍼센트이나 미국전년 대비 -3.5퍼센트보다는 나으니까 위안이라도 삼아야 하는지 모르겠다.

코로나19 팬데믹으로 인한 경제 후폭풍은 다양한 분야에서 명암을 갈랐다. 특히 사회적 거리두기나 집단 모임 자제금지 조치가 장기화하면서 숙박·음식, 교육, 문화 등 사회적 거리두기의 영향을 많이 받는

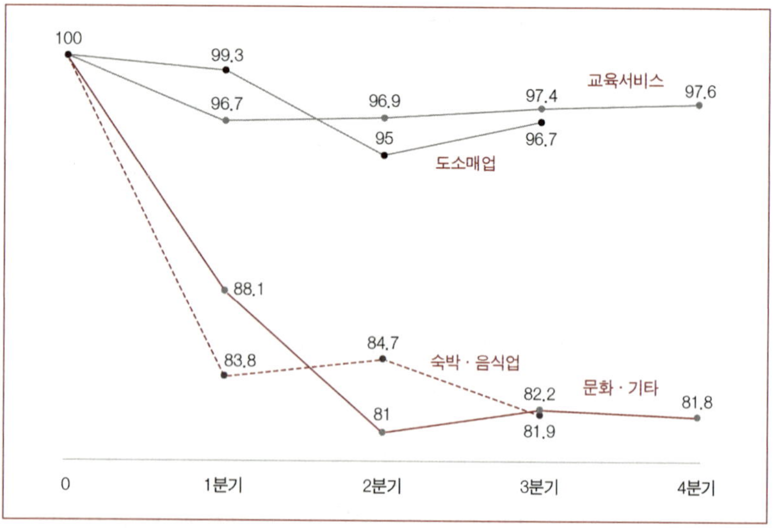

코로나19 팬데믹에 따른 서비스 세부 업종별 분기 GDP 추이(분기별 GDP는 직전 분기 GDP(=100) 기준으로 환산)
〈출처: 한국은행 경제통계시스템〉

업종에서 경제적 충격이 가장 심했다. 심지어 이들 업종에서의 매출은 1998년 IMF 외환위기 당시보다 더 큰 폭으로 감소했다.

반면에 코로나19로 인하여 업계의 실적이 급증하여 경제 업계의 판도가 바뀌는 경우도 발생했다. 특히 제약·바이오 업계에서의 지각 변동은 코로나19가 우리 경제에 얼마나 큰 영향을 미치는지를 보여준다. 코로나19 이전 시기에 연결기준 연간 매출액이 1조 원이 넘는 기업1조 클럽은 유한양행, 한미약품, 종근당, GC녹십자, 대웅제약 등 대부분 전통 제약사였다.

2020년 괄목할 만한 두각을 나타내며 혜성처럼 나타난 기업은 코로나19 진단 키트 공급 회사인 씨젠과 에스디바이오센서다. 2021년 2월

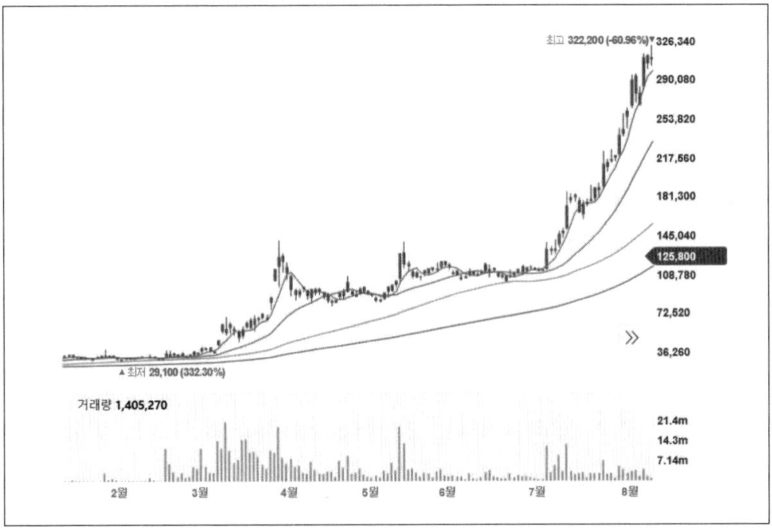

씨젠의 2020년도 주가 현황: 매출액이 급증하면서 주가도 급증했다.

에 언론에서 보도한 이들 회사의 2020년도 실적 발표잠정고시를 보면 이들 회사들이 얼마나 폭발적으로 성장했는지 그대로 나타난다. 씨젠의 경우 매출액연결 기준 1조 1,252억 원, 영업이익 6,782억 원으로 전년 대비 매출액 8.21배, 영업이익 29배나 폭발적으로 급증했다. 에스디바이오센서의 경우 매출액연결 기준 1조 6천억 원으로 전년 대비 약 20배 폭증했다. 이로 인해 제약·바이오 업계의 새로운 강자로 신데렐라처럼 등장했다. 2020년 예상 매출액 기준으로 이 업계의 전통 강호 셀트리온1조 8687억 원, 유한양행1조 6000억 원, 삼성바이오로직스1조 1647억 원, 녹십자 GC1조 411억 원 제약사와 같은 수준이다.

서울시가 신한카드 신용카드체크카드 포함 소비액을 토대로 서울시민 카드 소비액을 추산한 자료에 의하면, 2020년도 전체 소비액은 약 116

조 원으로 전년보다 2.9퍼센트3.5조 원 감소했다고 한다. 카드 소비액 감소 폭은 서울에서 코로나19가 유행할 때마다 증가했다. 특히 눈여겨볼 대목은 오프라인 소비가 전년 대비 7.5퍼센트7조 4000억 원 감소했다는 것이다. 업종별로는 여행사83.4퍼센트 감소 등 여행 관련 업종과 한식업16.5퍼센트 감소에서 피해가 심각했다. 반면 홈쇼핑 등 온라인 소비는 오히려 18.4퍼센트3조 9000억 원 증가했다.

"그 자리에 머물고 싶다면 가능한 빨리 달려야 한다. 성취하고 싶다면 훨씬 더 빨리 달려야 한다." 영국의 동화작가 루이스 캐럴의 말이 오늘날 피부에 와 닿는 냉혹한 현실 사회다.

NEW
VIRUS SHOCK

빨리 가려면 혼자 가라. 멀리 가려면 함께 가라.

-아프리카 속담-

제5장

팬데믹의 종말을 위하여

01 | 먼저 할 일, 우리를 지킬 수 있는 것

02 | 생명을 지키는 강력한 힘, 면역체계

03 | 하루 만에 진범 찾기: 분자 진단 혁명

04 | 마무리 투수: 백신과 치료제

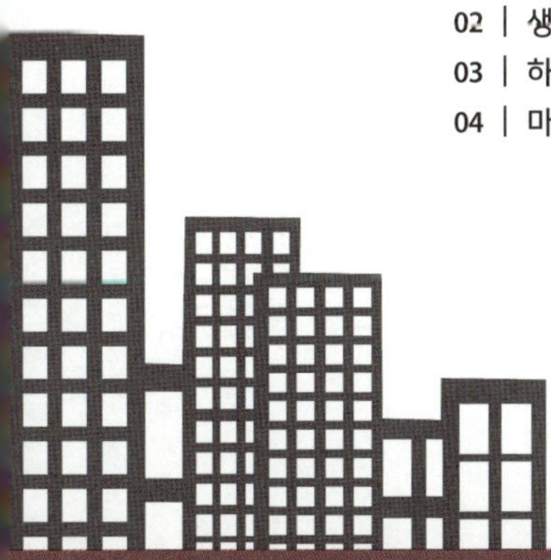

01

먼저 할 일, 우리를 지킬 수 있는 것

마스크의 시대, 감염병을 통제하다

"마스크를 쓰십시오. 마스크를 쓰지 않으면 승차할 수 없습니다."

서울 지하철역 개찰구에 교통카드를 들이대면 반복적으로 들려오는 말이다. 주변을 둘러봐도 모두가 마스크를 쓰고 있다. 혹여나 마스크를 쓰지 않고 역사를 다니면 지나가는 사람들의 째려보는 눈빛이 강렬하다. 마스크를 쓰지 않고 지하철을 탔다가 객실에서 실랑이를 벌어졌다는 뉴스가 방송에서 흘러나오기도 한다. 2020년 코로나19 팬데믹이 발생하면서 일상화된 우리들의 모습이다.

2020년 2월 코로나19가 우리나라에서 본격적으로 유행하면서 마스크의 국내 수요가 폭발적으로 늘어나고 마스크를 사재기하는 사람들이 적발되기도 했다. 마스크 공급 부족으로 인한 전국적인 품귀 현상으로 정부가 마스크 5부제를 실시하면서 여기저기서 마스크를 사려고 수백 미터 긴 줄이 이어지기는 진풍경이 벌어지기도 했다.

마스크 유통업을 하고 있던 지인은 그전까지만 해도 사업이 부진하여 고생을 했는데, 당시 영끌영혼까지 끌어다 쓴다는 표현까지 하면서 마스크를 공급하느라 촌음을 다투는 일이 하루하루 벌어지고 있다며 함박웃음을 지었다. 이런 상황은 2009년 사스 때도, 2015년 메르스 사태 때도 일어났다.

마스크의 시대를 본격 개막한 것은 사스가 전 세계를 강타했던 2003년 봄이었다. 당시 홍콩에서 국제사회로 퍼지기 시작한 사스는 비행기 승객을 통해 순식간에 28개국으로 번져나갔다. 비행기를 통한 해외여행이 대중화된 이후 감염병이 세계적으로 확산된 초유의 사건이었다.

2003년 봄, 결혼식장으로 향하는 마스크를 쓴 중국인 신부 사진이 잡지 표지에 등장하기도 했다. 그해 4월, 국내 산업용 마스크 제조회사 관계자는 한 방송사와의 인터뷰에서 사스가 전 세계에 확산되면서 아시아 국가로부터의 마스크 주문량이 평소보다 30배 이상 폭증했다고 말했다.

마스크의 시대가 돌아오면 으레 등장하는 것 중에 하나가 마스크의 효용성이다. 코로나19 팬데믹 시대에도 예외가 아니었다. 2020년 2월 말, 한 지자체장이 마스크를 써야 하는 과학적이고 객관적인 이유가 없고, 마스크를 하루 종일 쓰고 있으면 건강에 해롭다는 식으로 부정적인 글을 올렸다가 여론의 질타를 받기도 했다.

사실, 유행 초기 세계보건기구WHO가 홈페이지를 통해 건강한 일반인은 보건용 마스크를 쓸 필요가 없고, 호흡기 증상을 보이는 확진자와 치료하는 보건의료인만 써야 한다는 입장을 지속적으로 보여왔던 것도 이러한 일부 반대 여론을 형성하는 데 한몫했다. 사스나 메르스는 잠복기 감염자가 다른 사람을 전염시키기 않았기에 코로나19도 그럴 것이라고 보았기 때문이었다.

코로나19 유행이 경과하면서 나중에 밝혀진 사실이지만, 코로나19는 사스나 메르스와 달리, 무증상자와 잠복기감염 후 증상이 나타나기 전 시기 말기에도 감염자가 바이러스를 배출하여 주변에 있는 다른 사람들을 전염시킬 수 있다는 사실을 알게 되었다.

우연의 일치인지는 몰라도, 코로나19 유행 초기 마스크 착용에 미온적이었던 미국과 유럽 국가들은 2020년 내내 코로나19 대유행으로 통제 관리가 불가능한 수준으로 혹독한 댓가를 치루었다. 반면에 마스크 착용이 의무화된 아시아 국가들은 코로나19 방역에 상대적으로 성과를 보이고 통제 가능한 수준에 머물렀다.

실제로 마스크가 코로나바이러스 차단에 효과적일까? 결론부터 말하면 마스크는 코로나바이러스의 확산을 저지하는 데 분명히 도움이 된다. 코로나바이러스 입자만 보면 0.1나노미터1/1,000마이크로미터 크기이니 당연히 어떤 마스크 제품이라도 바이러스 입자는 통과한다. 바이러스 입자를 차단할 정도면 당장 호흡하는 데 문제가 생기기 때문에 우리가 마스크를 쓰고 다닐 수 없다.

감염자가 기침이나 재채기를 할 때 크고 작은 수백만 개의 물방울지름 0.1마이크로미터 내지 100마이크로미터이 뿜어져 나온다. 배출되는 침방울의 전체 부피로 치면 큰 물방울비말이 99퍼센트 이상 절대적인 양을 차지하고,

따라서 배출되는 바이러스 99퍼센트 이상은 큰 물방울(대부분 2미터 이내 거리에서 낙하한다) 속에 들어있게 된다. 그래서 마스크는 감염자의 입에서 튀어나오는 큰 물방울을 바깥으로 배출되지 못하도록 차단하고, 큰 물방울이 마스크를 쓴 다른 사람의 코와 입으로 들어가는 것을 차단한다.

실제로 2003년 베트남에서 사스 유행 당시 니시야마Nishiyama 박사가 실시한 사스 발생 병원 사례 연구에서, 마스크를 착용하지 않은 입원 환자가 마스크를 착용하는 사람보다 사스에 걸릴 위험이 12.6배나 높다고 결과가 나왔다. 홍콩 한 의류연구소의 위리Yi Li는 호흡기를 통해 내뱉은 물방울 비말을 마스크가 얼마나 차단할 수 있는지 알아보기 위해 형광색소 용액을 사용한 흥미로운 실험을 했다. 실험자들에게 마스크를 쓰게 하고 10분 간격으로 휴식과 걷기 운동을 반복적으로 시켰다. 그러면서 10분마다 1미터 거리에서 분무기로 형광색소 용액을 안면에 대고 뿌렸다. 이 같은 행위를 14번 반복적으로 실시했다. 그 결과, 마스크는 형광 비말 입자가 최소 92퍼센트에서 99퍼센트 이

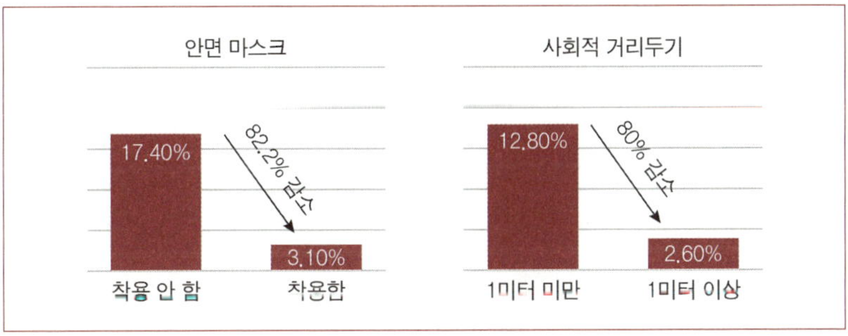

마스크 착용과 사회적 거리두기의 코로나바이러스 전염 차단 효과

상 입과 코로 들어오는 것을 차단했다.

2020년 6월, 캐나다 연구진들이 마스크 착용 등 물리적 방역에 대한 논란을 차단하는 연구 결과를 발표했다. 이들 연구진들은 그동안 사스, 메르스, 코로나19와 관련된 발표 문헌을 토대로 마스크 착용이 코로나바이러스를 차단하는 효과가 얼마나 되는지 분석했다.

마스크를 착용한 사람2,647명에서의 감염률이 3.1퍼센트였는데, 그렇지 않은 사람들10,170명에서는 감염률이 17.4퍼센트였다. 마스크 착용이 바이러스 감염률을 82.2퍼센트 감소시켰다. 또한 사회적 거리두기를 1미터 이상을 유지한 사람7,782명은 감염률이 2.6퍼센트였는 데 반해 그렇지 않았던 사람10,736명은 감염률이 12.8퍼센트였다. 즉 사회적 거리두기만으로도 감염률이 80퍼센트나 감소했다.

사회적 거리두기를 하면서 마스크를 착용했다면 감염률은 훨씬 더 크게 감소했을 것이다. 물론 마스크 착용이나 사회적 거리두기가 바이

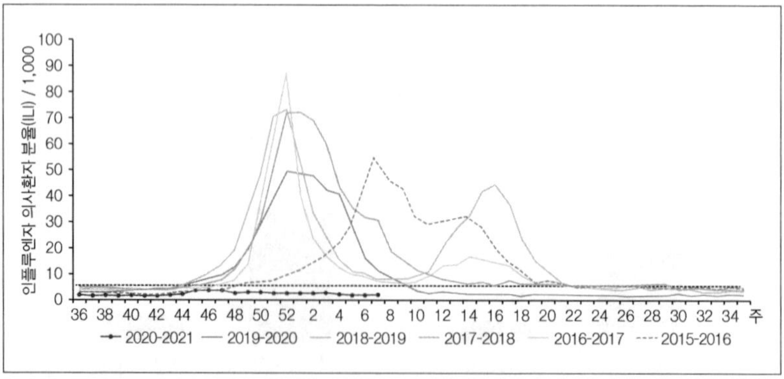

연도별 외래 환자 1,000명당 인플루엔자 의사환자 발생 현황
〈출처: 질병관리청〉

러스를 완벽하게 100퍼센트 차단하는 것은 아니지만, 감염될 확률을 크게 감소시킨다. 그것만으로도 코로나19 유행을 차단하는 물리적 방역에 큰 효과다.

실제 코로나19 팬데믹을 차단하기 위한 물리적 방역 효과는 다른 호흡기 질환의 급격한 감소로 이어졌다. 매년 환절기 때마다 유행하는 계절 독감이 대표적인 사례다. 2020년 가을 환절기가 다가오자 계절 독감과 코로나19가 동시에 유행하는 최악의 트윈데믹을 우려하는 목소리도 있었다. 그러나 매년 환절기마다 나타나는 계절 독감 유행이 2020년 봄철과 2020년 늦가을 환절기에 전혀 나타나지 않았다. 경이로운 수준이다. 매년 독감 백신을 맞으니까 독감 요인은 상수 요인이기에 변동 요인으로 작용한 물리적 방역이 기여한 효과가 절대적이라고 본다계절 독감이 코로나19보다 전염력이 약하기 때문에 가능하다.

사소하나 중요한 개인위생

감염병이 유행할 때 개인이 자신을 보호하기 위하여 할 수 있는 노력은 제한되어 있다. 개인이 할 수 있는 중요한 실천 행위 중 하나가 개인위생이다. 개인위생이 왜 중요할까?

어느 주말, 필자는 외출하면서 하루 동안 어디를 얼마나 만지는지 스스로 관찰해보았다. 집 밖을 나서자마자 승강기 버튼을 눌렀다. 버스를 타면서 손잡이를 잡고, 하차 버튼도 눌렀다. 전철을 타면서 자리가 없자 서서 가끔씩 손잡이에 손을 대었다.

지인을 만나기 위해 식당에 들어서면서 손잡이를 잡고 문을 열었으며, 주문하면서 테이블 호출 버튼을 눌렀다. 화장실에 가서는 볼 일을 본 후 변기 버튼을, 세면대 앞에서 손을 씻기 위해 손잡이를 당겼다. 어디를 가든 항상 남들이 만진 곳을 만지느라 분주했다. 이뿐만 아니라 그 손으로 수시로 내 얼굴을 만졌고, 코를 만졌다. 입에도 손을 갖다 대었다. 극단적 상황을 가정하면, 감염자가 자신의 코나 입을 만진 손으로 접촉한 곳을 필자가 만지기라도 했다면 바이러스가 손에 묻을 수 있고, 그 손으로 얼굴이나 입, 코를 만지면 필자는 바이러스에 감염될 수도 있을 것이다.

둘째 아이가 초등학교에 다니던 시절이다. 방학 숙제로 손 씻기를 제대로 했을 때 손에 묻어있는 균을 얼마나 없애주는지 알아보기 위해서 가족 구성원이 모두가 실험 대상이 된 적이 있었다. 우선 손 씻기 전 손바닥을 면봉으로 살짝 문지른 다음 실험 용기에 균을 배양했다. 나름대로 손을 청결히 유지한다고 했는데도, 가족 구성원 모두의 손에는 세균이 가득했다. 가족이 위생적으로 생활하지 않아서가 아니라 원래 손에는 세균이 가득 묻어있다. 그다음 손을 수돗물로만 씻은 경

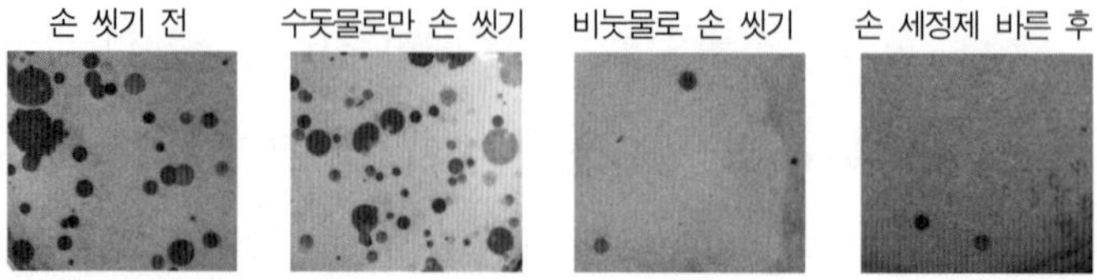

손바닥의 세균 분포 변화

우, 비눗물로 깨끗이 씻은 경우, 손 세정제로 씻은 경우로 나누어 비교했다. 손을 수돗물로만 씻을 경우에는 손에 있는 세균 수가 거의 줄어들지 않았다. 반면에 비누나 손 세정제로 씻은 경우에는 세균 수가 급격히 줄어들었다. 둘째 아이는 실험 감상문을 이렇게 썼다.

"손에 균이 그렇게 많은 것을 알고 깜짝 놀랐다. 다음부터 비누로 손을 자주 씻어야겠다."

눈에 보이는 세균을 사례로 설명을 했지만, 사회생활을 할 때, 외출했다 돌아왔을 때, 어디서든지 손 씻기나 세정제 사용 등 개인위생만 제대로 지켜도 손에 묻은 세균의 80퍼센트 이상이 제거된다.

코로나19 바이러스도 그럴까? 당연히 그렇다. 그 비밀은 바이러스 껍질 표면을 이루는 지질층에 있다. 비누 성분은 계면활성 작용을 통해 그 지질층을 녹여버려 바이러스를 파괴한다. 세정제는 주성분이 알코올이다. 이 알코올도 바이러스 껍질 지질층을 녹여버린다.

시중에 파는 손 세정제는 코로나19 바이러스에 얼마나 효과가 있을

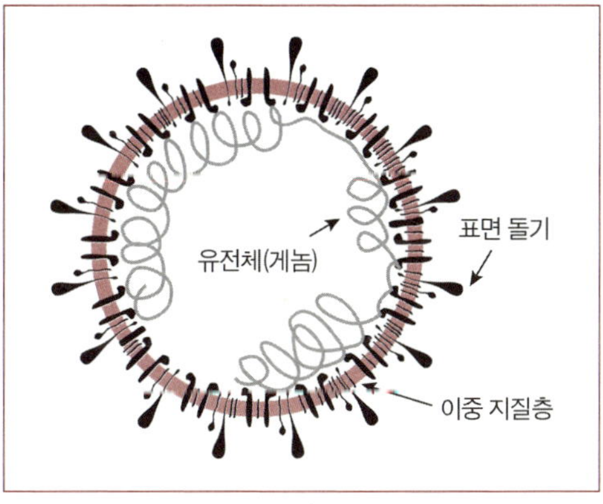

코로나바이러스의 구조

까? 미국 레슬리에 박사가 손 세정제로 실험을 시도했다. 2021년 <미국감염통제> 지에 발표한 연구 결과에 따르면 단 30초만 세정제에 노출되어도 코로나19 바이러스는 99.9퍼센트 이상 사멸했다고 한다.

겨울철 독감이 유행할 때나 코로나19 같은 신종 감염병이 유행할 때, 단지 손 씻기 운동 등에 관하여 말로만 하지 말고, 왜 개인위생을 지켜야 하는지 가상 시뮬레이션 영상으로 만들어 일반인들에게 홍보하면 효과적일 것이다. 그러면 일반 대중이 자신을 보호하기 위해서 무엇을 해야 하는지 피부로 와 닿지 않을까?

칵테일 파티 효과에 대처하는 능력

"팬데믹을 저지하려는 우리들의 노력을 방해하는 또 하나의 커다란 걸림돌은 다가오는 위험에 대한 대중의 어설픈 판단이다."

독일의 저명한 바이러스 학자이자 '글로벌 바이러스 예보'의 창립자인 네이선 울프Nathan Wolfe가 『바이러스 폭풍』이라는 책을 통해 밝힌 말이다. 다가오는 위험을 어떻게 판단할 수 있을까? 위험을 판단하는 능력은 비단 정책 결정자에게만 중요한 것이 아니다. 대중이 팬데믹에 관해 쏟아지는 각종 정보를 올바르게 이해하고 해석하며 판단할 수 있는 것도 중요하다. 어설픈 판단이 작동하여 대중 여론이 왜곡되면 정작 감염병 확산에 대응하는 정책 결정에 커다란 장벽으로 작용할 수 있기 때문이다.

위험에 관한 어설픈 판단은 음모론에 의해 확산되고 진화하는 경향을 보인다. 일단 음모론이 대중의 어설픈 판단의 등에 업히면 사회적 반향을 일으킬 정도로 파급력을 가지게 된다. 코로나19 유행 초기, 바이러스 인위 조작설특정 세력이 고의로 만들어서 전 세계에 퍼트린 것이 난무했다. 그 당시, 바이러스 인위 조작은 미국의 정치권에서 흘러나왔으며, 심지어 일부 과학자들도 동참했다.

2020년 3월, 미국 여론 조사 기관 퓨리서치센터가 미국인들을 대상으로 설문 조사를 했는데, 실제로 그러한 음모설을 믿는 사람이 23퍼센트였고, 실험실에서 실수로 유출했다고 믿는 사람도 6퍼센트나 되었다고 한다. 그 당시 다른 나라에서도 이러한 음모설에 동조하는 사람들이 광범위하게 존재했다.

"과학자들은 바이러스가 자연에서 우연히 유래했다고 주장하지만 정작 사람들은 그러한 우연 대신 인과적 설명을 선호한다. 대중은 음모론이 가진 그럴듯한 의미에 공감을 부여한다."

음모론 대응전문가인 스테판 레반도프스키Stefan Lewandowski 영국 브리스톨 대학교 교수는 2021년 3월 22일 미국 〈더버〉 지와의 인터뷰에서 음모론이 퍼지는 이유에 대해 이렇게 설명했다.

"향후 수십 년 내 천만 명 이상 사망자가 발생하는 일이 있다면 그것은 핵전쟁보다 바이러스 때문일 가능성이 높다. 그동안 핵 억제에 막대한 돈을 쏟아부었지만, 정작 미래 유행병에는 대비하지 않았다. 아프리카에서 에볼라가 대유행했을 때 대응 시스템 자체가 없었다. 진단 시스템이 없었고, 대응 전문가와 의료진이 부족했다. 다행히 영웅적인 의사들, 공기 전파가 되지 않은 바이러스 특성, 그리고 도시에서 발생하지 않았기에 크게 퍼지지 않았다. 미래에 신종 바이러스가 나타난다면 자연적이든, 생물 테러 무기로 개발되었든, 스페인독감처럼 공기로 퍼지면 전 세계에 급속히 확산되어 3천만 명 이상 사망자가 날 수도 있다. 우리는 대응 시스템을 설계할 수 있다. 과학기술이 있고, 위치 정보를 알려줄 위성지도도 있으며, 정보를 신속하게 알려줄 휴대전화도 있다. 미래 유행병에 대비하는 최상의 방법은 나토군처럼 훈련된 감염병 대응 상비군을 조직하고, 가난한 나라에 강력한 의료 시스템과 의료 인력을 준비하고, 군대와 의료 인력이 한 팀이 되어 신속하게 대처하도록 하는 일이다. 가상훈련을 통해 대응 시스템의 문제점을 찾아내고 백신 개발에 투자해야 한다. 세계은행 추산에 따르면 신종독감이 퍼지면 3조 달러의 부가 날아가고 수백만 명의 희생이 발생할 것이다. 우리가 대비하는 데 얼마나 많은 비용이 들어갈지 모르지만 향후 일어날 재난에 비할 바가 아니다."

서아프리카에서 에볼라가 창궐하여 막대한 인명 피해가 나타난 직후인 2015년 4월 4일, 마이크로소프트MS 창업자 빌 게이츠는 '미래 유행병? 우리는 대비하지 않고 있다'는 주제로 8분 남짓 TEDTechnology Entertainment Design, 테드 강연을 했다. 감염병과 전혀 다른 분야에서 일하는 분이 이러한 통찰력을 가진 데 대해 놀라움을 금치 못했다. 이 강연은 2015년 강연 당시보다 2020년 코로나19 팬데믹 사태가 발생하면서 집중 조명을 받았다. 미래를 예측한 그의 혜안에 관해 각종 언론에서 다뤘으며, 강연 영상 조회 수가 3,000만 회를 넘어설 정도로 대중의 폭발적인 관심을 받았다.

실제로 빌 게이츠는 자신의 철학을 실행에 옮기기 위해 '빌 & 멀린다 게이츠 재단'을 통해 에이즈, 에볼라 치료제 개발 등 감염병 대응 기금 마련에 지속적으로 동참해왔으며, 최근 코로나19 근절을 위해서도 1억 달러를 기부했다. 문제는 그다음에 이어졌다. 전 세계 수많은 대중들이 그의 강연에 열광했지만, 그의 의도와 달리 음모론에 맞추어 해석하려는 시도 또한 이어졌다.

TED 강연으로 빌 게이츠 강연이 여론의 관심을 끌자, 빌 게이츠가 사람들을 통제하기 위한 치밀한 계획으로 바이러스에 마이크로칩을 집어넣어 퍼지게 했다는 소문이 나기 시작했다. 거기에 미국 투자가 조지 소로스와 함께 우한연구소를 합작해서 만들었다는 내용까지 더해져, SNS를 통해 퍼져나갔다. 국내에서도 그런 영상이 공유되기도 했다. 가짜 정보다.

실제로 필자가 아는 지인들 중에서도 이런 이야기를 하기에 현혹되지 말라고 충고한 기억이 있다. 이런 허무맹랑한 내용을 믿는 미국인이 28퍼센트나 된다는 여론조사 결과가 미국에서 발표되기도 했다. 그 이외에도 2021년 1월, 한 미디어 분석 회사에서 5G 기술이 코로나19 확산의 원인일 수 있다는 소위 '5G 음모론'을 제기한 것이 SNS를 통해 퍼지면서 영국의 통신기지국 50개소에 방화가 일어났다는 언론 뉴스도 나왔다.

각종 음모론이 파급력을 가지는 것은 사회가 혼란하면 증거가 명확하지 않은 여러 가지 정보들이 난무하고, 그러한 정보 중에 솔깃한

정보에 집중하는 '칵테일 파티 효과'가 작동하기 때문이다. 1953년 영국 왕립 런던대학교 인지과학자 콜린 체리Colin Cherry가 주창한 '칵테일 파티 효과' 이론은 파티장에서 오고 가는 수많은 대화 중 자신에게 의미 있는 이야기만 들린다는 이론이다.

코로나19 팬데믹 사태에서 수많은 정보들이 난무하고, 많은 음모론이 나돌면서 본능적으로 듣고 싶은 것만 듣게 된다는 것이다. 음모론에 현혹되지 않고 대처하는 방법은 대중들이 위험을 정확히 인지하고, 올바르게 평가하고, 적절하게 대응할 수 있는 역량을 가지는 것이다. 공공 교육의 중요성이 여기에 있다.

감염병보다 중요한 것, 공공 교육

2014년 9월 에볼라가 서아프리카에서 한참 창궐하고 있을 때, 국립과천과학관을 방문하는 일반인, 주로 초등학생들을 대상으로 에볼라 바이러스에 관한 강연을 한 적이 있다. 그때 바이러스 자체가 무엇인지도 모르는 어린 초등학생에게 에볼라에 대해 알기 쉽게 설명하는 것이 얼마나 힘든 일인가를 실감했다.

나름대로 강연 자료를 최대한 쉽게 만들려고 애썼지만 고등학교에 다니는 큰 아이에게 시연을 해보니 나름 생물학 분야에 관심이 있고 기초 지식이 있던 우리 아이조차 표정이 어두웠다.

"아빠 너무 어려워요. 무슨 얘기를 하려는지는 알겠는데 너무 전문

적이네요!"

아이의 평가는 냉혹했다. 전문적인 내용이 많아 일반인들이 듣기에는 벅찰 것이라는 아내의 평가도 잇따랐다. 덕분에 큰 아이가 수긍할 때까지 강연 내용을 고치고 또 고쳤지만, 여전히 현장 강연에서 진땀을 흘려야 했다. 평소 감염병에 대해 관심이 있는 일반인에게도 바이러스 이야기는 쉽지 않을 것이다.

코로나19 팬데믹을 겪으면서 바이러스의 정체에 대해 대중이 질문하기 시작했고, 전문가는 그 질문에 대한 답을 찾기 위해 노력한다. 바람직한 분위기다. 전문가들이 바이러스 지식의 대중화 방안에 대해 고민을 하고 있고, 감염병이나 바이러스를 다루는 다양한 교양서적들이 출간되고 있다. 이제는 일반 대중들도 바이러스에 대한 기초 소양을 갖추기 위해 노력해야 할 때가 되었다. 그래서 우리 사회에 감염병의 위협이 닥쳤을 때 바이러스 상식을 바탕으로 올바르게 판단하고 이성적으로 대처할 수 있는 사회적 분위기를 만들어 나가야 한다.

2015년 12월 말, 바이러스 지식의 대중화 측면에서 볼 때 매우 고무적인 특별한 이벤트가 국립과천과학관에서 이루어졌다. 한국에서의 메르스 사태를 계기로 일반 대중에게 감염병과 바이러스에 대한 올바른 이해를 돕고자 하는 취지로 시작된 '바이러스 특별기획전'이 그것이었다. 그 취지에 절대 동감하고 있었기에, 이 기획전을 준비하는 단계에서부터 필자를 포함한 여러 전문가들이 바이러스와 감염병 기획안에 대하여 기술 자문을 하고, 실제 바이러스 실험에 대한 기술 지원도 해주었다.

바이러스 특별기획전이 시작되어 전시관을 방문했을 때, '아, 바로 이런 거야.'라고 절로 감탄이 나왔다. 전시장 입구에 있는 독감 환자가 기침을 할 때 바이러스가 어떻게 뿜어 나오는지를 보여주는 영상과 의사들이 입는 방역 장비들이 눈길을 사로잡았다. 바이러스가 어떻게 생겼는지, 신종 바이러스가 인간에게 어떻게 출현하는지, 바이러스가 비행기 등 여행객 이동으로 지구상에 어떻게 확산되는지, 우리가 만지는 물건이나 장소에서 바이러스가 얼마나 묻어있는지를 영상과 체험을 통해 알려주고 있었다.

또한 지역사회에 바이러스가 퍼졌을 때 사람들 사이에 어떻게 번져나가는지, 백신이나 치료제를 투여할 때 바이러스 확산이 어떻게 감소하는지, 치료제가 감염 환자의 고통을 어떻게 줄여주는지 등을 다양한 방법으로 알려주었다. 예를 들어, 모형 맞추기, 시뮬레이션, 컴퓨터 게임, 실험 실습 등으로 구성하여 기초 지식이 전혀 없는 초등학생들도 흥미를 가지고 참여할 수 있도록 했다.

이 사례는 우리가 감염병에 대하여 대처하고자 하는 노력의 단지 일부분에 불과할 뿐이다. 다양한 지식의 대중화 노력들이 지속적으로 이루어지고 대중과의 소통과 공감이 확대될 때, 감염병에 관한 교양과 지식의 대중화가 이루어질 것이다.

코로나19 바이러스는 머지않아 진정세로 접어들 것이다. 그렇지만 언제 어느 순간에 지구촌 어딘가에서 우리가 인지하지 못하는 신종 바이러스가 출현할지 모른다. 그중 상당수는 일회성 사례로 그칠 것이고, 일부는 출현 지역에서만 유행하다가 찻잔 속의 태풍처럼 사라질

바이러스 특별기획전에서 바이러스에 관하여 체험하는 장면
〈출처: 경기관광공사 홈페이지 화면 캡처〉

것이고, 극히 낮은 확률이지만 처음 출현한 지역사회를 벗어나 전 세계로 확산될 수도 있을 것이다.

우리의 생활 반경이 확대되고 빨라질수록 감염병의 확산 속도는 더 빨라질 수 있다. 앞으로도 지구촌 어딘가에서 신종 바이러스는 우리의 예측 영역 바깥에서 돌발적이고 지속적으로 나타날 수 있다. 그럼에도 그러한 감염병 확산이 인류의 지속가능성을 위협하는 수준까지 확대될 가능성은 그리 높지 않다고 본다.

세계보건기구와 보건 당국의 개입, 신종 감염병 탐지와 출현 예측 기술의 발달, 의학적 대응 기술의 발달 등 신종 감염병을 통제할 수 있는 역량을 강화하려는 인류의 노력이 이어지고 있고, 앞으로도 그 노력은 더욱 강화될 것이라고 믿기 때문이다.

일반 대중이 신종 감염병 출현과 유행에 너무 두려워할 필요는 없다. 그렇다고 너무 낙관적으로 판단하여 무관심해서도 안 된다. 감염병이 출현했을 때 일반 대중이 심한 두려움을 갖지 않고, 이성적으로 올바르게 대처할 수 있으면 된다. 따라서 감염병에 대한 기본 지식을 올바르게 공유하고 이해시키려는 노력은 감염병 출현과 확산을 방지하기 위한 각종 하드웨어적 인프라 구축만큼이나 중요하다.

02

생명을 지키는 강력한 힘, 면역체계

코로나19 최소 감염량

코로나19 바이러스가 전 세계를 휩쓸면서 우리나라도 지역사회 유행에서 자유롭지 못했다. 하루가 멀다하고 집단 감염 사례가 발생하고, 그 상황을 진화하느라 방역 당국은 진땀을 흘렸다. 최근 들어 정보통신 기술을 활용하여 확진자 이동 동선을 표시하는 앱도 등장하고, 정부에서도 확진자의 동선에 대한 정보를 투명하게 공개하기도 했었다.

일단 확진자의 동선이 파악되면 이동 경로를 따라 건물이 잠정 폐쇄되고 소독하느라 부산하다. 잠재적 접촉자를 찾기 위한 역학 조사 노력도 이루어진다. 확진자가 머문 식당이나 건물에는 사람들의 발길이 뚝 끊겨 한산하기 이를 데가 없다. 혹시 확진자가 남겼을지 모르는 바이러스 입자가 하나라도 묻어서, 그 몹쓸 감염병에 걸릴까 하는 두려움 때문이다. 소심해서 나쁠 것은 전혀 없다. 안전이 최선이다.

그러나 코로나바이러스든, 인플루엔자바이러스든 설령 바이러스 입자 한 개가 묻어 몸에 들어온다고 해서 대중들이 두려워하는 것처럼 그렇게 쉽게 병이 걸리는 것은 아니다. 사람을 포함한 숙주 동물은 그런 병원체 침투에 대해 무방비 상태로 바이러스에 굴복하는 호락호락한 상대는 아니다.

적은 양의 바이러스가 몸에 침투하면 이를 격퇴시킬 수 있는 방어 시스템, 즉 면역이라는 무기를 모든 생명체는 가지고 있다. 그러나 면역체계가 일차적으로 바이러스를 제거할 수 없을 정도의 양이 들어오면, 바이러스가 몸에서 증식하고 심각하면 병을 일으킨다.

사실 우리 몸의 면역체계는 우리가 상상하는 것보다 훨씬 더 정교하고, 각종 면역세포들이 긴밀한 협력을 통해 네트워크를 형성하여 유기적으로 외부 침입자를 퇴치한다. 만약에 이 네트워크의 어느 부분이라도 문제가 발생하면 마치 강둑이 무너지듯, 폭포수처럼 증식한 바이러스가 숙주에게 참혹한 손상을 가할 수 있다. 심지어 그 지경에 이르면 숙주는 자신의 생존을 보장받기 힘든 상태가 될 수도 있다. 숙주 생명을 지키는 힘은 면역에서 나온다.

얼마나 많은 양의 바이러스가 몸속으로 들어와야 병에 걸리는 것일까? 감염을 일으킬 바이러스 최소량은 바이러스 종류, 면역 상태, 면역 수준, 연령, 환경밀집, 밀접, 밀폐, 접촉의 강도 등에 따라 상당히 차이가 나타난다. 같은 공간에서 접촉했더라도 누구는 걸리고, 누구는 걸리지 않은 경우가 많다. 만성질환으로 면역력이 취약한 사람, 나이 드신 어르신들이 젊고 건강한 젊은이들과 같을 수 없다.

사람을 대상으로 그런 끔찍한 인체 실험을 할 수 없는 탓에, 얼마나 많은 바이러스에 노출이 되어야 병이 걸릴지는 정확히 알 수가 없다. 그래서 동물바이러스를 가지고 숙주 동물에서 얼마나 많은 양의 바이러스가 침투해야 질병을 일으킬 수 있는지를 통해 유추해볼 수 있다.

약 40년 전 공개된 연구 결과 자료지만, 계절 독감인플루엔자의 경우 최소한 수백 개 이상의 인플루엔자바이러스 입자가 사람의 코를 통해 들어와야 독감을 일으킨다고 한다. 전염성이 강한 바이러스일수록 그렇지 않은 바이러스보다 적은 양으로도 사람을 감염시킬 수 있을 것이다.

코로나19 바이러스의 경우는 어떨까? 영국에서 상당히 위험한 인체 실험을 강행한다고 언론을 통해 보도되는 것을 보았다. 아마도 병증을 조사하기 위해서, 전파 양상을 조사하기 위해서, 또는 치료제나 백신의 효능을 평가하기 위해서 등 코로나19 바이러스의 정체를 파악하기 위해 다양한 분석을 시도할 것이다. 거기에서 사람 감염에 필요한 바이러스 최소량이 얼마일지 그런 실험을 할지는 모르겠다.

코로나19 바이러스에 얼마나 노출되어야 감염될 수 있는지를 아직까지는 알 수가 없기에, 백신이나 치료제를 개발하기 위한 목적으로 실시되는 다양한 동물 실험에서 그 단서를 추적해볼 수 있다. 그런데 연구 자료들을 살펴보니, 대부분 실험은 100퍼센트 감염시킬 수 있는 충분한 양의 바이러스를 가지고 실험하기 때문에 최소 감염량을 파악할 수 있는 그런 자료를 발견하기는 쉽지 않았다.

인간 ACE-2 수용체를 가진 유전자 조작 실험쥐를 가지고 한 연구 사례를 보면 코로나19 바이러스 약 2만 개를 코로 주입했을 때 실험쥐

절반이 감염되었다. 아마도 사람은 실험쥐보다 더 쉽게 감염되므로 이보다 더 적은 양으로도 코로나19에 감염될 것이다. 2020년 7월, 이란의 한 연구자는 그동안 관련 문헌을 종합 분석해 보았을 때, 사람이 코로나19 바이러스에 감염되려면 아마도 최소한 100개 이상 바이러스 입자에 노출되어야 가능할 것이라는 분석을 내놓았다. 즉, 100개 이하 바이러스에 노출되면 감염되지 않는다는 의미다.

필자는 닭 바이러스를 사용하여 이 바이러스를 최소한 얼마나 투여해야 숙주 동물인 닭이 감염되어 면역이 자극되는지, 바이러스 최소량을 결정하는 동물 실험을 한 적이 있었다. 우선, 닭 바이러스뉴캐슬병 바이러스를 농도별로 주입해서 닭이 감염되는지 조사했다. 닭 한 마리당 100만 개의 바이러스를 주입한 집단에서는 실험에 사용한 모든 닭이 감염되었다. 10만 개의 바이러스를 주입한 집단의 경우 10마리 중 7마리만 감염이 일어났다. 그러나 1,000개의 바이러스를 주입한 집단의 닭은 한 마리도 바이러스에 감염되지 않았다. 이 실험은 무엇을 의미하는 것일까?

이 바이러스의 경우, 최소한 1,000개 이상 감염성 바이러스를 닭에 주입해야 바이러스가 닭에서 병을 일으킬 수 있는 것이다. 이보다 적은 양의 바이러스를 주입한다면, 숙주 동물인 닭의 면역체계가 작동하여 침투한 바이러스가 숙주 세포에 들어가 증식할 틈도 주지 않고 바이러스를 신속하게 제거한다는 의미다.

위에서 언급한 닭 실험 결과를 보면, 중요한 부분을 또 하나 발견할 수 있다. 너무 많은 바이러스100만 개를 주입했을 때에는 모든 닭이 감염되었다. 그러나 어중간한 바이러스를 주입했을 때에는 닭 개체마다 달랐다. 바이러스 10만 개를 주입했을 때 감염되지 않는 닭이 있는가 하면, 바이러스 1만 개만 주입해도 감염되는 닭이 있었다. 같은 양의 바이러스에 노출이 되더라도 감염이 되는 닭 개체가 있는가 하면, 그렇지 않은 닭 개체도 있다.

사람에서도 마찬가지 논리가 적용될 것이다. 불행하게도 확진자로 인하여 오염된 환경에 노출된 경우를 가정해보자. 적은 양의 바이러스에 노출되면 면역력이 강한 사람은 그렇지 않은 사람보다 감염될 확률이 상대적으로 낮을 것이다. 물론 너무 많은 양의 바이러스에 노출되면 누구든지 걸릴 위험이 높지만 말이다.

마스크 착용, 거리두기 등 생활 방역을 지킨 경우는 그렇지 못한 경우보다 노출되는 바이러스 양이 현저하게 줄어들 것이다. 바이러스 노출량이 적어지는 만큼 감염될 확률도 줄어드는 것은 당연한 이치다. 생활 방역은 그래서 사소할 것 같지만 결코 사소하지 않다.

숙주 경비대

바이러스는 어떻게 몸속으로 침투할까? 우리 몸은 피부를 통해 각종 병원균의 공격으로부터 안전을 보호받고 있다. 피부는 도성의 성곽과 같아서, 여간해서는 바이러스 병원균이 피부를 뚫고 통과하지 못한다. 만약 피부가 제 기능을 하지 못한다면 우리는 생활하는 공간 어디에서나 존재하는 각종 병원균의 위협에 시달릴 것이고, 아마도 생존하는 것 자체가 불가능할 것이다. 피부가 없는 무방비 상태에서 생존하기 위해서는 무균 인큐베이터 안에서 각종 멸균 음식만 섭취해야 할 것이다.

그렇다고 모든 병원체가 피부를 통해 침투하지 않는 것은 아니다. 피부라는 성곽은 완벽하지 않다. 그래서 가끔은 성곽 벽돌을 부수고 쳐들어오는 특공 작전에 무력해지기도 한다. 바이러스 병원균이 피부를 통과해서 감염을 일으키는 가장 흔한 경우는 모기와 같은 곤충이 피를 빨아먹는 과정에서 모기의 타액에 묻은 바이러스가 혈관을 통해 침투해 들어오는 것이다. 모기가 흡혈하는 동안 모기 체내에 있는 바이러스가 사람 피부를 통과해서 혈관 속으로 바로 침투하게 된다. 일본뇌염, 뎅기열, 웨스트나일 바이러스 뇌염과 같은 감염병이 이러한 방법으로 발병한다. 그래서 이런 감염병은 병원균을 옮기는 모기에 물리지 않는 것이 가장 중요한 예방 수칙이다.

다음으로 흔한 방법은 주사기를 통해서다. 오염된 주사기를 사용하거나, 감염자 수술 또는 치료 과정에서 주사기에 찔리는 사고 등을 통해 감염이 이루어질 수 있다. 2015년 가을, 서울의 한 개인병원에서 주사기 재사용으로 그 병원에서 치료받던 수십 명의 환자가 졸지에 C형 간염에 걸리는 끔찍한 사건이 발생했다. 에이즈 유행 초창기 상당히 문제가 되었던, 마약 중독자들 사이에서 같은 주사기를 사용함으로써 HIV에 걸리는 사례도 이에 해당한다. 이밖에 광견병에 걸린 개에 물려서 걸리는 공수병도 피부 상처를 통해 바이러스가 침투하는 사례 중 하나다.

대부분 바이러스는 피부가 아닌, 외부 환경과 내부를 연결하는 부위눈, 코, 입 등을 통해 기관지나 식도를 통과하여 신체 내부로 침입한다. 바이러스가 아무런 장애도 받지 않고 몸속으로 무혈 입성하는 것은 아니다. 마치 옛 도성의 성곽 출입문에서처럼, 숙주는 몸 안으로 들어가는 입구에 경비대를 내보내 외부 침입자비자기, Non-Self가 침투해 들어오는 것을 차단한다.

눈, 구강, 코 등 몸 안으로 들어가는 출입구에는 리소자임Lysozyme이라는 강력한 살균 성분을 가진 경비대가 서 있다. 그래서 바이러스가 이 출입구를 통해 들어오면 점막에 달라붙은 바이러스의 껍데기인 단백질을 리소자임이 파괴시켜 버린다. 정상적인 사람이 결막염, 충치염 등에 쉽게 걸리지 않는 이유가 여기에 있다.

호흡기 기도는 머리카락 같이 생긴 섬모로 덮여있는데, 이들 섬모가 기도 바깥을 향하여 빗자루로 마당을 쓸 듯이 병원균을 기도 바깥으로 지속적으로 밀어낸다. 노인층이 폐렴에 취약한 이유는 이러한 섬모 활동이 왕성하지 못해 구강 미생물예: 포도상구균이 기도로 들어올 때 밀어내는 힘이 약하기 때문이다.

또한 감기에 걸렸을 때 재채기나 기침 등이 본능적으로 나오는 것도 숙주의 출입구 경비대가 하는 중요한 역할이다. 몸에 들어와 증식하는 바이러스를 뱉어내는 무의식적인 신체 보호 작용이다. 우리가 음식 등을 섭취하는 과정에서 바이러스가 식도를 통해서 창자로 들어온 경우에는 창자가 파도치듯이 움직이는 '연동 운동'으로, 병원균이 가득 들어있는 장 내용물은 대변을 통해 하루에 수백만 개의 미생물을 쏟아

내보내면서 창자의 건강을 회복하려고 한다.

그러한 물리적 방어 장벽이 있기는 하지만, 신체의 물리적 성벽이 손상된다든가, 아니면 침투하는 세균이나 바이러스 양이 많은 경우에는 입구를 지키는 경비대도 별수 없이 무너진다. 속수무책이다.

면역의 일선에서

신체의 물리적 장벽이 침투하는 병원균을 제대로 막지 못하는 상황이 벌어지면, 그다음으로 작동하는 방어 장벽은 숙주가 태어나면서부터 가지고 있는 활성 면역세포의 방어 작용, 즉 선천 면역이다. 호중구, 탐식세포, 자연살상세포가 면역 장벽을 구축하는 대표적인 일차 면역 세포들이다. 대부분의 면역 증강 제품들이 바로 이들 세포를 활성화하여 면역 기능을 높여주는 물질이라고 보면 된다.

일차 면역세포들은 일단 몸속으로 침투한 외부 침입자비자기, Non-Self의 정체 감별 작업을 해서, 자기 몸에 해를 끼치는 적이라고 판정하는 순간 이들을 체포해서 잡아먹는다. 일반적으로 바이러스가 신체 내부로 침투했을 때 가장 먼저 달려오는 면역세포는 탐식세포이다. 탐식세포는 신체 곳곳에 배치되어 있고, 그 수가 무려 1조 개에 이른다. 외부 환경에 직접 연결되어 방어선이 취약한 곳허파, 창자, 생식기 등에는 특히 많이 배치된다. 병원균이 쉽게 침투해 들어올 수 있는 허파에만 최대 350억 개의 탐식세포가 철통 수비를 하고 있다.

예를 들어, 코로나바이러스가 기도를 통해 기관 상피에 침입하여 세포를 감염시키면, 그 세포는 인터페론을 분비하여 바이러스가 증식하는 것을 저지하려고 안간힘을 쓴다. 동시에 외부 침입을 알리는 신호를 면역세포에게 보내면, 그 부위에 가장 먼저 달려오는 세포는 탐식세포 중 하나인 혈중 호중구다. 이 호중구는 혈액 내 들어있는 백혈구의 절반 이상을 차지하는 주력 부대로 혈관 속을 돌아다니며 이물질을 청소하는 임무를 띠고 있다. 이 세포는 골수에서 매일 공급되며, 수명이 매우 짧아서 기껏해야 이틀밖에 살지 못하기 때문에 매일 전체 호중구의 절반을 교체한다. 호중구는 아메바처럼 움직이면서 혈관 벽세포 틈을 비집고 감염 부위로 들어와 외부 침입자를 격퇴하는 소위 '이물질 청소부'라고 볼 수 있다.

바이러스가 침투하면 골수에서 호중구가 대량으로 방출되어 감염 부위에 몰려들어 그 수가 며칠 이내에 수만 개에 이른다. 이때 호중구는 외부 침입자 바이러스를 집어삼킨 후 활성산소를 사용하여 병원균을 파괴시키고 자살한다. 피부에 상처가 날 때 그 부위에 열감이 있다가 며칠 뒤 고름, 염증이 잔뜩 생기는 것은 감염 부위에 몰려든 수만 개의 탐식세포인 호중구가 침투한 병원균을 처리하고 자살하여 생긴 흔적이다. 며칠이 지나면 감염 부위 내 호중구 수는 급속히 줄어든다.

동물이든 사람이든 급성 감염성 질환에 걸리게 되면 감염 초기에 심한 고열에 시달리고, 근육통으로 삭신이 쑤시기 시작한다. 몸에서 갑자기 고열이 발생한다는 것은 두 번째 방어 장벽인 선천 면역세포들이 외부 침입자인 병원균과 장렬하게 싸우는 과정을 알리는 신호이다.

그래서 고열이 나면 '외부 침입자가 몸에 침투한 지 얼마 되지 않았구나!', '내 몸을 수호하는 전사인 탐식세포가 열심히 나를 위해 전쟁을 하고 있구나!' 하고 생각하면 된다.

좀 더 구체적으로 설명하면, 탐식세포가 외부 침입자, 즉 바이러스가 무단 침입한 것을 알아차리고 이들을 먹어 치우는 과정에서 파괴시킨 바이러스 조각을 표면에 내걸어 후방 지원 면역세포, 특히 헬퍼 T 세포에 이물질의 정체에 대한 정보를 제공한다. 이때 면역세포는 더 많은 면역세포들을 끌어들이기 위하여 인터류킨면역세포가 분비하는 단백질이고 면역세포를 호출하는 기능을 하는 면역 물질을 분비한다. 이때 분비되는 인터류킨은 뇌의 체온 조절 중추를 자극하여 몸에 열이 발생하도록 만든다. 그래서 고열이 발생한다. 인플루엔자바이러스에 감염되어 감염 부위에서 증식하기 시작할 때, 수만 개의 탐식세포들이 집중적으로 달라붙어 사이토카인을 분비하기 때문에 몇 시부터 고열이 나타났는지 환자 본인도 또렷이 기억할 정도가 된다.

신종 바이러스에 의한 급성 감염이 일어나는 경우, 간혹 엄청나게 쏟아지는 바이러스를 감당하려고 탐식세포들이 무리하게 몰려들 때가 있다. 이때 세포가 내뿜는 활성산소는 숙주 조직을 손상시키고, 사이토카인을 엄청나게 분비한다. 그 신호를 받고 달려온 이차 면역세포, 특히 T 세포가 감염세포를 마구 죽이는 사태가 벌어져 숙주 조직에 과도한 염증을 유발하게 되고 심할 경우 숙주 생명을 위협할 수 있다. 일명 '사이토카인 폭풍' 효과다. 이 사이토카인 폭풍 효과는 면역 기능이 왕성할 때 상대적으로 나타날 확률이 있다.

중화항체와 T 세포

백신은 바이러스 단백질 일부돌기 단백질만 인공 합성하든, 아니면 바이러스 입자를 통째로 사용해서 만든다. 그래서 코로나바이러스가 감염될 때와 유사한 면역 반응을 몸 안에 미리 만들어놓아 바이러스가 침투하면 구축한 면역 반응을 통해 격퇴하는 전략이라는 것은 이미 알고 있을 것이다.

방송이나 언론에서 코로나19 백신 개발과 관련된 뉴스를 접할 때마다 백신의 효능을 평가하는 지표로 자주 기사에 등장하는 용어가 있다. 바로 '항체 생성'과 'T 세포 생성'이라는 단어이다. 면역학 관련 공부를 한 사람은 익숙한 용어일 것이고, 그렇지 않은 경우도 코로나19 백신 관련 언론방송을 통해 접했을 것이다.

우리 몸에 있는 면역세포는 크게 일차 면역세포와 이차 면역세포로 나눈다. 일차 면역세포는 호중구, 탐식세포, 자연살상세포 등 앞에서 언급한 면역세포들이다. 이들 세포는 침입자가 바이러스든, 세균이든, 이물질이 무엇이든 몸에 해로운 물질이라고 인식하면 가리지 않고 무조건 달려와서 이들을 처리한다. 적과 아군만 구분하고 적이면 제거하는 식이다. 이러한 면역체계는 태어나면서부터 우리 몸을 지키기 위해 선천적으로 타고 난다선천 면역.

이들 일차 면역세포가 몸에 침투한 바이러스를 제거하는 능력은 자주 한계에 부닥친다. 바이러스 증식 속도를 감당할 수 없기 때문이다. 그래서 뒤이어 출동하는 면역세포들이 바로 이차 면역세포다. 항체를 만드는 B 세포와 감염 세포를 처리하는 데 필요한 T 세포가 여기에 속한다. 이들 세포는 이물질바이러스이 몸에 들어오면 그때야 잠에서 깨어나, 우리 몸 안에서 소동을 벌이는 그 녀석만을 표적으로 하여 제거하는 일종의 '저격수'에 해당한다후천 면역. 단 한 녀석만 저격하기 때문에 면역 효과가 선천 면역과 비교할 수 없을 만큼 정교하고 강력하다.

이들 세포는 자신을 자극했던 바이러스가 아닌 다른 종류의 바이러스에는 아예 관심이 없다. 딱 그놈만 저격한다. 그래서 코로나19 바이러스에 자극받아 생성된 항체나 T 세포는 사스바이러스에는 반응하지 않는다. 인식하는 항원 구조가 다르기 때문이다. 같은 코로나바이러스라도 사스 백신으로 코로나19 예방에 사용할 수 없는 원리가 바로 이것이다.

B 세포는 항체를 만들어내는 세포다. B 세포가 만들어내는 항체는 B 세포를 자극했던 바이러스 물질에만 결합한다. 특히 바이러스 표면에 달라붙어 숙주 세포에 달라붙지 못하도록 하는 항체를 '중화항체'라고 부른다. 중화항체를 생성하지 못하는 백신은 바이러스 감염을 차단하는 데 문제가 발생한다. 중화항체 생성 여부나 중화항체 생성량은 백신의 효능을 평가하는 데 있어서 매우 중요한 지표가 되는 이유가 여기에 있다. B 세포가 관여하는 이차 면역 반응을 체액성 면역이라고 한다. 항체는 체액특히 혈액 속에 존재하기 때문이다.

항체를 생산하는 B 세포는 이들 이물질을 일일이 식별해낼 수 있는 어마어마한 능력을 갖추고 있다. 무려 1조 개의 서로 다른 이물질에 각각 식별하고 대응할 수 있는 1:1 맞춤형 항체를 만들어낼 수 있다고 한다. 엄청난 능력을 갖추고 있다. 사람을 감별하는 능력에 비유하면, 지금까지 지구상에 태어났던 모든 사람을 감별하고도 충분히 남을 정도이다.

우리는 평생 동안 자신도 모르게 엄청나게 다양한 이물질에 노출되면서 살아간다. 그게 수만, 수억 개일 수도 있다. 그럼에도 불구하고 우리 몸의 B 세포는 그런 이물질을 일일이 감별해서 일일이 대응하여 격퇴할 수 있을 만큼 충분한 항체 생산 능력을 가지고 있다. 그래서 우리는 매일 수많은 미생물에 노출되어도 건강하게 살아가고 있다. 이런 것을 보면, 생명의 신비는 너무나 경이롭다.

T 세포에는 다양한 종류가 있다. T 세포도 일차 면역세포가 건네준 정보첩보를 가지고 다니면서 표적으로 지목된 한 녀석만 상대한다. 감염 세포를 직접 공격하는 세포독성 T 세포Tc, 면역 물질을 분비하여 다른 면역세포 활성을 조절하는 제1형 헬퍼 T 세포Th1, B 세포의 항체 형성을 도와주는 제2형 헬퍼 T 세포Th2 등 T 세포 종류마다 기능과 역할이 다양하다. 즉, T 세포는 B 세포가 항체를 만들도록 하여 숙주 세포에 달라붙지 못하게 하고, 설령 세포가 바이러스에 감염되더라도 그 세포를 죽여서 바이러스를 파괴하는 역할을 한다. T 세포는 적을 확인 사살하는 저격수다. T 세포가 관여하는 면역은 면역세포를 동원해서 작동하는 면역 반응이라 하여 세포 면역또는 세포 매개 면역이라 한다.

결론적으로 백신은 B 세포와 T 세포를 잠에서 깨워서, 몸속에서 소동을 부리는 외부 침입자바이러스를 강력하게 제압하도록 도와주는 역할은 한다. 중화항체뿐만 아니라 T 세포까지 행동에 나서도록 하면 그만큼 백신의 효능은 강력해지는 것이다.

그런데 우리 몸은 자연적으로 바이러스에 감염되든, 백신 접종으로 면역이 되든, 한번 몸에 들어와서 면역을 자극하는 것만으로는 이들 세포가 장기간 동안 면역 활동을 유지하지 못한다. 만약 그렇지 않으면 우리 몸에 활동하는 면역세포들이 지속적으로 늘어나 누적되면서 우리 몸은 면역세포로 가득 채워질 것이다. 몸이 감당할 수 없다. 그래서 몸 안에서 이물질바이러스나 백신 물질이 제거되면 상당수 면역세포들은 다시 휴식을 취하러 들어가버린다.

일단 감염 후 회복되거나, 백신 접종 후 시간이 지나 항체들이 대부분 사라진다 하더라도 실망할 필요가 없다. 우리 몸은 매우 효율적으로 작동하고 있어서, 그 면역세포들은 자신이 격퇴한 녀석들을 기억하고 있다. 그냥 휴식을 취하는 게 아니다. 그 후 다시 그런 공격바이러스 감염이나 백신 2차 접종을 받게 되면 이들 면역세포는 이미 머릿속에 들어있는 적을 기억에서 꺼내어 바로 즉각적으로 대응 태세에 돌입한다. 이 대응

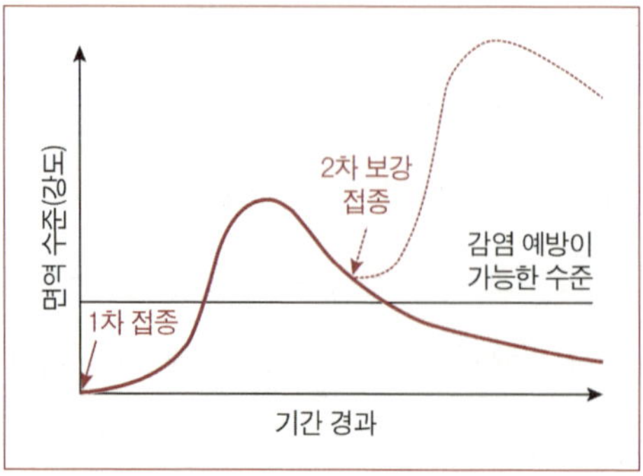

백신 접종에 따른 면역 강도: 1차 접종 후 면역 수준은 시간이 경과하면서 점차 저하된다. 2차 보강 접종을 하면 면역 수준이 1차 면역 때보다 훨씬 높고 강해진다.

의 강도는 처음 면역 반응이 일어났던 것보다 훨씬 더 강력하고 오래 간다. 백신을 두 번 이상 접종하는 것도 이 원리를 활용하는 것이다.

우리 몸의 면역체계는 매우 복잡하고 서로 촘촘하게 연결된 네트워크와 같은 것이다. 그러한 네트워크가 복합적으로 작용하는 생명의 신비를 담고 있다. 앞에서 말한 내용은 그러한 면역체계의 일부에 지나지 않는다. 다만 핵심적인 것만 말한 것뿐이다. 어쨌든 백신은 우리 몸의 면역체계를 자극시켜 우리 생명을 지키는 최후의 보루다. 코로나19 백신이 집단면역을 형성하는 날이 빨리 와서 우리 모두 행복해지기를 바란다.

03

하루 만에 진범 찾기,
분자 진단 혁명

유전자 진단 혁명

코로나19 팬데믹을 겪는 동안 확진자 발생 수, 변이 바이러스 출현과 확산, 집단 감염 사태에 관해 하루도 그르지 않고 방송과 언론을 통해 뉴스를 접하며 지내고 있다. 방송 화면에는 확진자를 가려내기 위해 검사받는 장면이 보이고 진단하는 장면도 보인다. 그러면서 'PCR 검사'라는 용어도 자주 언급된다.

"코로나19 검사는 어떤 방법으로 할까?"라고 물으면 대부분 사람들은 거의 반사적으로 'PCR 검사'라고 말할 수 있을 정도다. 바로 분자생물학 기술의 발전으로 등장한 유전자 혁명에서 비롯된 획기적인 검사 방법이다. 사실 엄밀히 말하면 'PCR 검사'가 아니라 'RT-PCR 검사'가 정확한 용어이다. PCR는 DNA를 증폭시키는 방법이고, RNA는 바로 증폭시킬 수 없어 상보적 DNA로 전환시킨 다음 PCR를 진행해야 한다. 이 방법을 RT-PCR 법이라 한다. 참고로 코로나바이러스는 RNA 유전체를 가지고 있다.

생명의 비밀 정보를 담고 있는 유전자를 실험 장비를 사용하여 인공적으로 복제하는 시대의 문이 활짝 열렸다. 다들 알다시피, 지구상에 존재하는 모든 생명체의 유전체게놈는 아데닌A, 구아닌G, 사이토신C, 티민T 4종의 핵산 염기로 구성된 고유한 배열을 가진 유전정보를 가지고 있다. 바이러스의 유전체도 마찬가지로 바이러스마다 고유한 유전정보를 가지고 있다. 그래서 유전자 고유 정보를 이용하여, 유전자 부위를 실험실 장비를 사용해 대량으로 복제하는 기술이 중합효소연쇄반응PCR 방법이다.

이 방법은 1983년 미국 바이오벤처회사 세투스의 연구원 캐리 멀리스 Kary Mullis에 의해 개발되었다. PCR 기술의 발견은 유전자 조작 기술, 유전자 분석 기술, 그리고 단백질 인공 합성 기술 등의 기초가 되어 분자유전공학 시대의 문을 활짝 열었다. 오늘날 유전공학, 의학, 약학, 생물학, 화학 등 많은 분야에 없어서는 안 되는 필수적인 도구가 되었다.

PCR 기술로 합성한 유전물질을 사용하여 각종 의약 단백질 제품을 실험실에서 대량 배양할 수 있게 되었다. 또한 PCR 기술을 이용하여 유전자 게놈 분석은 물론이고 유전자 질환도 조기에 찾아낼 수 있는 토대를 만들게 되었다. 이 방법을 개발한 공로로 멀리스는 1993년 노벨화학상을 수상했다.

실험 장비를 사용하여 바이러스의 유전자 특정 부위를 인공적으로

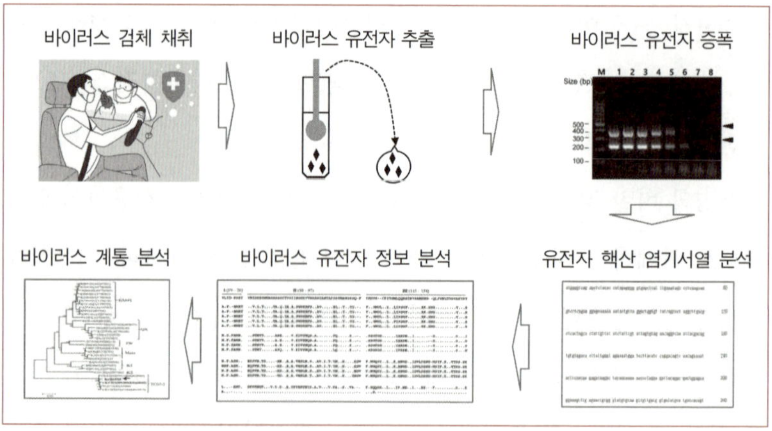

PCR 검사 및 유전자 분석을 통한 코로나바이러스 진단 검사 과정 흐름도

복제하고 증폭시키는 PCR 기술이 적용되면서, 감염병 진단 기술 분야에서도 일대 혁신이 일어났다.

필자가 대학원을 다녔던 1990년 초 당시만 하더라도 바이러스 진단 검사 의뢰가 들어오면, 일단 검체 시료에서 바이러스를 분리배양한 다음 진단 항체를 이용해 무슨 바이러스인지를 확인하는 과정을 거쳤다. 이 진단 검사 과정으로 바이러스 검사를 하게 되면 수주 이상이 소요되었다. 따라서 진단 검사 결과가 나올 때쯤이면 이미 감염병이 휩쓸고 지나간 뒤였다. 소 잃고 외양간 고치는 격이었다.

단 하루! PCR 유전자 검사 기술을 사용하면, 바이러스 유전자를 검출하는 데 불과 하루면 충분하다. 1990년대 초만 하더라도, 유전자 검사법은 최첨단 유전공학 기술이었다. 워낙 획기적인 기술이라 그 기술을 도입해서 각종 연구에 적용하는 것이 시대의 조류였기에, 시대에 뒤떨어지지 않기 위해 유전공학 전문 서적을 부여잡고 공부했던 기억이 뚜렷하게 남아있다.

우연한 기회로 고등학교 교재들을 살펴보다가, 고등학교 생명과학 교과서에 이중나선 유전자가 어떻게 구성되어 있는지 소개되어 있는 것을 보고 깜짝 놀란 적이 있다. '내가 대학교 와서 배웠던 건데, 세상이 많이 변했구나!' 모든 것을 자세히 설명할 수 없어 간단히 원리만 설명하면 이렇다. 유전정보를 담고 있는 가닥은 A아데닌, T티민, G구아닌,

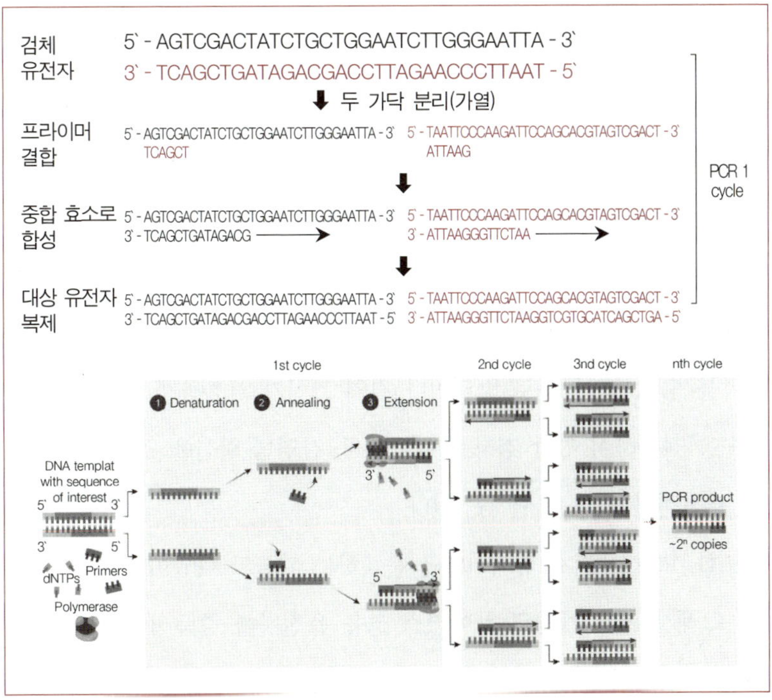

감염병 진단 검사의 혁명을 가져온 PCR(중합효소 연쇄 반응법) 검사의 원리
〈출처: 위키백과〉

C사이토신 네 종류의 염기의 고유한 배열로 이루어져 있고, 나머지 한 가닥은 원래의 가닥과 상보 결합A는 T, G는 C와 상보 결합함하는 방향으로 유전자 염기서열을 가지고 있다.

PCR 방법은 바로 이 원리를 이용한다. 즉, 핵산 염기서열을 가진 유전자 조각을 가열하여 두 가닥으로 분리시킨 다음, 분리된 각각의 가닥에 프라이머표적 시작점에 결합하도록 합성한 상보적 유전자 조각를 결합시킨 다음 중합효소Polymerase로 상보적 유전자 가닥을 합성하는 방식이다. 이 사이클을 반복하면서 1개 유전자가 2개가 되고, 합성 유전자 2개는 4개가 되는 방식으로 증폭된다. 한 사이클 반응에 몇 분 정도면 충분해서 검체 속에 단 하나의 바이러스 유전자만 있어도 30회 반복해서 반응시키면 복제된 유전자는 약 10억2^{30} 개에 달한다. 증폭된 유전자는 다양한 방법을 사용하여 확인할 수 있다. PCR 반응을 30회 반복해서 반응시키는 데 하루가 걸리지 않는다.

그래서 유전자 검사법으로 유전자가 증폭되었는지 여부를 통해 해당 바이러스 양성 여부를 판정할 수 있다. 단 하루 만에 검사 결과를 받아볼 수 있고, 곧바로 방역이나 검역 조치가 가능하게 된다. 이러한 기술을 적용하여 진단 검사를 함으로써, 감염병 확산을 조기 통제하는 데 결정적인 역할을 할 수 있다.

또한, PCR 유전자 염기서열을 분석하는 기술도 나날이 발전하고 있다. 그래서 PCR 기술로 바이러스 고유 유전자를 증폭시키면 며칠 내 유전자 염기서열 배열 정보를 정확히 분석할 수 있다. 그래서 일단 바이러스 유전자 정보를 확보하면 그 유전자를 가진 바이러스의 정체를 파악하는 데에는 불과 1시간도 걸리지 않는다. 실험실에서 구축해 놓은 유전자 정보은행이나, 국제적인 유전자 정보 데이터베이스예: 미국 NCBI GenBank 정보를 꺼내어서 검색 도구를 이용해 유사한 유전자 정보를 가진 바이러스가 무엇인지 분석하면 된다. 검색 도구Blast를 이용하면 단 몇 분이면 충분하다.

유전정보가 확보되면 분석을 통하여 그 바이러스가 어떤 바이러스인지, 어떤 계통에 속하는지, 어느 지역에서 유행했는지, 국내에 유입되었는지, 어느 부위에 변이가 발생했는지 등을 분석할 수 있다.

그래서 중국에서 처음으로 코로나19 바이러스를 분리했을 때 그

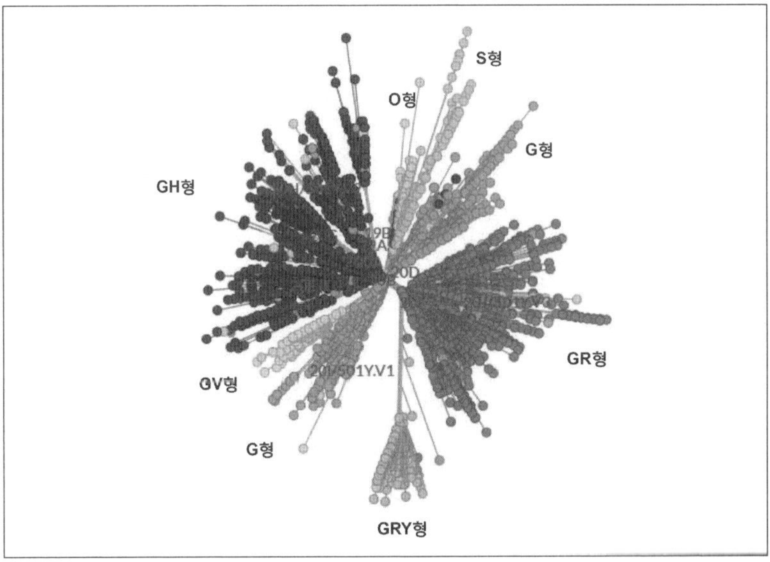

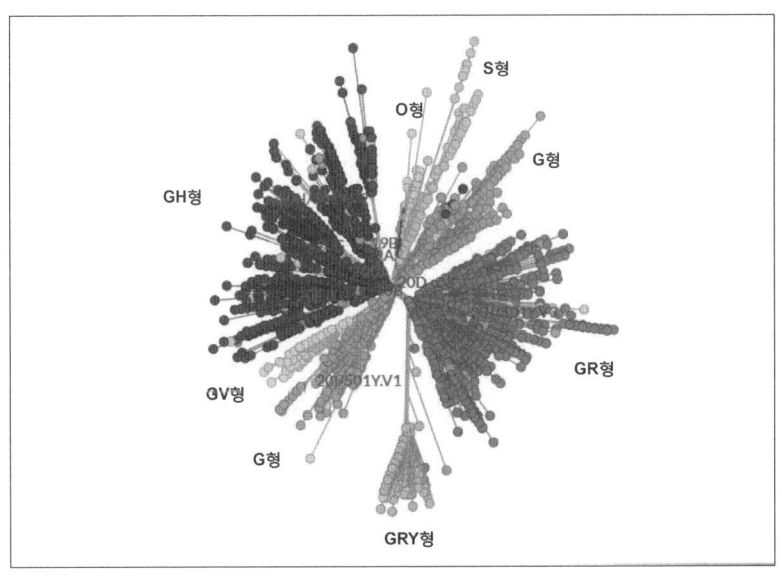

유전자 정보만 있으면 계통 분석을 통해 코로나 바이러스의 유래와 유형을 분석할 수 있다.
〈자료: GISAID〉

바이러스가 신종 바이러스라는 사실을, 그 바이러스가 박쥐 코로나바이러스의 족보를 가졌다는 사실을 알 수 있었다. 또한 국내에 발생한 바이러스가 어떤 유형의 코로나19 바이러스인지 등 각종 유전자 정보를 알게 되었다.

그래서 미래에 신종 바이러스가 출현하더라도 신속하게 그 바이러스의 정체를 파악할 수 있게 된다. 그러한 분자 진단 기술은 하루가 다르게 급격하게 발전하고 있다. 보다 효율적인, 보다 신속한, 보다 많은 정보를 제공할 수 있는 방향으로 진단 기술은 계속 발전할 것이다. 그러한 창의적 기술을 확보하는 기업은 경쟁력을 갖추게 되고 진단 시장에서 크게 성장할 것이다.

10분이면 충분한

신혼 초, 아내가 임신한 것 같다고 말했을 때 제일 먼저 달려간 곳이 인근 약국이었다. 임신 여부를 간단히 알 수 있는 간이 검사 키트를 사기 위해서였다. 키트 하단에 있는 작은 웅덩이처럼 파여 있는 곳에 소변 한 방울을 떨어뜨리고, 단 10분만 경과하면 바로 임신 여부를 알 수 있다. 간이 키트 가운데에 두 줄의 진한 붉은색 선이 선명히 나타나면 임신 양성반응이다. 아내가 첫아기를 가졌다는 사실을 알았을 때의 그 기쁨은 이루 형언할 수 없었다.

임신 진단 간이 검사 키트의 원리는 간단하다. 임신이 되면 태반에

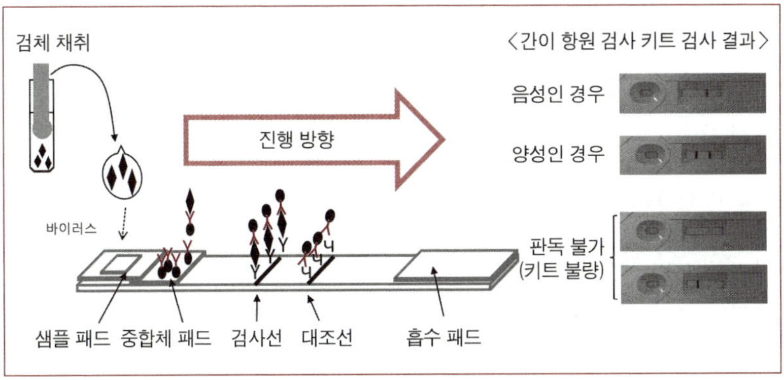

간이 항원 검사 키트의 반응 원리 및 결과 판독: 검사선과 대조선에 모두 발색이 일어나는 경우 양성, 대조선만 발색이 일어나는 경우 음성, 그 이외는 판독 불가로 판단한다.

서 인간 융모성 생식선 자극HCG 호르몬이 분비되는데, 이 호르몬이 소변으로 배출되는지 여부를 검사하는 것이다. 이 키트의 테스트 라인에는 HCG 호르몬에만 결합하는 항체가 부착되어 있다. 임신을 했다면, 소변에 HCG 호르몬이 들어있을 것이고, 그 호르몬이 검사 키트의 선을 통과하며 거기에 부착된 항체에 결합 시 발색 반응일반적으로 금 입자를 사용이 일어나도록 만들어진 것이다. 또 하나의 라인을 추가하는데, 이 대조 라인은 키트의 품질을 평가하는 것이다. 검체 검사 시 양성 여부와 상관없이 대조 라인도 반드시 뚜렷한 색선이 보여야 한다. 그러지 않으면 검사 불량으로 간주한다. 그래서 양성반응이면 두 선이 모두 발색되어 뚜렷하게 보이는 것이다.

오늘날 간이 검사 키트는 감염병 진단 분야에서도 위력을 발휘한다. 검체를 떨어뜨린 후 단 10분 만에 검사 결과가 바로 나오기 때문에 즉각적으로 방역 조치를 취할 수 있기 때문이다. 검체 시료에 바이러스 양이 소량일 경우에는 바이러스를 검출하는 데 한계가 있어 자칫 잘못 적용하면 문제의 소지가 있을 수 있다. 바이러스가 있는데도 그 양이 적어 음성반응을 보일 가능성이 다분히 높기 때문이다.

2010년 12월 한파가 몰아쳤던 겨울, 경북 안동에서 구제역이 발생하여 전국으로 확산 조짐을 보이던 긴박한 상황이었다. 구제역은 가축 감염병 중에서도 공기 중으로도 전파가 가능해 전염력이 매우 강한 감염병이다. 그래서 축산 농가에서 구제역 발생이 의심되면 최대한 신속하게 검사하여 양성반응을 보이는 경우 최대한 빨리 방역 조치를 취해야 한다. 그렇지 않으면 발생 농장에서 다른 주변 축산 농가로 감염병이 확산될 수 있기 때문이다. 그 당시 구제역 발생으로 축산업계가 비상 재난 상황이라 농림축산검역본부의 연구원들은 구제역 방역 활동에 총동원되었다. 그때 필자는 농림축산검역본부의 연구원으로 재직하고 있어서 구제역 임상 검사와 정밀 검사용 검체 시료를 채취하는 현장 조사 팀원으로 참여하게 되었다.

어느 날, 안동의 한 농가 축사에서 소 한 마리가 혓바닥이 헐고 침을 흘린다는 구제역 의심 신고가 들어왔다. 그래서 긴급 방역물품을 급히 챙겨서 구제역 현장에 출동했다. 축산 농가 현장으로 달려갈 때 가져간 물품들 속에는 구제역 바이러스를 현장에서 바로 신속하게 검사할 수 있는 간이 검사 키트도 들어있었다. 이 키트의 성능이 우수해서, 구제역 전문 실험실에서 이루어지는 정밀 검사 결과와 간이 검사 키트의 결과가 거의 일치했다. 그래서 간이 검사 키트에서 양성반응이 나타나면 그 소는 구제역에 걸렸을 확률이 매우 높은 상황이었다.

농장 근처에 도착하자마자, 우리 팀은 방역복을 입고 긴장된 마음으로 농장 축사에 들어가서 소들을 관찰하기 시작했다. 여러 마리의 소를 키우고 있는 농가였는데, 그중 소 한 마리가 농가에서 신고했던 대로 침을 흘리고 있었다. 전형적인 구제역 증상은 아니었지만, 혓바닥에서 타박상 같은 소견이 보여 구제역을 배제할 수 없는 상황이었다. 그 농가 소들을 임상 관찰하고 증상을 보이는 소들을 대상으로 채혈을 하여 정밀 검사를 위한 검체를 채취했다.

농장 한 켠에서 간이 키트에 검체 시료를 떨어뜨리고 나서 몇 분간 긴장의 침묵이 흘렀다. 구제역 양성 여부를 판단하는 시간이고, 구제역 양성반응 여부에 따라 농장 소들의 운명이 결정되기 때문이었다. 다행스럽게도 모두가 소망하고 바라는 대로 구제역 음성반응이 나왔다. 다들 안도의 한숨이 흘러나오고 입가에 미소를 머금었다. 구제역이 아닐 가능성이 높아진 것이다.

실제로 며칠 뒤 실험실 정밀 검사에서도 구제역 음성 판정이 나왔다. 현장 역학 조사 결과는 생석회가 원인으로 지목되었다. 안동 지역에서 구제역이 발생하니, 농장 주인이 축사를 소독하느라고 축사 주변에 생석회를 잔뜩 뿌렸는데, 소가 축사 앞에 뿌려진 생석회를 핥는 바람에 혓바닥에 화상을 입었을 것으로 추정되었다. 구제역과 같은 전염성이 강한 감염병의 경우 현장에서도 바로 판단할 수 있는 간이 검사 키트는 방역에서 그 진가를 확실히 발휘한다.

2020년 코로나19가 전 세계로 확산되면서 여러 회사에서 다양한 현장 간이 키트를 속속 출시했다. 적은 양의 바이러스를 검출하는 데 한계가 있어 PCR 검사로 재확인해야 하는 번거로움이 있지만, 그 결과를 아는데 단 10분이면 충분하다. 속도전의 장점을 가지고 있다.

언젠가는 PCR 검사를 능가하는 혁신적인 간이 검사 키트나 도구장비가 개발될 것으로 기대한다. 필자가 개발하면 좋겠지만, 아직은 그럴 만큼 역량을 갖추지 못했다. 누군가가 꼭 개발하기를 고대한다. 그러한 검사 기술이 언젠가 개발되면 우리는 전혀 다른 방식의 혁신적인 방역과 검역 체계를 구축하게 될 것이다. 언제, 어디서든 잠시 대기하면서 침 한 방울 떨어뜨려서 검사를 받을 수 있을 것이다. 단 10분만 기다리면 되니까 굳이 체온 측정이나 행선지 기록 같은 개인 정보 기록도 필요 없을 것이다. 백신 여권이나 바이러스 검사필증이니 그러한 절차도 필요 없을 것이다.

2020년 11월 출간된 김진명 작가의 『바이러스 X』, 지인이 선물해 주어서 반나절 만에 읽었던 소설책이다. 그 소설책에서는 모 기업이 야심 차게 개발한 획기적인 방법이 등장하는데, 고유한 전하를 가진 바이러스의 정체를 첨단 검색 장비로 찾아내는 방식이다. 마치 건물을 출입할 때마다 공항 검색대 통과하듯이 금속 물질이나 위험한 물건을 검색하는 것처럼 말이다. 언젠가 그 기술이 실현된다면 건물 출입구를 통과하는 순간 자신이 바이러스를 지니고 있는지 바로 탐지되는 시대가 도래할 것이다.

바코드 스캐너처럼 탐지 봉을 들고 돌아다니면서 특정 공간이 바이러스가 오염되어 있는지 알람으로 알려줄 수 있는 기술이 개발될 수도 있다. 그런 세상이 오면, 그 공간이 오염되어 있지 않다는, 그리고 바이러스에 감염된 사람이 없다는 신호가 포착될 때 안심하고 정상적인 생활을 할 수 있게 될 것이다. 그곳이 심지어 3밀밀접, 밀집, 밀폐의 공간적 특성을 가지고 있다 하더라도 말이다. 코로나19 팬데믹 내내 방역에 부담을 주었던 깜깜이 환자 문제도 말끔히 해소될 것이다. 어쩌면 누군가는 그런 시도를 이미 시작했을지도 모른다. 성공한다면 지금과 전혀 다른 세상이 될 것이다.

영화에서나 나올 법한 기술도 실제 현실화된 것이 많이 있다. 당시에는 불가능해 보였던 기술 말이다. 미래의 영웅은 상상하지 못했던 혁신적인 기술로 세상의 판도를 바꿀 것이다. 늘 그래왔듯이.

04

인류 비장의 무기, 백신과 치료제

유행 확산? 유행 감소?

2021년 신축년의 해가 밝았다. 뚜벅뚜벅 부지런히 갈 길을 가는 소의 해다. 우리는 2020년 코로나19 팬데믹을 희생과 동참으로 참아내고 버텨내며 한 해를 보냈다. 사회적 거리두기로 피해가 큰 분들에게는 하루하루가 지옥 같은 삶이었을 것이다. 하루빨리 정상 생활로 돌아가는 것은 모두의 절실한 바람이다.

코로나19 팬데믹 기간 내내 매일 코로나19 확진자와 사망자 현황을 들었으며, 집단 감염 발생에 대한 뉴스를 접하며 혹시나 내 주변에 그런 일이 있나 조바심을 냈고, 확진자 수 증감 추이를 보며 사회적 거리두기 단계가 어떻게 변할지 불안한 마음으로 바라보았다.

확진자 수가 증가하기 시작하면 보건 당국이나 전문가들이 나서서 감염 재생산지수R를 언급하여 코로나19 재유행의 위험을 경고하곤 한다. 그런데 감염 재생산지수란 무엇일까? 언론에서는 제대로 된 설명을 해주지도 않는다. 그나마 알려진 것은 '확진자 한 사람에 의한 2차 감염자의 평균' 정도이다.

코로나19의 감염 재생산지수R는 2.2에서 3.3이라고 알려져 있다. 1명의 확진자가 평균적으로 2명에서 3명 정도 감염자를 만들어낸다는 뜻이다. 이 수치를 곰곰이 따져보면 여러 가지 의문이 들 것이다.

'확진자 한 명이 수백 명에서 수천 명을 감염시키는 집단 감염 사례를 보면 감염 재생산지수가 엄청 높을 것 같은데 왜 이렇게 낮지? 고작 그 정도밖에 안 된다고?' 그렇다. 감염 재생산지수는 그런 극단적인 전염 환경에서의 집단 발생을 설명하지 못하는 한계가 있다.

'무증상 감염자도 많고, 깜깜이어디서 걸린지 모름 환자도 많은데, 확진자 한 명이 몇 명에게 퍼트렸는지 어떻게 정확히 알아내지?' 그렇다. 역학조사관이 2차 감염자를 모두 파악하는 것이 불가능하니 감염재생산지수를 정확히 알 수 없다. 그래서 전문가마다 그 수치가 제각각이다. 그냥 추정할 뿐이다.

'감염 재생산지수는 나라마다 다를 것이고, 정부의 조치 강도에 따라 달라지는 것 아닌가? 어떻게 일률적으로 그 정도 수치라고 말할 수 있지?' 그렇다. 감염 재생산지수는 원래 정부가 감염병 방역 조치를 하지 않는다는 전제하에 만든 수치다. 즉, 방역 조치가 전혀 작동하지 않았던 코로나19 출현 초기 상태에서 측정한 수치다. 그래서 이 지수를 기초 감염 재생산지수R_0라고 부른다.

당연히 방역 당국이 개입해서 확진자를 즉각 자기격리를 시켜버리면 2차 감염자는 생기지 않는다. 사회적 거리두기와 마스크 쓰기 등을 강력하게 시행하면 2차 감염자가 줄어들 수밖에 없다. 지수는 실제 상황을 반영하지 못하니까 실제 방역 상황에 적용하는 데 한계가 있다. 이 수치는 그냥 참고사항이다.

그래서 지역사회에 감염병 진행 상황을 현실적으로 반영한 지표가 필요하게 되었다. 새롭게 나온 것이 유효 감염 재생산지수Re라고 하는 지표다. 기초 감염 재생산지수R0에서 방역 조치 개입으로 인한 2차 감염자 감소율C, Controlled을 빼고 계산하는 방식이다. 즉, 지역사회 유행이 진행되면서 그 유행을 평가하는 지수가 되는 것이다. 팬데믹 기간 동안 방역 당국이 말하는 감염 재생산지수R는 정확히 말하면 바로 이 유효 감염 재생산지수Re를 말하는 것이다. 편의상 그냥 R라 부르면 R=R0(1-C)다. R0는 상수이고, R는 감염병 진행 상황에 따라 달라지는 변수가 된다.

예를 들어보자. 코로나19의 R0 값이 2.2에서 3.3 정도이니, 계산하기 쉽게 R0=3이라고 가정하자. R=3이면 R=R0, C=0, 즉 방역 조치가 전혀 이루어지지 않는 상태다. 이대로라면 한 명이 2차 감염자 세 명을 만드니까 감염자가 폭발적으로 늘어나 대유행이 일어난다.

R=2이면 C=0.33, 즉 방역 조치로 2차 감염자를 33퍼센트 줄였음에도 불구하고 여전히 한 명이 2차 감염자 두 명을 만드니까 여전히 감염 유행은 크게 일어난다.

R=1이면 C=0.67이 된다. 즉, 방역 조치로 2차 감염자를 67퍼센트 줄여 확진자 한 명이 2차 감염자 한 명을 만드니까 감염자 수는 늘지도

줄지도 않고 계속 그대로 유지된다확진자는 걸린 후 회복되지만 새로운 감염자 한 명을 만든 상태.

R=0.5이면 C=0.83이 된다. 즉 방역 조치로 2차 감염자를 83퍼센트 줄여 확진자 한 명이 2차 감염자 0.5명을 만드니까 감염자 수는 시간이 경과할수록 줄어들어 결국 유행은 소멸한다.

R=0이면 C=1이 된다. 즉, 방역 조치로 2차 감염자를 100퍼센트 줄여 2차 감염자가 없다. 즉, 유행 종식이다.

국가의 방역 조치로 갑자기 R=0으로 만들기는 매우 어렵다. 그렇지만 지역사회에서 유행을 억제시키기 위해서 R〈1로 무조건 만들어야 한다. 사회적 거리두기, 마스크 착용 등의 조치에 모두가 잘 참여하여 그런 상황을 지속적으로 만들어야 한다.

그러나 방역 조치가 너무 장기적으로 진행되면 '코로나 걸리기 전에 굶어 죽는' 상황으로 내몰리게 된다. 그래서 감염병 유행 통제와 사회적 거리두기는 양날의 칼이다. 타협이 필요하다. 사회적 거리두기 단계 조정을 검토할 때 중요한 지표가 되는 것이 바로 R 값과 유행 예측 결과다.

언제 끝나나?

대중들에게는 코로나19 유행 추세가 꺾였다는 사실보다, 그 유행이 언제 끝나는지가 더 궁금할 것이다. 필자도 그렇다.

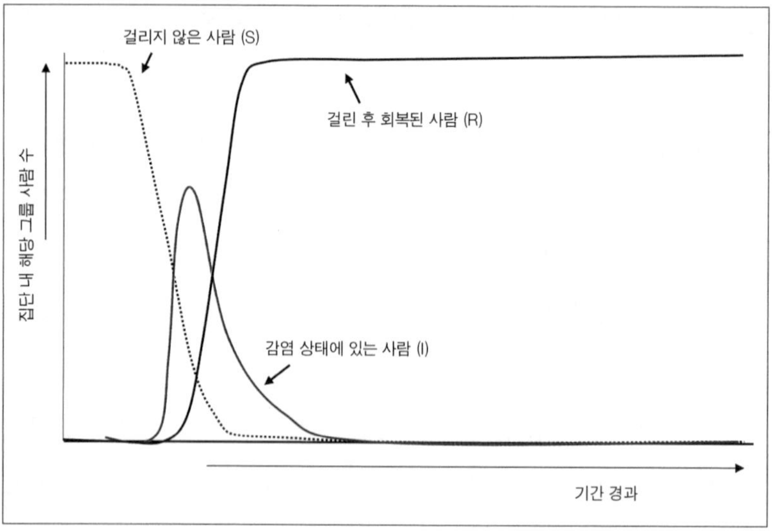

신종 바이러스의 지역사회 유행 예측 모델(SIR) 분석 예시

R=0는 곧 코로나 종식을 의미한다. 그러나 감염 재생산지수R는 '언제' 유행이 멈추는지를 말해주지는 않는다. 그냥 유행 추세만 말할 뿐이다. 그래서 등장한 것이 수학적 예측 모델로, 이를 통해 유행의 상황을 예측할 수 있다. 가장 기본 모델이 SIR 모델이다. 수학적 모델이지만 이해를 돕기 위해 여기서 수학적 용어나 수식은 쓰지 않겠다.

이 모델은 단순하게 인구를 세 가지 그룹으로 나눈다. 감염병에 걸리지 않은 사람S, Susceptible, 걸린 사람I, Infectious, 나은 사람R, Recovered으로만 구분한다. 시간이 갈수록 걸리지 않은 사람S은 지속적으로 줄어들 것이고, 나은 사람R이 누적 증가하겠지만, 세 부류의 사람의 합은 항상 일정하다.

이 모델에서는 쉽게 말해 '비감염 → 감염 → 회복'의 감염 경과 상태에서 신규 감염자 수$_{I-S}$가 완치자 수$_{R-I}$보다 많으면 감염자 수는 증가하고, 신규 감염자 수$_{I-S}$가 완치자 수$_{R-I}$보다 적으면 감염자 수는 줄어든다. 신규 감염자 증가 추세에는 감염 재생산지수$_{R}$가 중요한 작용을 한다. 그리고 시간 요소가 들어간다. 뉴스 화면에서 신규 감염자 현황과 함께 회복자 수도 같이 병기하여 발표하는 것도 이것 때문이다. 감염병 종식이 그림의 예측 결과와 항상 정확히 맞는 것은 아니다. 방역 조치, 정부 방침이나 집단 발병 등 다양한 돌발 변수가 늘 존재하기 때문이다. 그래서 보다 개선된 SIR 모델을 업그레이드시킨 다양한 수학적 모델이 사용된다.

유행의 종말, 집단면역

필자가 집단면역에 대해 처음 들은 것은 세계보건기구가 팬데믹을 선언하기 직전인 2020년 3월 초, 한 잡지사 기자와 코로나19 현안 이슈에 관해 인터뷰를 할 때였다.

“바이러스가 크게 치명적이지 않으니 다들 한번 앓고 면역을 형성시켜 단기간에 바이러스를 소멸시켜 버리는 게 효과적이라고 주장하시는 분이 있는데, 개인적 의견은 무엇입니까?”

공식 인터뷰를 마치고 나자, 기자는 개인적인 질문이라면서 집단면역을 언급했다.

“당신은 젊은 사람이니 걸려도 가볍게 앓을 가능성이 높지만 부모

님은 심각하게 앓을 수 있고, 심한 경우 돌아가실 수도 있는데 찬성합니까?"

필자는 기자에게 역으로 질문을 했다. 기자는 답을 하지 않았다. 건강한 젊은이들만 있는 사회라면 가능할지 모르나, 노령층75세 이상은 치사율이 20퍼센트가 넘음이나 기저질환자는 매우 치명적이라 너무나 많은 희생을 치러야 한다. 실제 영국에서 그런 정책적 시도 분위기가 있었다. 그런 주장을 지지한 보리스 영국 총리는 자신이 코로나19에 걸려 심하게 앓고 나서 자신의 주장을 철회하는 해프닝을 벌이기도 했다.

현재로서는 집단면역을 할 수 있는 유일한 방법은 예방 효과가 좋은 백신을 접종받아 면역 장벽을 만드는 것이다. 전 세계가 혹독하게 코로나19를 겪고 난 이후라 백신 접종에 의한 집단면역에 이의를 제기하는 사람은 거의 없다. 과거 역사에서 집단면역을 통하여 질병을 종식시킨 가장 대표적인 사례가 천연두 박멸 사업이다. 오랜 시간이 걸렸지만, 결국에는 지구상에서 천연두 바이러스를 제거하는 데 성공했다.

2021년 들어서면서 세계 각국에서 코로나19 백신을 접종받는 상황이 거의 실시간으로 방송을 통해 흘러나온다. 2021년 2월 26일, 우리나라에서도 드디어 역사적인 코로나19 백신 접종이 시작되었다. 이제는 모두가 이구동성으로 '집단면역'이 언제 형성되냐고 묻는다.

전 국민이 단기간에 동시에 코로나19 백신을 접종받아 한꺼번에 면역이 형성되는 것이 최선의 시나리오다. 이 경우 바이러스가 돌아다닐 틈이 없기 때문이다. 사회적 거리두기나 마스크 쓰기를 하지 않아도 바로 코로나19 종식의 길로 들어설 수 있다. 그러나 전 국민 100퍼센

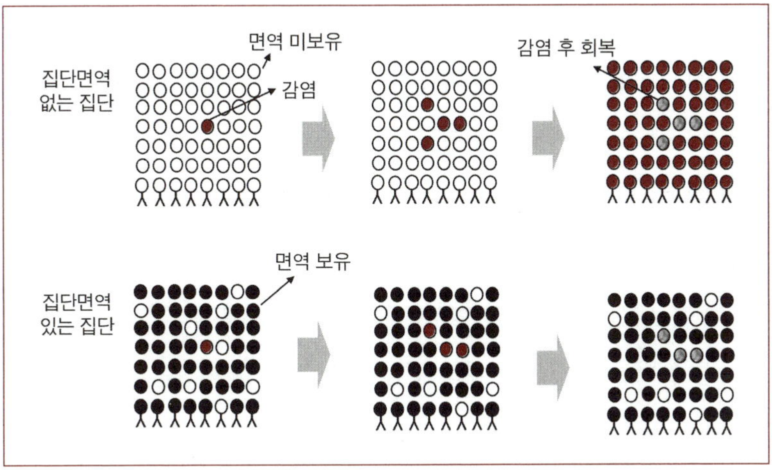

집단 면역의 원리: 면역보유자는 유행 확산을 차단하는 면역 장벽으로 작용한다.

트 동시 면역은 현실적으로 불가능해 보인다. 그럴 만큼 충분한 백신을 확보하지 못했고, 사회적 거리두기를 하면서 백신 접종을 하는 데는 수개월이 족히 걸릴 것이기에 동시 면역 자체가 가능하지 않다. 또한 백신 접종을 받아도 면역이 제대로 형성되지 않는 면역력이 매우 낮은 사람이 존재하기 마련이다.

그러면 우리 국민의 몇 퍼센트가 면역을 형성해야 코로나19로부터 해방될 수 있을까? 여기에 답을 하기 위해서는 다시 감염 재생산지수를 불러내야 한다. 산출공식 R=R0(1-C)다. 여기서 C는 방역 조치로 인한 2차 감염자 감소율, 즉 면역 형성률을 의미한다. 면역 보유자는 감염되지 않는다는 전제로 하는 것이다.

코로나19 종식R=0은 C면역 형성률=100퍼센트에 도달할 때 가능하다. 위에서 불가능하다고 이미 언급했으니, 차선으로 코로나19 유행이 억제되기 위해서 필요한 최소한의 면역 형성률은 얼마나 필요할까?

코로나19의 기본 감염 재생산지수R0=3으로 가정하고 다시 계산해 보자. 유행 억제 여부를 가르는 기점 R=1일 때, C=0.67, 즉 국민의 67퍼센트가 면역을 가져야 한다. 국민 67퍼센트는 코로나 유행 억제를 위한 집단면역의 마지노선 수치다.

이것은 백신 접종=면역 형성감염병 예방을 전제로 한 것이다. 그런데 이처럼 완벽한 백신은 존재하지 않는다. 화이자 백신을 예를 들어보자. 백신 예방 효과가 95퍼센트로 알려져 있다. 이 수치를 반영하면 R=1이 되려면 정확하게 국민 70퍼센트가 백신 접종을 받아야 한다. 그보다 예방 효과가 낮은 백신이면 백신 접종률이 더 높아져야 한다. 이것은 그냥 마지노선이다.

그래서 코로나19 유행을 억제R<1하려면 국민 67퍼센트 이상이 면역을 형성하고, 거기에 마스크 쓰기 등 국가 방역 개입이 추가로 반드시 이루어져야 도달할 수 있다. 정부가 집단면역에 도달하기 위하여 국민 70퍼센트 면역 형성을 목표로 정한 것도 이런 연유다.

팬데믹 백신의 조건, 면역의 품질

이 세상에 코로나바이러스 감염을 완전히 차단할 수 있는 이상적인 백신은 존재하지 않는다. 우리가 말하는 좋은 코로나 백신은 1) 인체 부작용이 없으면서, 2) 탁월한 면역을 형성하여, 3) 감염되더라도 상기도 부위에 약하게 증식하고, 4) 며칠 내 바이러스가 제거되게 하며, 5) 그러한 면역 작용이 오래 지속되는 것이다. 그래서 좋은 백신은 걸린 사람이 아프지 않게, 다른 사람이 그 사람과 접촉하더라도 걸리지 않게 하는 것이다. 현재 출시되는 백신들이 그러한 조건에 충족하기 때문에 승인이 되는 것이다.

탁월한 면역이란 무엇인가에 관해서는 이미 앞에서 다루었다. 백신의 안전성인체 부작용 이슈는 국제기구와 각국 보건 당국이 합격점을 주고 허가를 내주었기에 따로 언급하지 않겠다. 백신의 품질에 관해 설명을 하기 위해서는 필자가 앞에서 소개한 면역 그래프를 소환하겠다.

1차 백신 접종을 하면 백신 면역 반응의 강도는 약하고 길지 못하다. 물론 백신 제품에 따라 면역 수준과 지속 기간은 다르겠지만, 큰 틀에서 보면 그러하다.

여기서 확진자자연적 감염와 백신 접종인공 면역 간의 면역 차이는 어떨

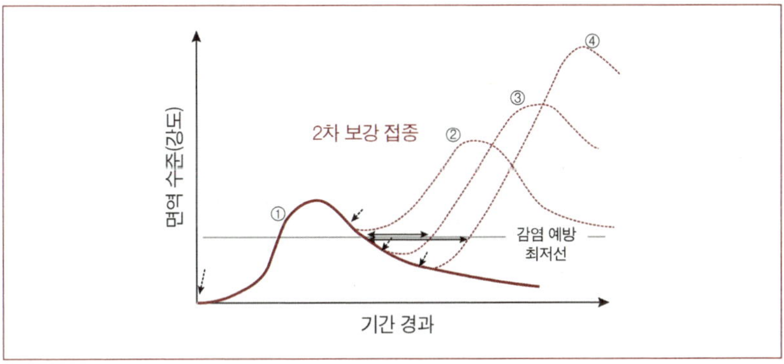

1차와 2차의 접종 간격이 길어지면 2차 면역 반응 강도는 크고 강하게 나타나지만, 2차 접종 시까지 감염될 수 있는 사각지대가 발생한다.

까? 코로나19에 걸려 가볍게 앓거나 무증상 감염이 있은 경우 면역 반응이 약할 것이고, 심하게 앓고 회복된 사람은 면역 반응이 강하게 남아있을 것이다. 백신도 제품에 따라 차이가 나겠지만, 경증 감염자보다는 면역이 높게 형성될 것으로 본다.

누구든지 백신을 맞으면 오랜 기간 감염의 위험이 없도록 면역 수준이 장기간 유지되기를 바랄 것이다. 그러나 단 1회만으로는 장기간 면역을 유지하기는 어렵다. 보강 접종을 어떻게 하는가는 다양한 전략이 있고 다양한 백신 조합도 있을 것이다.

기본적으로 백신을 접종했을 때 어떠한 방향으로 면역이 진행되는지를 보면 가볍게 감염된 경우나 또는 백신을 한 번 맞은 경우 면역 반응이 약하여 시간이 많이 지나면 재감염될 수도 있다그래프 선 ①에 해당. 그래서 백신으로 2차 보강 접종에 들어가야 한다. 이때 1차 면역 수준이 낮게 떨어질수록시간이 많이 경과할수록 백신 보강 접종 효과가 강하고 면역 효과가 오래 지속된다그래프 선 ②, ③, ④.

여기에서 백신 접종 간격이 길면 면역 효과는 좋고 면역 지속 기간은 길어지나 접종 간격 기간에 재감염될 수 있는 구간이 길어진다. 그 기간에 걸리면 속수무책이다. 반대로 접종 간격이 짧으면 재감염 기간은 사라지는 대신에 면역 지속 기간이 짧아진다.

팬데믹 백신이 갖추어야 할 품질의 조건에는 탁월한 면역만 요구되는 것이 아니다. 다양한 변이 바이러스의 출현에도 효과적이어야 한다. 바이러스 속성상 세월이 지날수록 다양한 변이 바이러스가 계속 출현할 것이다. 백신은 그러한 변이에 광범위하게 효과적이어야 한다.

그래서 변이가 더 강하게 나타나기 전에 바이러스 확산을 통제해야 한다.

극단적인 경우, 어렵게 확보한 코로나19 백신이 자국에서 유행하는 바이러스에 효과가 떨어지는 사태가 벌어질 수 있다. 정부 당국으로서는 매우 난감해질 것이다. 그런 경우 백신을 교체하는 정책적 결단이 요구된다. 실제, 남아프리카공화국에서 그러한 사태가 벌어져 특정 백신을 다른 백신으로 교체하는 일이 벌어지기도 했다.

코로나19 유행이 장기전으로 갈 경우 많은 변이 바이러스들이 나타나고 변이의 폭이 크게 나타나서 서로 다른 변이 바이러스로 만든 백신을 섞는 칵테일 백신을 만들어야 할지도 모른다. 그러한 상황이 오지 않기를 바란다.

팬데믹 백신의 승패를 가르는 전략

코로나19 팬데믹의 파고가 높았던 만큼, 코로나19 백신을 개발하려는 노력이 치열하게 이루어졌고, 과거에 볼 수 없었던 인류 생존의 명운을 건 필사적인 바이러스와의 혈투가 벌어졌다. 그만큼 인류가 할 수 있는 모든 연구 자원의 역량이 총동원되었다. 지금까지 백신 개발을 위해 축적해온 다양한 제작 기술이 동원되었다.

바이러스 입자 백신은 과거부터 생산해온 전통적인 개발 방식이다. 즉, 자연 상태의 코로나19 바이러스를 대량 배양 생산하여 백신으로 제조하는 형태다. 백신의 종류에는 감염력 있는 바이러스인 생백신과 감염력을 상실한죽인 바이러스인 사백신이 있다.

코로나19 바이러스를 감염력이 있는 형태로 개발하는 생백신은 현재 어느 회사도 개발하고 있지 않다. 바이러스 자체가 위험하고, 오랜 기간 독성을 순화하는 과정이 요구되기 때문이다. 생백신의 최대 강점은 상기도 점막 부위에 국소면역이 가능하여, 상기도에 들어오는 바이러스를 원천 차단하는 데 가장 효과적이라는 것이다. 생백신의 강점을 살릴 수 있는 백신으로 개발하려는 전략이 바로 경구 백신이나 분무 백신이다.

코로나19 바이러스를 대량 배양한 다음 그 바이러스를 죽여서 만든 것이 사백신이다. 2009년 신종플루인플루엔자 팬데믹 때 수개월 만에 만들었던 백신도 바이러스 입자로 만든 사백신 형태였다. 중국 회사들이 이 방식을 사용해서 코로나19 바이러스 사백신을 개발했다예: 시노팜. 이 방식은 살아있는 코로나19 바이러스를 직접 취급하기 때문에 제조 공정에 일하는 사람들에게 감염의 위험이 늘 존재한다. 중국 외 어떤 나라에서도 이 방식 자체를 시도하지 않았다.

코로나19 단백질 백신 중 가장 단순한 형태는 코로나19 바이러스 돌기 단백질만을 합성 생산하는 서브유닛합성 단백질 백신이다. 합성 단백질을 만들기 위한 표적은 중화항체를 만드는 바이러스 단백질이다. 코로나바이러스의 경우 돌기spike 단백질이다. 서브유닛 백신은 동물 감염병파보바이러스에서는 1990년대부터 이미 사용되어왔던 방식이다. 국내 백신 회사의 경우 SK바이오사이언스와 유바이오로직스가 이러한 방식으로 코로나19 백신 개발을 진행하고 있다.

코로나19 단백질 백신을 개발하는 또 다른 전략은 다른 바이러스를 백신 항원 전달체벡터로 사용하여 전달체 바이러스 유전체게놈에 코로나19 돌기s 유전자를 삽입하여 방어 단백질을 생산하는 방식이다. 2019년 11월 미국과 유럽에서 승인된 에볼라 백신이 이 방식을 채용해 개발됐다. 에볼라 백신의 경우 동물 바이러스수포성구내염 바이러스, VSV 유전체에 바이러스 표면 단백질 유전자를 삽입했다. 코로나19의 경우, 이 바이러스 대신 아데노바이러스를 백신 전달체로 사용하여 개발되었다. 영국 아스트라제네카·옥스포드대 백신이 대표적인 사례이다.

코로나19 단백질 백신을 개발하는 마지막 전략은 코로나19 바이러스의 입자 형태를 만드는 바이러스 단백질을 합성하여 스스로 바이러스 입자와 유사한 형태를 만드는 전략이다. 바이러스 유사 입자 백신

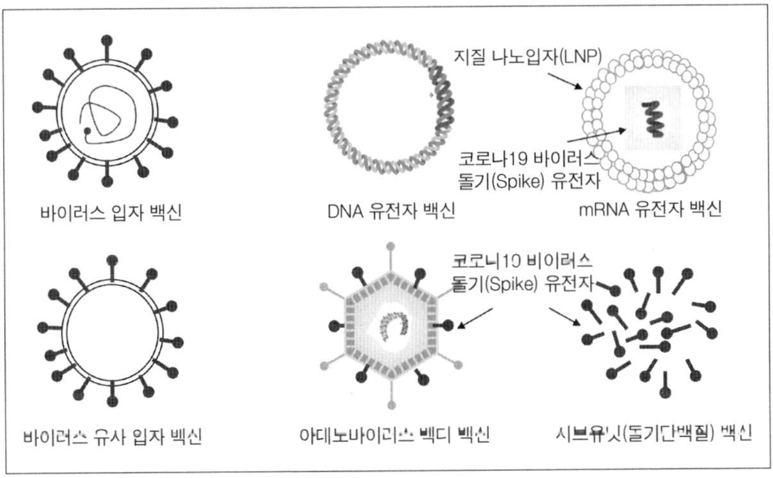

코로나19 백신 개발에 사용되고 있는 다양한 종류의 백신 형태

이라고 한다. 코로나19 바이러스와 형태가 유사하니 백신 효능이 우수할 것으로 보이나, 현재로서는 코로나바이러스 유사 입자를 만드는 제조 공정이 어렵다는 데 한계가 있다.

팬데믹 백신의 성공 조건은 무엇일까? 팬데믹 백신의 첫 번째 성공 요건은 바로 타이밍이다. 유전자 백신mRNA 백신이 가장 먼저 출시되어 코로나19 백신 시장을 선점하는 데 성공했다. 가장 먼저 출시된 백신은 전 세계인의 스포트라이트를 받게 된다. 이들 백신에 유통상의 문제가 있고 고가임에도 불구하고 집단면역이 절실한 국가들은 한시라도 급한 자국민의 안전을 위해 사재기를 하기도 했다. 백신 제품의 공급 물량이 부족한 사태가 여기저기서 벌어져 집단 백신 접종의 지연 우려까지 나타나기도 했다. 미국 투자회사 모건스탠리는 2021년 화이자 백신의 매출액이 190억 달러에 이를 것이라고 내다봤다. 골드만삭스는 모더나 백신의 2021년 매출액이 132억 달러에 이를 것으로 예상했다. 이미 블록버스터급약 연간 10억 달러 이상이 되었다. 우리나라는 K-백신의 성장을 위해 무엇이 필요한지, 무엇을 해결해야 할지 진지하게 고민할 시기다.

두 번째 팬데믹 백신의 성공 요건은 백신 효능에 대한 신뢰할 수 있는 데이터이다. 러시아는 자국의 코로나19 개발 백신스푸트니크 백신을 임상 3상이 진행 중인 상황에서 세계 최초로 사용을 승인해주었다. 코로나19 백신의 효능안전성과 면역형성능력이 검증되지 않은 상태에서 승인된 것으로 국제적인 불신을 받다가 국제의학학술지 〈랜싯〉에 백신 효능 평가 결과약 92퍼센트가 공개되면서 국제적 신뢰 분위기로 반전되었다. 중동과 동유럽, 남미 등에 약 12억 회분120억 달러 상당의 매출 시장을 확보했다.

마지막으로 팬데믹 백신의 성공 요건은 백신 품질과 차별성이다. 코로나19는 특정 국가에서 백신 접종을 받았다고 바로 종식되는 성질의 질병이 아니다. 최소한 수년 이상 지속할 가능성도 상당하며, 운이 나쁠 경우 어쩌면 계속 인류가 이 바이러스를 안고 가야 할지도 모른다. 앞서 출시된 백신들이 차지하고 있는 상황에서 백신 시장에서 지속적인 점유율을 확보하기 위해서는 내세울 수 있는 강점을 한 가지 이상 가지고 있어야 할 것이다. 스스로 맞을 백신을 선택할 수 있다면, 어떤 부분에 우선 순위를 두고 코로나19 백신 제품을 고를까? 만약 백신 개발의 총책임자라면 어떤 부분에 주안점을 두고 코로나19 백신을 개발할까? 매우 저렴한 가격, 감염을 막는 탁월한 예방 효과, 다른 제품을 압도하는 우수한 면역 형성, 한번 접종으로도 오래 가는 면역 지속 능력, 주사 대신 먹거나 뿌리는 제품 등 시장 경쟁력을 확보할 수 있는 차별화된 장점을 가져야 한다.

콜럼버스의 달걀

아마도 바이러스 백신의 역사는 코로나19 팬데믹이 발생한 2020년을 기점으로 그 전과 후로 나누어질 것 같다. 2020년 이전의 백신 역사는 전통적 방식이 주도한 백신단백질 백신의 역사였다면, 2020년 코로나

19 팬데믹 이후의 역사는 유전자가 주도하는 백신유전자 백신의 역사로 기록될 것이다.

그 변화의 핵심은 메신저 RNAmRNA 형태의 코로나19 백신 제품에 있다. 화이자·바이오엔텍 그리고 모더나 백신이 주인공이다. 그 이전에는 바이러스 감염병을 예방할 수 있는 백신에 적용되지 않았던 기술이었다. 'RNA 자체를 백신으로 사용하다니!' 비록 경제성 동물용이지만 나름대로 백신을 지속적으로 개발하고 있는 필자로서는 그런 형태의 백신 개발에 반신반의했다.

유전자를 추출하고 다루는 연구실이라면 경험하는 일이지만 RNA는 매우 조심스럽게 다루어야 한다. 특히 단일 가닥으로 된 RNA 샘플은 이중나선의 DNA와 달리 조금만 허술하게 취급해도 바로 분해가 되어버리기 때문에 RNA는 순수하게 분리해서 매우 조심스럽게 다루어야 한다. 그런 RNA로 백신을 만든다는 것은 쉽게 이해가 되지 않았다. 코로나19 mRNA 백신은 그런 편견을 깨는 충격적인 일이었다. 기존의 한계점을 극복할 수 있도록 한 것은 지질 성분으로 생산한 RNA를 안전하게 감싸는 기술에 있었다.

이 지질 나노입자는 코로나19 백신 유전자mRNA를 감싸 보호하는 역할도 하지만, 세포벽지질층에 잘 녹아 들어갈 수 있도록 설계된 정교한 물질이기도 하다. 그래서 일단 세포에 녹아 들어가면 mRNA 유전자코로나19 바이러스 돌기 유전자가 세포질에서 아미노산을 합성하는 세포질 리보솜에서 코로나19 돌기 단백질을 만들게 한다. 그 돌기 단백질은 몸 안에서 면역을 형성하는 백신 항원으로서 작용을 하게 되는 것이다.

mRNA 백신은 어떠한 장점을 가졌기에 혁신적인 백신으로 부각되었을까? 일단 생명의 중심 원리DNA → mRNA → 단백질를 떠올려보자. mRNA가 세포에 주입되면 세포질에서 바로 아미노산을 합성하여 바이러스 단백질을 만들 수 있다. 즉, 바이러스 단백질을 만드는 시간이 매우 짧다. 반면 DNA 형태의 백신은 세포 내 주입되더라도 암호를 해독하기 위해 핵 내로 이동할 것이며, 코로나19 단백질 항원을 합성하기 위해서는 mRNA를 합성하는 단계를 거쳐야 하니 mRNA 백신보다 코로나19 백신 단백질 항원을 만드는 데 한 단계를 더 거쳐야 한다. 단백질을 바로 만드는 유전자mRNA 형태이다 보니, 백신 유전자는 변이 위험성이 없으며, 바이러스 입자 형태가 아니므로 백신 자체의 감염성 문제가 발생하지 않는다. 이것은 DNA 백신도 마찬가지다.

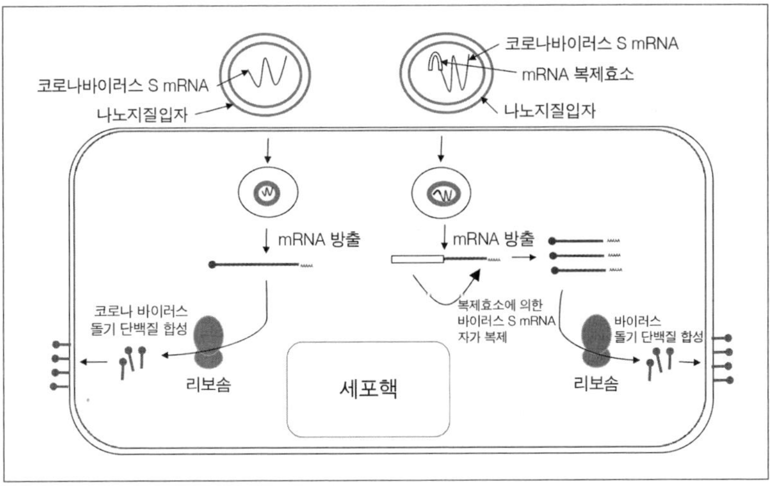

코로나19 mRNA 백신의 세포 내 돌기 단백질 항원 생성 원리: mRNA에 의한 돌기 단백질 생성은 두 가지 방법이 사용된다.

또한 유전자mRNA만 합성하면 되니, 유전정보만 있으면 바로 유전자 백신을 만들 수 있다. 백신 개발 경쟁에서 단백질 형태의 백신보다 개발 기간이 훨씬 단축된다. 그리고 단백질 형태의 백신과 달리, 유전자 양만 측정되면 되니까 제조 과정에서 품질 표준화가 매우 단순하다. 이런 신속한 제조 과정이 전 세계적으로 150개가 넘는 수많은 백신 후보들과의 경쟁에서 승리의 잔을 거머쥘 수 있도록 한 것이 아닌가 싶다.

개발 백신이 RNA 형태이다 보니 취약한 점은 백신의 안정성이다. 보관 기간이 짧고 매우 낮은 온도를 유지해야 한다는 것이다. 당장은 백신의 안정성을 보호하기 위해 백신 보관 환경을 개선하고 있다. 앞으로 누군가는 그러한 백신 안정성 문제를 극복할 수 있는 새로운 혁신적인 기술을 개발해서 도입할 것이다. 난관에 부닥치면 그것을 극복하기 위한 도전적인 창의성이 발현되기 마련이다. 유전자 백신의 시대는 이미 시작되었다. 도약은 준비하는 자의 것이다.

백신 개발의 승패를 쥔 실험동물

코로나19 팬데믹이 발생하자 전 세계적으로 가용 인적 자원이 총동원되다시피 백신과 치료제 개발에 참여하였다. 수백 개의 백신과 치료제 후보 물질이 다양한 전략과 접근 방식으로 개발되기 시작했다. 수많은 후보 물질 중 약효가 있는 후보 물질을 발굴하여 치료제 개발에 성공하는 것은 확률적으로 매우 낮다. 또한 그런 후보 물질을 사람을 대상으로 직접 실험할 수는 없다. 안전성이 없으면 심각한 인체 부작용이 발생할 것이고, 바이러스에 제대로 작용하지 못하면 감염으로 인한 후유증이 발생할 것이기에 그 파장은 상상을 초월한다.

그래서 사람을 대상으로 한 임상 시험에 진입하기 전에 코로나바이러스에 약효가 있음 직한 후보 물질을 실험동물을 사용하여 사전 검증 평가하는 단계전임상 시험를 거쳐야 한다. 평가할 동물 모델이 없으면 후보 물질이 약효가 있는지 여부를 가늠할 수 없어 백신과 치료제 개발을 진행할 수 없다. 코로나19 바이러스의 유행이 전 세계로 확산되자 동물 모델 개발이 발 빠르게 이루어진 것이 이런 이유에서다.

그러면 백신과 치료제 개발에 사용될 감염 모델 동물의 조건은 무엇일까? 이상적인 감염 모델 동물은 평가하고자 하는 바이러스에 효과적으로 감염이 일어나야 하고, 감염 후 전형적인 인체 증상을 유사하게 재현하고, 면역 반응과 사망률 등이 인체 감염을 모방하는 모델이어야 한다.

일단 인간과 유전적으로 가장 근접한 영장류를 감염 모델 동물 유력 후보로 들 수 있다. 코로나19 바이러스의 경우 인체 감염을 유사하게 재현하는 것으로 알려진 히말라야 원숭이rhesus macaque가 대표적인 동물이다. 그러나 이들 원숭이는 특수 사육 시설과 엄청난 비용이 들어간다. 실험을 하더라도 몇 마리 정도만 실험할 경우 실험 결과의 신뢰성을 해석하는 데 제한이 따를 수 있다.

현실적으로 사용하기 좋은 감염 모델 동물은 실험을 하는 데 경제적

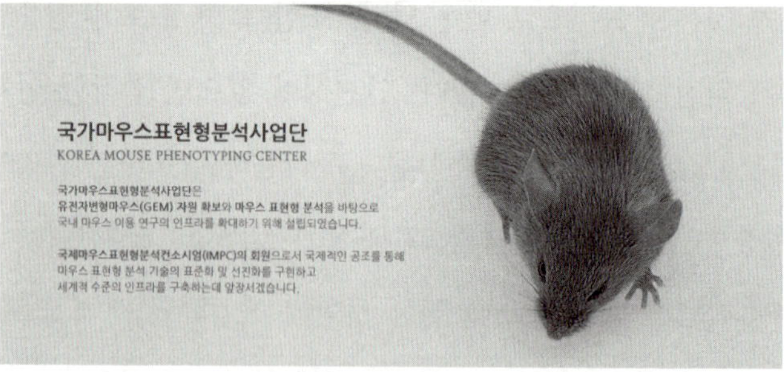

코로나19 형질 전환 쥐를 개발 공급하는 국가마우스표현형사업단 홈페이지
〈출처: https://mousephenotype.kr/〉

으로 부담이 적고, 실험 공간에서 충분한 개체를 사용하여 신뢰할 수 있는 결과를 도출하여야 하며, 인체 감염을 재현하는 동물이어야 한다. 이러한 조건을 갖춘 감염 동물 모델은 쥐mouse, 페럿Ferret, 햄스터Hamster 등 소형 실험동물이다. 현재 가장 널리 사용하는 감염 모델 동물은 코로나19의 경우 쥐이며, 인플루엔자독감의 경우 페럿이다.

코로나19 백신 및 치료제 평가에 가장 널리 활용되는 실험 쥐를 살펴보자. 자연 상태의 쥐는 코로나19에 잘 감염이 되지 않아 인체 감염을 재현하지 못한다. 그래서 약물 평가에 사용할 수 없다. 그런데 어떻게 실험 쥐를 약물 평가에 사용할 수 있을까? 그 비밀은 코로나19 바이러스의 사람 세포에 달라붙는 수용체hACE-2 유전자를 실험 쥐에 이식해서 형질을 전환시키는 데 있다. 그래서 hACE-2 수용체를 가지는 형질 전환 실험 쥐는 코로나19 바이러스 인체 감염을 재현하는 실험 쥐로 재탄생하게 된다. 이 동물을 개발하여 공급하는 대표적인 연구 기관이 서울대학교 수의과대학에 있는 국가마우스표현형사업단단장 성제경 교수이다.

2020년 코로나19 국산 약물을 개발하는 것이 국가적 긴급 현안 과제인 상황에서, 필자는 국가 지원 전임상 평가 프로젝트에 참여하여, 후보물질의 바이러스 감염 억제 효과를 평가한 경험이 있다. 그때 후보물질들을 평가하기 위해 사용한 동물이 형질 전환 실험 쥐였다. 코로나19 바이러스 감염 예방 효과가 있는 백신 후보 물질을 확인했을 때, 국산 백신을 개발하는 데 일조했다는 자부심에 이루 말할 수 없는 기쁨을 만끽한 기억이 있다.

현재 우리나라에서 많은 코로나19 백신 개발이 진행되고 있고, 전임상 시험 단계를 통과한 후보 물질도 여러 개가 있다. 우리 국민이면 누구나 바라는 대로, 임상 3단계를 훌륭하게 통과하여 국산 코로나19 백신 개발의 꿈이 이루어지고, 그 백신이 국민 건강을 지킬 뿐만 아니라, 코로나19 팬데믹 종식에도 기여하게 되기를 갈망한다.

항체 치료 요법

2013년 개봉된 영화 <감기>를 보면 치명적인 변종 독감이 한국의 한 도시를 강타하여 죽음의 공포로 몰아가고 있을 때, 이를 해결할 수 있는 대안은 유일하게 생존하여 항체가 형성된 여아의 혈액이었다. 이 혈액을 이용하여 변종 독감을 물리치게 되는데 이것은 소위 '혈장 치료 요법'이다.

이 요법은 백신이나 치료제가 없는, 치명적인 신종 바이러스의 경우에 환자를 살리기 위하여 긴급 처방으로 종종 시도되곤 했다. 2015년 6월, 메르스가 한국을 강타했을 때, 메르스 완치 환자로부터 채혈하여 얻은 혈장을 가지고 메르스 감염 환자를 치료하는, 영화에서나 있을 법한 일이 실제로 있었다. 2014년 서아프리카에서 에볼라가 창궐할 때, 에볼라에 감염된 미국인 의사를 치료하기 위해 혈장 치료 요법을 긴급 처방하여 목숨을 건진 사례도 있다.

사실 이러한 혈장 치료 요법은 이미 100여 년 전, 바이러스 배양 기술이 없어 백신을 생산하지 못하던 시절에 감염병에 걸린 가축을 치료하는 목적으로 적용하던 고전적인 치료 방법이다. 이 요법의 핵심은 완치된 환자 혈액의 혈장 성분에 들어있는 '중화항체' 성분을 이용하는 것이다.

1990년대 초, 대학원 석사 과정을 시작하면서 필자가 처음 부여받은 실험실 과제는 단일 클론 항체 생산 기술을 실험실에 구축하는 것이었다. 바이러스의 정체를 분석하고, 바이러스 존재를 확인하는, 질병 진단 시약의 용도로 그 항체를 활용하기 위해서였다.

지금은 바이오 분야에서 단일 클론 항체 생산 기술이 보편화되어 있지만, 그 당시만 하더라도 그 기술은 한국에서는 막 적용되기 시작한 첨단 바이오 기술이었다. 실험실 사정도 그리 여유로운 편이 아니어서 마음껏 시행착오를 거쳐서 시도할 만큼 실험 시약도 풍부하지 않았다.

지도교수로부터 그 기술을 실험실에 처음 도입하는 과제를 부여받았던 필자는 전문 서적을 정독하면서 시도해봤지만 실패를 반복했다. 드러나지 않은 성공 비법을 알아내기 위해, 단일 클론 항체를 만들어봤던 경험 있는 연구원 선배들을 찾아가 자문과 충고도 받곤 했다. 한참의 고통스러운 시행착오 끝에 나중에 깨달았다. 제작 기술 프로토콜보다도 먼저 세포라는 생명체를 이해하고 배려해야 가능하다는 것을!

일반인들에게는 생소한 전문 용어지만, 단일 클론 항체는 바이오공학이나 의학 분야에서는 오늘날에도 매우 중요한 기술이다. 코로나19 바이러스를 예로 들어보자. 생쥐에게 코로나19 바이러스 항원을 주입하면, 생쥐는 B 세포가 활성화되어 항체를 분비한다. 이때 B 세포가 생성한 항체는 오로지 코로나19 바이러스만 제거한다. 한마디로 코로나19 바이러스 요격 항체이다.

그 항체를 생성하는 B 세포를 실험 용기에서 대량으로 무한정 배양할 수 있다면, 우리는 항체를 대량으로 생산할 수 있다. 항체를 고농도로 생산하는 기술을 확보한다면, 코로나19 바이러스만 요격하는 마법탄환인 특효약을 만들 수 있다. 그러나 생체에서 추출한 B 세포의 수명은 몇 주 정도밖에 되지 않아 그 항체를 대량으로 만들 수 없다. B 세포를 배양하면서 항체를 대량으로 생산할 수 있는 방법은 없을까?

1975년 쾰러Kohler와 밀스타인Milstein은 실험 용기에서 B 세포를 배양해 대량으로 항체를 생산할 수 있는 획기적인 방법을 발명했다. 쾰러와 밀스타인은 단일 클론 항체 생산 기술을 발명한 공로를 인정받아 1984년 노벨생리의학상을 받았다. 그들이 공안한 발명품은 항체를 생산하는 B 세포와 실험 용기에서 무한정 증식하는 암세포를 융합시켜 하나의 잡종 세포를 탄생시키는 방식을 사용했다.

그 잡종 세포는 암세포의 성질을 가지고 있기 때문에 실험 용기에서 무한정 증식하는 능력을 가진다. 그리고 중요하게도 B 세포의 성질도 가지고 있어서 그 항체의 생산 능력도 가지게 된다. 그래서 잡종 세포는 실험실 배양 용기에서 무한정 증식하면서 그 항체를 대량으로 만들어낸다. 이들 잡종 세포는 오로지 단 한 종류의 항체만 생산해낸다. 바로 그 기술이 단일 클론 항체 생산 기술이다.

변종이 잘 생기는 바이러스나 덩치가 큰 바이러스의 경우 단일 클론 항체 한 종류만으로는 감염 환자의 몸속에 돌아다니는 바이러스를 제거하는 데 역부족인 경우가 많다. 그래서 에볼라 바이러스를 제거할 수 있는 단일 클론 항체 여러 종류를 칵테일처럼 혼합해서 바이러스 치료제로 만든다. 그렇게 만든 칵테일 항체들은 연합 작전을 통해 돌아다니는 바이러스를 쉽게 포획해서 제거할 수 있다. 실제 2014년 서아프리카에서 에볼라가 확산되었을 때 에볼라에 걸린 미국 선교사 치료에 사용된 항체도 그러한 칵테일 항체 제품이었다.

바이러스 복제, 길목 차단

여러 가지 일이 겹쳐 스트레스가 쌓일 때면 입술에 부기가 있는가 싶다가 어느새 보면 물집이 생긴다. 이러한 입술 단순포진이 신체에 큰 문제를 일으키는 것도 아니고 시간이 지나면 자연스럽게 아물긴 하지만, 물집이 생기는 부위가 간지럽기도 해서 자신도 모르게 입술에 손이 가는 경험을 한 적이 있다.

입술 단순포진은 DNA 바이러스인 단순포진 바이러스헤르페스 심플렉스 I형가 일으키는 질환이다. 아마도 바이러스가 국소 신경절에 잠복해서 숨어있다가 과로나 스트레스로 면역 상태가 저하되어 나타난 것일 게다.

한번은 지인이 필자의 입술에 난 단순포진 증상을 보고는, 약국에 가서 A 약품을 사서 입술에 발라보라고 권했다. 그 연고를 바르고 나니 며칠 만에 금세 효과가 나타났다. 그 후로 입술 단순포진으로 고생한 기억이 별로 없다. 바이러스가 제거되어서 그런 건지, 스트레스를 적게 받아서 그런 건지는 알 수 없지만. 현재 헤르페스바이러스 치료제인 A 약품은 국내에서만 연간 150억에서 160억 원 정도의 시장을 형성하고 있는 것으로 알고 있다.

1990년대까지만 해도 바이러스 감염증을 치료하는 것이 불가능하다고 여겼다. 바이러스가 숙주 세포 속에서 절대적으로 기생하는 존재이기 때문에, 숙주 세포를 다치지 않게 하면서 바이러스만 제거하는 것이 거의 불가능에 가깝다고 봤기 때문이다. 참고로 세균은 항생제라는 치료제가 있다.

오늘날, 바이러스에 대한 과거의 정설은 깨졌다. 바이러스도 치료가 가능한 방향으로 흘러가고 있다. 바이러스의 세포 부착, 복제 기작 등이 밝혀지면서 바이러스 복제의 길목을 차단하는 게 가능해졌다. 오늘날 바이러스 치료제들은 바이러스가 복제 기작의 중간 길목을 차단하는 방식으로 개발되고 있다.

가장 잘 알려진 바이러스 치료제는 신종플루 치료제, 즉 타미플루가 아닌가 싶다. 2009년 신종플루 팬데믹이 타미플루를 바이러스 치료제의 대명사로 만들었다. 원래 이 약은 미국 길리어드 사가 계절독감을 치료하기 위한 목적으로 개발했다가, 신종플루 사태가 터지면서 대박을 쳤다. 당시 세계 각국은 신종플루가 제2의 스페인 독감으로 발전할까 봐 전전긍긍했고, 타미플루 비축 물량을 서로 많이 확보하느라 난리였다.

이 약은 1990년대 중반에 미국 벤처회사 길리어드 사가 개발해서 스위스 로슈 사에 팔았던 인플루엔자 치료제 신약이다. 그 덕분에 로슈 사는 2009년 당시 타미플루를 30억 달러약 3조 7,095억 원어치 이상을 판 것으로 추정되고 있다. 연 10억 달러약 1조 2,365억 원 이상 판매하며 새로운 블록버스터급 약으로 당당히 이름을 올렸다. 지금도 독감이 유행하는 한겨울이 오면 불티나게 팔리는 바이러스 치료제 중 하나이다.

위에서 사례로 들었던 헤르페스바이러스나 인플루엔자바이러스 치료제는 전체 바이러스 치료제에서 극히 일부분에 불과하다. 현재 전 세계에는 수십 종의 다양한 바이러스 치료제 신약이 출시되어 판매되고 있다. 그렇지만 전체 의약품 시장에서 항바이러스제가 차지하는 비중은 고작 2퍼센트 정도 수준에 불과하다.

바이러스 치료제의 성장세는 무섭다. 1990년대 이후 바이러스 치료제 개발이 활발히 이루어지면서 1999년 84억 달러약 10조 3,866억 원에 불과했던 바이러스 치료제 시장은 2006년 140억 달러약 17조 3,110억 원, 2009년 280억 달러약 34조 6,220억 원로 급성장했다.

바이러스 치료제 주력 제품군은 HIV 치료와 관련된 제품들이다. 2016년에는 전 세계 HIV 시장 규모가 170억 달러약 20조 4,068억 원에 달했다. HIV 치료제의 경우 1990년에는 1개에 불과했지만, 2001년에는 19개로 급증했다. 실제로 HIV 바이러스 치료 요법이 나날이 개선됨에 따라, 선진국에서 HIV 감염자의 사망률은 급격히 떨어지고 있다. 현재의 치료제 기술 개발 추세로 보면, 조만간 획기적인 HIV 치료제가 출시될 수 있다는 희망을 가지게 만든다.

B형 간염 치료제의 경우 국내 시장만 하더라도 2014년 기준 매출 규모가 2,600억 원 정도 된다. B형 간염 치료제 대표주자인 B 약품만 하더라도 한 해 국내 매출액이 1,600억 원에 달하는, 연 100억 원 이상 판매된 블록버스터급 약이다.

코로나19 팬데믹에서도 치료제 개발에 대한 시장 경쟁과 국가적 지원이 계속되고 있다. 그럼에도 불구하고, 코로나19 백신만큼의 좋은 성과는 아직까지 없는 것 같다.

당장 시급하게 중증 환자에게 적용해야 하는 문제라, 많은 회사가 신약 개발보다는 기존 약물 재창출 형태로 치료제가 개발되고 있다. 희망적인 치료제들은 세포 내 바이러스 복제 과정의 일부를 차단하는데 작용하는 약물들이다. 기존 약물은 안전성 등은 인정받고 있으니까 바이러스 사멸 효과만 입증되면 신속하게 사용될 수 있기 때문이다. 그러나 아직은 갈 길이 멀다.

코로나19 치료제 개발을 위한 또 다른 접근 전략은 앞에서 언급한 항체 치료제혈장 치료제, 단일 클론 항체 치료제를 개발하는 것이다. 국내 회사로는 셀트리온과 녹십자가 이러한 전략을 사용하여 치료제를 개발하고 있다. 마지막 전략으로 중증으로 발전하지 못하도록 막는 사이토카

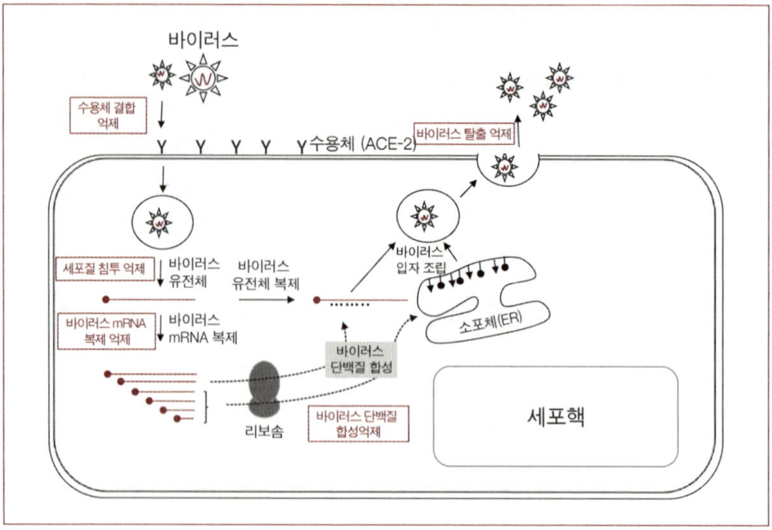

코로나19 치료제 후보 물질의 바이러스 증식 억제 원리

인 억제제 등과 같은 면역 조절 물질을 이용한 치료제다. 아직은 명확한 답이 없다. 세계적인 코로나19 치료제 시장에서 블루오션은 그냥 주어지지 않는다.

마법의 탄환

신종 바이러스가 유행할 때마다 고정 레퍼토리처럼 나오는 뉴스 중 하나가 예방 백신이나 치료제가 없다는 것이다. 그런 종류의 뉴스는 신종 바이러스에 대한 두려움을 확대 재생산하여 사람들에게 공포감을 조장하는 자극적이고 나쁜 뉴스다. 신종 바이러스가 인류 앞에 갑자기 모습을 드러냈기 때문에, 물리칠 백신이나 치료제를 개발할 사전 준비가 되어 있지 않은 것은 어쩔 수 없는 일이다.

이번 코로나19처럼 명약관화하게 팬데믹으로 진행되는 경우에는 당연히 백신 회사들이 적극적으로 개발에 나서지만, 2003년 사스처럼 어느 날 갑자기 나타났다가 몇 달 만에 홀연히 사라져버리는 경우 엄청난 개발 비용을 투자한 백신 회사는 무용지물이 된 백신 후보 물질을 두고 난감해할 수밖에 없다. 그래서 신종 바이러스가 출현하더라도 제약 회사는 백신 개발을 할 수 없고 안 할 수도 없는 딜레마에 빠진다.

이번 코로나19 팬데믹을 계기로, 미래에 신종 바이러스의 출현에 대비하여 언제든 즉각적으로 예방 백신을 만들 수 있는 시스템을 개발하는 것은 인류에게 주어진 과제가 되었다. 그러한 마법의 탄환은 언제 가능할까? 코로나19 팬데믹으로 식겁한 나머지 그러한 플랫폼 개발에도 속도가 붙을 전망이다.

매년 겨울철이 다가오면 보건소에 가서 독감 백신을 맞았다. 조류인플루엔자 연구와 방역과 관련된 업무에 종사하다 보니, 접종 대상자로 선정되었기 때문이다.

어쨌든 독감 예방주사를 맞은 덕분에, 매년 초 한겨울 독감 유행이 절정에 다다라 독감 유행 경보가 내려도, 걱정을 하지 않는다. 이미 생명 보험백신 주사를 맞은 덕분에 독감 바이러스가 들어오더라도 충분히 싸워 이길 준비가 되어 있기 때문이다.

매년 계절 독감 백신을 새롭게 만들고, 가을 환절기에 그 백신을 접종받는 이유는 매년 유행하는 인플루엔자바이러스가 바뀌기 때문이다. 그래서 세계보건기구가 그해 수집한 인플루엔자바이러스 정보들을 바탕으로 유행할 것 같은 바이러스 유형을 최종 선발하여 계절 독감 백신으로 만든다. 매년 인플루엔자 유행을 예측하고, 매년 새로운 백신 균주를 선정해서 생산하는 방식이다.

그해 환절기 인플루엔자 유행 예측에 실패하여 백신과 다른 유형의 인플루엔자바이러스가 유행하기라도 하면 세계보건기구나 각국의 방역 당국은 난감할 수밖에 없다. 실제로 세계보건기구의 인플루엔자 유행 예측 실패로 환절기 독감이 유행하여 곤혹을 치르는 경우도 종종 발생하곤 한다.

매년 실시하는 유행 예측에 조바심을 가지지 않고 안심하고 백신을 생산하는 방법은 없을까? 어떤 인플루엔자바이러스가 유행하더라도 효과 있는 백신, 마법의 탄환은 과연 불가능한 것일까?

실제 바이러스 학자들이 인플루엔자 만능 백신유니버설 백신을 개발하는 데 역량을 집중하고 있고, 그 희망의 불씨가 보인다는 언론 뉴스를 접하기도 한다. 바이러스마다 변하지 않은 항원 구조를 가진 바이러스 단백질 부위HA 줄기 부위나 복제 과정에서 결정적인 과정을 차단하게 만든 전략예: M2e을 사용한 백신을 개발하려고 노력하고 있다.

현 단계에서는 개발에 성공했다는 최종 결과지는 없지만 희망의 강도는 점차 올라가고 있다. 어쩌면 코로나19 백신 개발 전쟁에서 보듯이, 그동안 구사하지 않았던 전혀 다른 혁신적인 유니버설 백신이 만들어져 기존의 판도를 뒤엎을지도 모른다.

어떤 방법이든 간에, 백신 하나로 모든 인플루엔자를 통제할 수 있다면 매년 백신을 선정하여 개발하는 수고를 덜 수 있다. 어떤 신종인 플루엔자가 인류를 위협하더라도 유니버설 백신이 있으면 팬데믹으로 진행되는 사태는 벌어지지 않을 것이다.

유니버설 백신은 비단 인플루엔자에만 국한되는 이야기가 아니다. 수시로 변하는 변덕쟁이 바이러스에게도 모두 해당된다. 대표적인 바이러스가 HIV다. HIV는 변화무쌍하기가 인플루엔자보다 훨씬 심하다. 그래서 전통적인 방식으로는 백신 개발에 한계가 있다. HIV가 아무리 변화하더라도 예방할 수 있는 만능 백신이 필요하다.

만능 백신은 미래의 바이러스 X 출현에 신속하게 대응하는 데 크게 기여할 것이다. 코로나바이러스 유니버설 백신이 있다면 미래에 어떤 신종 코로나바이러스가 출현해도 제2의 코로나19 팬데믹을 겪지 않을 것이다. 파라믹소바이러스 유니버설 백신이라면 니파 바이러스가 확산하든, 헨드라 바이러스가 확산하든 팬데믹에 대한 우려를 하지 않아도 될 것이다. 팬데믹의 종말을 앞당기는 방아쇠, 유니버설 백신은 개발될까? 그런 날이 언제쯤 올까? 당장은 어렵지만 미래는 만드는 자의 몫이다.

에필로그

바이러스 여행을 마치며

이제 우리에게 상당한 쇼크를 안겨준 바이러스의 실체를 알기 위한 기나긴 여행을 마쳤다. 여행을 하는 동안 세상의 판도를 바꾸는 여러 가지 바이러스들을 살펴보았다. 어떤 곳은 성향이 서로 다른 내용이 버무려져 조금은 산만한 뮤지컬 무대였을 것이고, 어떤 곳은 깊이가 깊지 못하여 기차 밖 풍경쯤으로도 여겨졌을 수도 있다. 또 어떤 곳에서는 낯선 환경에서 익숙한 척하는 어색함이 배어 있는 시골 청년을 만났을 수도 있다. 그럼에도 불구하고 여러분을 여행지로 인도하면서, 그동안 보지 못했던 다양한 바이러스를 보여주려고 노력했고, 또 다른 눈으로 세상을 바라볼 수 있도록 안내했다.

2020년은 인류 역사상 가장 충격적인 팬데믹의 해로 기억될 것이다. 우리는 한 번도 가보지 못한 그 충격적인 대역사의 현장 한복판을 뚜벅뚜벅 걸어왔다. 코로나19 팬데믹이 서서히 그 기운을 잃어가고 있다. 그 기세가 완전히 소멸될 때까지 여전히 인내의 시간이 필요하지만, 희망이라는 단어가 코로나19를 이겨낼 수 있도록 인도했다. 늘 그래왔듯이 우리 인류는 답을 찾아내고 있다.

바이러스 팬데믹은 우리에게 꾸준하게 자신의 흔적을 살짝 내비쳐 주곤 했다. 2009년 북미지역 양돈장에서 신종플루가 출현하기 10년 전부터, 북미 지역 양돈장에서 인플루엔자 스필오버의 기운이 맴돌고 있었다. 2019년 코로나19 바이러스가 출현하기 오래전부터, 중국 재래 시장에서 크고 작은 신종 바이러스조류 인플루엔자, 사스가 나타나 문제를 일으키곤 했다.

그러한 소동이 분명 뚜렷한 불길함을 내포하고 있었음에도 불구하고 알아차리지 못했다. 듣고 싶은 것에만, 보고 싶은 것에만 의지하면서 칵테일 파티를 즐겼는지도 모른다. 파티가 끝난 후 우왕좌왕하는 모습만 보여왔다.

다행히도 바이러스 쇼크는 순간적으로 강하게 나타나기는 하지만, 언젠가는 결국 잔불이 되어 소멸되곤 했다. 인류가 당하고만 있지 않기 때문이다. 그러나 충격의 후유증은 오래갈 수도, 곧바로 진정될 수도 있다.

바이러스 팬데믹은 그 역사를 반복하지 않는다. 그 과정만 반복할 뿐, 주인공은 늘 바뀐다. 앞으로도 주연배우가 바뀌어 등장할 것이다. 그리고 공연의 내용도 바뀌어 있을 것이다. 늘 그래왔던 것처럼, 앞으로도 준비되어 있지 않으면 또다시 새로운 바이러스 쇼크에 휘말릴 수 있다.

어떻게 하면 바이러스 팬데믹의 전조 증상을 알아차리고 대비할 수 있을까? 바이러스 쇼크를 어떻게 진정시키고 극복할 수 있을까? 이는 우리 인류의 의지와 역량에 달려있다.

지금까지 우리 인류는 지역사회에 출현한 신종 바이러스의 국제적 확산 저지를 위한 국제 협력과 네트워크 구축 강화, 각종 보건 개입, 지역사회 확산 저지 모델 개발, 인명 피해 최소화를 위한 치료제와 예방 기술 개발 등 지역사회에서 바이러스 유행을 저지하려는 대응 노력을 다방면으로 진행해왔다.

어떤 바이러스는 재빠르게 진화되었지만, 어떤 바이러스는 꺼질 듯 되살아나기를 반복했다. 또 어떤 바이러스는 그 기세가 여전히 꺾일 기미조차 보이지 않는다. 익히 알고 있다시피, 신종 바이러스는 원래부터 사람에게 존재했던 것이 아니기에, 늘 인간에게는 생소하고 강렬하다.

공중보건에 들불처럼 번지는 신종 바이러스는 끄기에 급급하지만 일단 그 불이 진화되고 나면 그 불길의 원인을 따지고 다시는 그러한 위험이 반복되지 않도록 해야 한다. 그러나 불행하게도 지금까지 공중보건 영역의 대응 노력과 달리, 지구촌에서 신종 바이러스 출현 자체를 저지하는 선제적 예방 노력은 아직 초보적인 단계에 머물러 있다.

신종 바이러스가 출현할 때마다 우리는 어느 지역에서 어떤 경로로 나타날지 사전에 예측하고 대비하는 데 번번이 실패한다. 신종 바이러스 출현 배경을 제공하는 푸시 앤드 풀 여건산림 파괴, 대도시화, 기업축산, 기후 변화, 여행 증가 등을 개선하려는 발걸음은 여전히 출발선을 벗어나지 못하고 있다.

바이러스 학자들이 지구촌 야생 세계에서 미지의 바이러스를 찾고 있고, 우리 주변의 동물인 가축에서 신·변종 바이러스 출현을 감시하고 있지만, 정작 코로나19 바이러스와 같은 사람에게 위험한 바이러스를 찾아내지 못했다. 박쥐에서 조상 코로나바이러스를 수집하고도 그 바이러스의 후손이 팬데믹이라는 대참사를 일으킬 것이라고 판단하지 못했다.

생태계 보건, 동물보건, 공중보건이 세 가지 보건 섹터 전문가 그룹이 머리를 맞대고 시너지 효과를 일으키는 하나의 보건 체계 '원 헬스One health' 개념으로 접근해야 문제를 해결하는 데 보다 나은 개선책을 만들어낼 수 있을 것이다. 우리 인류는 그러한 방향을 인식하고 이제야 출발 시동을 걸고 있다. 다소 늦은 감은 있으나 바람직한 일이다.

코로나19 팬데믹 사태에서 경험했듯, 바이러스는 우리가 바라는 대로 움직이는 것이 아니라 바이러스 자신의 속성대로 숙주 사이에서 순환하고 유행한다. 우리는 그 바이러스의 정체를 알아가는 데 너무 많은 시간이 걸렸고, 그래서 바이러스 공격에 대응하는 데 한 걸음씩 늦었다. 트로이 목마처럼 인간의 몸을 정복하는 바이러스 앞에서 나약함과 무기력함을 노출했다. 이제 무엇이 부족한지 무엇을 개선해야 하는지 깨닫기 시작했고 그것을 하나씩 해결하기 위해 나아가고 있다. 모든 것을 한꺼번에 바꾸는 것은 매우 어려운 일일 것이다.

21세기를 사는 우리의 모습을 보면 지역사회 어딘가에서 감염 의심 환자라도 발생하면 그 지역에 바이러스가 퍼질까 봐 노심초사하며, 보건 당국에 소독과 방역 조치를 해달라고 조급증을 낸다. 평소에는 관심조차 없던 대중들이 수많은 정보에 노출되면서 사이비 전문가처럼 반응한다.

그러나 정보라는 것이 대개 편안한 소파에 앉아 방송 언론으로 얻는 것들이다 보니 일반 대중이 얻을 수 있는 정보는 상당히 제한적이다. 감염 재생산지수를 보면서 그게 무슨 의미인지, 집단면역으로 50퍼센트나 100퍼센트가 아닌 70퍼센트를 목표로 삼는 근거가 무엇인지 알 수 없다. 백신을 왜 두 번이나 맞아야 하는지도 설명하지 않는다. 그런 연유로 방송이나 언론 매체에서 다루는 감염병 관련 뉴스를 접할 때, 그것이 지역사회에서 무슨 문제를 일으키는지, 그 파장이 어떻게 진행될지 일반 대중이 해석하고 판단하는 것에 한계가 있다.

그래서 대중들 사이에서는 신종 감염병 출현이 심리적 불안과 우려를 증폭시키기 마련이다. 심지어 자신이 알고 있는 정보 영역 밖의 사안이라도, 자신이 가진 정보를 바탕으로 어설프게 위험을 해석하고 심하면 유언비어나 낭설로 발전시킨다. 대중들도 이제 바이러스 감염병에 대한 기본적인 교양을 평소에 쌓아야 한다. 이러한 부분에 대해 평소에 제대로 훈련되어 있지 않다. 다행인지 불행인지 몰라도 코로나19는 그나마 바이러스에 대한 대중의 관심을 끌어올렸다.

평소에 바이러스에 대한 기본 소양을 쌓고 있다면, 바이러스의 정체에 대하여 올바르게 해석할 수 있는 역량을 가지게 된다면, 신종 바이러스가 유행할 때마다 여기저기 난무하는 그럴듯한 많은 정보들을 마주하면서 거기에 어떻게 대처해야 할지 판단할 수 있게 된다. 그런 기본적인 교양 지식을 가지고 있는 것은 우리의 건강을 지키는 생명보험을 드는 것과 마찬가지다.

감염병이 유행하기 시작하면, 일반 대중이 할 수 있는 일은 제한되어 있다. 사소하지만 가장 중요한 것은 감염의 위험으로부터 자신을 지키는 것이다. 감염자일지도 모를 사람과 접촉하지 않도록 사회적 거리두기를 하고, 마스크를 쓰고, 개인위생 안전 수칙을 지키는 것이다. 이것만 실천해도 감염병의 위험을 상당히 낮출 수 있다. 이러한 생활 방역 수칙들을 일상적으로 지키고 실천하는 것은 번거롭고 귀찮은 일이다. 그렇지만 감염으로 인한 고통과 후유증을 피할 수 있다면, 비용 편익 측면에서도 훨씬 경제적이다.

2020년과 2021년 동절기 동안 계절 독감의 유행이 사라졌다. 계절적 유행이 사라진 것은 극히 이례적이다. 코로나19가 낳은 생활 방역 수칙의 실천이 일상화되었기에 가능한 일이었다. 그러므로 감염의 위험으로부터 자신을 지키는 실천은 나 자신만 지키는 것이 아니라 우리 모두를 지켜주는 공중보건을 실행하는 일이다.

매년 수천만 명의 국민들이 여러 가지 목적으로 해외여행을 다녀온다. 방문 국가 중에는 우리보다 공중보건 체계가 잘 갖추어진 국가도 있지만 그렇지 못한 국가도 많다. 그러다 보니 해외여행을 하는 동안 우리나라에 없는 감염병에 노출될 위험성이 있다.

실제로 해외여행 도중 뎅기열 등의 감염병에 걸려 입국하는 감염 사례가 매년 증가하고 있음이 통계적으로 입증되었다. 해외여행을 통하여 의도한 것은 아니겠지만, 본의 아니게 국내로 병균을 갖고 들어와서 우리 사회에 피해를 입히는 사건이 벌어지지 않도록 모두가 노력해야 한다. 그러려면 여행 지역이나 국가에서 어떤 감염병이 돌고 있는

지 사전에 정보를 알고 여행을 가야 한다.

최근 들어 우리 사회가 수차례에 걸쳐 직접 경험했듯, 바이러스가 가진 전염성의 속성상 혼자서 고민하고 숨긴다고 해결될 문제가 아님을 알 것이다. 공중보건에만 한정된 문제가 아니라 축산업이나 식물에서도 마찬가지이다. 보건 당국이나 방역 당국에 신고하여 혹시 모를 대형 재난의 불씨가 지펴지지 않도록 노력하여야 한다.

빠르게 실천할수록 좋다. 개인의 노력부터 사회적인 노력까지 우리는 할 수 있는 한 빠르게 그리고 정확하게 예방하고 대응해야 한다. 개인부터 사회, 국가가 긴밀하고 빠르게 대응할 수 있도록 네트워크를 활성화시킨다면 신종 바이러스의 출현에 보다 효율적으로 대처해나갈 수 있을 것이다.

마지막으로, 이 책을 집필함에 있어 많은 학자들이 일구어 놓은 연구 결과를 참고하여 대중들이 궁금해하는 정보를 공유하고자 노력했다. 혹시 잘못된 내용이나 과장된 사실이 있다면 너그러이 이해해주길 바라며, 알려준다면 추후 성실하게 보완하겠다.

또한 집필 과정에서 동료 학자와 친구들의 많은 도움과 격려가 있었다. 감사드린다. 이 책이 세상에 나올 수 있도록 최고의 노력을 아끼지 않은 ㈜에듀넷 관계자 분들께도 고개 숙여 감사드린다. 아무쪼록 보다 건강한 세상을 영위해나가는 데 이 책이 한 알의 밀알이 되었으면 좋겠다. 그것만으로도 행복하다.

NEW VIRUS SHOCK

바이러스 쇼크 Q&A

최근 바이러스 쇼크 강연과 인터뷰를 통해 자주 받았던 질문을 중심으로 내용을 구성하였다.

01 2020년 새해 벽두부터 신종 바이러스 코로나19로 전 세계가 혼란에 빠져 있다. 특히 사스(2003년)와 메르스(2012년)부터 코로나19(2020년)까지 최근 계속해서 예상치 못한 감염병이 등장하고 있는데, 현대 신종 전염병의 특징과 원인은?

21세기 신종 바이러스의 특징은 1) 원래 야생동물(박쥐)의 바이러스였다. 야생에서 사람으로 넘어오는 데 야생동물과 사람의 접촉을 만드는 소위 '푸시 앤드 풀'이 작동한다. 2) 야생동물에서 사람으로 넘어오는 과정에서 중간매개 동물을 거친다. 이들 동물은 사람과 접촉이 많은 동물이다. 사스는 사향고양이, 메르스는 낙타, 코로나19는 재래시장 천산갑(추정)이다. 3) 전 세계 교류가 활발하다 보니 순식간에 전 세계로 확산된다. 지구촌 어디에서 발생하더라도 안심할 수 없다.

02 코로나19가 중국 우한에서 처음 출현했을 때 박쥐 바이러스일 것으로 예상했는데 그 이유는?

21세기 들어서 크게 문제를 일으킨 신종 바이러스는 모두 박쥐 바이러스였다. 특히 앞으로도 신종 코로나바이러스가 출현하면 그 역시 박쥐 바이러스일 가능성이 높다. 박쥐 바이러스가 인간에 넘어오는 데는 야생동물 식문화가 자리 잡고 있다고 본다.

03 매개체였던 박쥐에겐 치명적이지 않았던 바이러스가 사람에겐 치명적으로 변한 이유는?

원래 박쥐에서 오랫동안 공생하던 바이러스였다. 그렇지만 사람은 바이러스 입장에서는 생소한 숙주이다. 그런 경우 대개 공생관계가 성립되지 않아 치명적인 성질을 띠는 경향이 있다.

04 신종 바이러스 출현의 주요 배경으로 푸시 앤드 풀 여건을 설명했다. 푸시 앤드 풀은 무엇이고, 이를 줄이는 방법은?

푸시 여건은 야생동물이 서식처로부터 밀려 나가는 환경적 상황을 말하며, 풀 여건은 그 동물을 인간의 생활 영역으로 유인하는 환경적 상황을 말한다. 그때 야생동물은 자신이 가진 미지의 바이러스도 같이 가져온다. 그래서 사람과 동물 간 접촉 빈도와 강도가 높아지면 신종 바이러스가 출현할 수 있는 여건이 만들어진다. 그것을 줄이는 방법은 푸시 앤드 풀 여건이 형성되지 않게 하는 것이다. 가장 대표적인 푸시 앤드 풀은 야생동물 식문화이다. 중국의 재래시장이 그렇고, 아프리카의 부시미트가 그렇다. 그런 야생동물 식문화를 없애는 것이 좋은데 그 지역의 현실에서는 먹고사는 문제이기 때문에 쉽게 개선되기는 어렵다. 점차 개선되어야 한다.

05 그동안 발생한 신종 감염병 중 약 75퍼센트는 동물에게서 유래한 것이라고 한다. 동물에게서 사람으로 이종 간 감염이 늘어나면서 더 강력한 변종 바이러스가 등장하는 이유는?

이종 간 바이러스 감염이 일어나면 바이러스에서도 변화가 많이 일어날 수 있다. 바이러스가 원래 서식하던 숙주 환경과 다르기 때문에 그 변화된 환경에 적응하려고 변이를 한다. 바이러스가 이종 숙주로 넘어가는 경우 대개 치사율이 높은 성질을 가지는 경향이 있다.

06 최근 들어 신종 바이러스의 저수지 역할을 하는 배후로 박쥐를 집중적으로 거론하고 있다. 박쥐의 바이러스가 인간에게 감염병을 일으키는 과정은?

박쥐하면 동굴에 사는 박쥐 정도만 생각하겠지만, 엄청나게 많은 종이 있다. 사람은 한 종이지만 박쥐는 1,200종이 넘는다. 지구상 동물종마다 고유하게 가지고 있는 바이러스들이 많은데, 1종마다 30종의 바이러스만 가지고 있어도 박쥐에게는 36,000종의 바이러스가 존재한다(참고로 사람 바이러스에는 약 200종이 있다). 박쥐는 원래 사람과 접촉하지 않는 날아다니는 포유동물이다. 그래서 그동안 박쥐 바이러스가 사람으로 넘어올 기회가 없었다. 최근 들어 푸시 앤드 풀 여건이 식문화를 중심으로 만들어지면서 사람에게 넘어오는 일이 생긴 것이다. 사스나 코로나19도 모두 야생박쥐를 포획해서 팔다가 사람으로 넘어온 것으로 추정된다.

07 국내에서 발생한 신종 감염병은 모두 해외에서 유입됐다는 공통점이 있다. 국내외 관광객 수가 늘어난 만큼 과거보다 감염병에 쉽게 노출될 텐데, 앞으로 우리가 조심해야 할 점은?

매년 수천만 명이 우리나라를 출입한다. 우리나라를 방문하는 사람도, 해외로 출국하는 사람도 전 세계 많은 나라와 연결되어 있다. 특히 해외여행으로 풍토병에 걸려 입국하는 관광객들이 늘고 있다. 위생 환경이 열악한 아프리카나 동남아 지역에 방문할 때는 풍토병을 조심해야 한다. 그 나라에 어떤 풍토병이 돌고 있는지 미리 알고 대비하는 게 좋다.

08 전 세계적으로 코로나19가 대유행하고 있다. 빠른 전염으로 많은 사람이 걸리고, 죽을 수도 있다는 공포를 느낀다. 그렇다면 전염력과 치사율의 상관관계는?

신종 바이러스의 경우 치사율과 전염력은 반대되는 경향이 있다. 치명적인 병증 때문에 자연적인 사회적 거리두기 현상이 나타나기 때문이다. 특히, 보건 당국의 강력한 통제 조치가 전염력을 낮추는 데 한몫을 한다.

09 이번 코로나19의 특이점은 대도시에서 발생한 것이다. 야생동물과 접촉이 쉬운 지역에서 발생한 바이러스들과의 차이점은?

코로나19가 처음 유행한 도시가 천만이 넘는 우한이다. 밀집된 인구, 접촉이 많은 생활 환경, 밀폐 공간이 많은 도시 환경은 바이러스 유행에 유리하다. 그래서 일단 감염병이 발생하면 통제 조치를 신속하게 하지 않으면 감염자가 폭발적으로 늘어난다. 특히, 국제사회와 연결된 도시라 다른 나라로 확산되는 것도 순간이다. 즉 일단 발생하면 통제와 대처가 매우 신속해야 한다.

10 사람들이 코로나 종식 시기를 많이 궁금해하면서 여름이 되면 종식된다는 이야기가 나오고 있다. 여름이면 바이러스가 약해진다는 의견이 있는데, 이러한 정보의 신빙성은?

호흡기 바이러스라 창문을 닫기 시작하는 환절기에 잘 유행하고, 여름에는 환기 여건이 좋아 잘 유행하지 않는다. 여름에는 바이러스 생존 기간이 줄어드는 것도 한 가지 요인이긴 하지만, 바이러스 유행 조건이 있는 곳에서는 남아있을 가능성이 있다. 우리나라에서 코로나19 통제 조치가 잘 작동하고 있기는 하지만, 국제사회에서 전체적으로 통제되지 않는 이상 유행은 반복될 수밖에 없다.

11 대부분의 바이러스는 증상이 있을 때부터 전파가 시작된다고 하는데, 다른 바이러스에 비해 코로나19 바이러스의 무증상 감염자 수가 특히 많은 이유는?

코로나19가 전염력이 강한 이유는 사람 간 상기도를 통해 감염이 이루어지기 때문이다. 쉽게 감염되고 쉽게 바이러스를 배출할 수 있는 구조다. 특히 콧구멍에서 바이러스 증식이 잘된다. 콧구멍 검사를 하는 이유가 거기에 있다.

12 반려동물이 코로나19에 감염되는 사례가 자주 발생하고 있다. 강아지는 코로나19에 양성반응이 나와도 인간에게는 코로나를 전염시키지 않는다는 실험 결과가 있는데 그 이유는?

반려동물이 확진자와 같이 생활하면서 걸린 사례들이다. 반려동물은 코로나19 바이러스가 사람에서처럼 많이 증식하지 않는다. 그래서 약하게 살짝 감염되고 치유된다. 바이러스가 배출되더라도 약하다. 그 정도로는 사람에게 옮길 수 없다.

13 몇 번의 감염병 사태를 겪으면서 개인위생에 대한 경각심이 증가했다. 개인위생이 감염병 방지에 미치는 효과는?

손 씻기는 정말 중요하다. 생활하면서 남들이 만지고 다닌 곳을 여기저기 만지는 부위가 바로 손이다. 그래서 바이러스가 묻을 가능성이 가장 높은 신체 부위가 손이다. 손을 씻을 때 반드시 비누나 세정제를 사용해야 한다. 그래야 손에 묻은 바이러스가 제거될 수 있기 때문이다. 손 씻기만 해도 바이러스에 감염될 가능성을 최소한 80퍼센트 이상 줄일 수 있다. 이것만 해도 엄청난 효과다.

14 2015년 메르스 사태를 계기로 우리나라도 많은 것이 개선됐다. 앞으로 감염병을 확산시킬 수 있는 생활 여건을 개선할 방법은?

메르스 사태 때는 주로 병원에서 감염이 발생했다. 그러면서 간병 문화 등이 많이 개선되었다. 그 당시와 비교하면 2020년은 지역사회 감염이 흔하게 발생하다 보니 생활 방역이 일상화되면서 서로 밀접하게 접촉하는 방식의 문화가 크게 개선되었다. 그 때문에 환절기마다 유행하던 독감이 사라졌다. 다른 감염성 질환도 마찬가지다.

15 **코로나19가 접촉으로 감염이 되다 보니 많은 사람들이 타인과 접촉하는 것, 혹은 사람이 많은 곳을 피한다. 이렇게 의식적으로 사람과의 접촉을 피하는 것이 감염병 예방에 도움이 되는가?**

사회적 거리두기는 인간관계 설정에는 그리 좋은 방향은 아니지만, 코로나19 예방에 크게 도움이 된다. 한 연구 결과에 따르면 사회적 거리두기만으로도 발생률을 80퍼센트 이상 줄였다.

16 **코로나 유행 초기 마스크 쓰기 논란이 있었다. 지금 코로나19 팬데믹으로 지역사회 감염이 계속 일어나고 있다. 마스크가 필수인가?**

감염병 유행 기간에는 필수적이다. 마스크 쓰기를 생활화하여 바이러스 감염률이 80퍼센트 줄일 수 있다는 연구 결과도 있다. 감염자가 배출하는 바이러스의 99퍼센트 이상이 큰 침방울에 들어있고, 마스크는 그 침방울을 차단하기 때문이다.

17 **책에서 감염병에 대해 아는 것이 중요하다고 했다. 감염병마다 원인이 되는 바이러스와 경로, 대처법이 다름에도 불구하고 감염병에 대한 기본 지식을 알아야 하는 이유는?**

물론 바이러스마다 감염 경로, 대처법이 같지 않다. 감염병이 유행할 때마다 방송 언론에서는 많은 정보들이 넘쳐나는데, 정작 그 정보의 의미와 중요성 등에 대한 설명해주지 않는다. 예를 들면, 집단 감염이 형성되려면 국민 70퍼센트가 면역되어야 한다고 하는데, 아무도 왜 70퍼센트인지 설명하지 않는다. 그럼 국민의 절반만 면역되면 유행이 계속 일어나는가? 왜 그래야 하는지 알아야 답을 할 수가 있다. 답을 알 수 있으면 자신이 앞으로 어떻게 대처해야 할지 요령이 생길 것이다.

18 **앞으로 신종 감염병의 발발이 한두 번의 사례로 끝날 일이 아니라고 책에서 언급했는데, 그 이유는?**

2016년 한 잡지사와 신종 바이러스 관련하여 인터뷰를 한 내용이 아직도 SNS에 실려 있는데, 지금 읽어봐도 달라진 내용이 없다. 신종 바이러스가 출현할 수 있는 푸시 앤드 풀 여건이 해소되지 않았기 때문이다. 그런데 야생동물과 사람의 접점이 되는 사각지대가 언제 어디서 생길지 모른다.

19 **코로나19로 글로벌 경제가 큰 충격을 받고 있다. 앞으로 감염병이 우리 경제에 끼치는 영향은?**

감염병은 예측이 가능하지 않다는 속성이 있다. 감염병이 주는 충격은 모든 나라에서 발생한다. 그 충격의 강도는 그 나라에서 얼마나 유행을 낮추는가에 달려있을 것이다. 이번 코로나19를 통해 경제 활동의 흐름이 크게 변하고 있는 것은 명확해 보인다. 접촉보다 접속을 통해 이루어지는 경제 활동이 주도적인 흐름을 형성하고 있다. 그러한 거대한 흐름에 빠르게 적응하는 것이 경쟁에서 유리하게 선점할 수 있지 않을까 싶다.

20 **신종 감염병의 재출현을 막기 위해서는 이에 대한 대비를 해야 할 텐데, 앞으로 반드시 필요한 것은? 또 국제 공조 체계의 중요성은?**

코로나19 팬데믹을 겪으면서 국제사회의 공조 협력이 얼마나 중요한 이슈인지 절실히 깨달았을 것이다. 신종 바이러스가 처음 문제되었을 때 빨리 그 정보가 공유되었으면, 지금보다 훨씬 나은 상황에 놓였을 것이다. 이번 팬데믹을 계기로 국제 보건 사회가 감염병에 놓인 취약한 문제를 들여다 볼 수 있었다. 무엇을 개선해야 할지 다방면으로 반성과 성찰이 이루어질 것으로 본다.

21 신종 감염병은 사후 대처를 할 수밖에 없다. 지금 상황에서 실천할 수 있는 최선의 예방법은? 또 미래를 위한 대응 방법은?

최선의 예방법은 신종 바이러스가 출현하는 자체를 차단하면 된다. 그런데 말이 쉽지 그게 가능하지 않다. 그렇지만 조금이나마 그런 출현 과정을 차단하게 된다면 코로나19 팬데믹과 같은 상황을 반복하지 않을 것이다. 그리고 중요한 이슈가 백신이다. 문제가 터지고 나서 부랴부랴 만들려니 대응하는 데 큰 부담이 된다. 신속하게 만들 수 있는 플랫폼 개발이 매우 중요하다.

22 코로나19는 사스, 메르스와 같은 코로나바이러스라고 한다. 사스와 메르스 이후에도 백신과 치료제가 없는 상태인데, 코로나바이러스의 백신 개발이 어려운 이유는?

원래 백신과 치료제를 개발하는 데 후보 물질을 평가하는 단계도 많고 복잡하다. 통상적으로 십 년 정도는 걸린다. 코로나바이러스뿐만 아니라 다른 바이러스도 마찬가지다. 중요한 문제는 신종 바이러스이다 보니 미리 준비할 수 없다는 데 있다.

23 전문가의 시각에서 현재 우리나라의 방역 시스템과 거리두기 등을 감안했을 때 코로나가 공식적으로 종식되었다고 발표하기까지 예측되는 시간은?

코로나19 바이러스는 팬데믹이다. 전 세계에 워낙 퍼져 있어서 종식에서 오래 걸릴 것이라고 본다. 유행을 차단하는 수준은 가능한데, 방역 조치만으로는 한계가 있고, 백신으로 집단면역이 형성되어야 가능하다.

참고문헌

제1장

- 나심 니콜라스 탈레브 저. 차익종 역. 블랙스완. 동녘사이언스. 2008.
- 네이선 울프 저. 강주헌 역. 바이러스 폭풍의 시대. 김영사. 2015.
- 울리히 벡 저. 박미애, 이진우 공역. 글로벌 위험 사회. 길. 2010.
- Shen Z, Ning F, Zhou W et al., Superspreading SARS events, Beijing, 2003. Emerg Infect Dis. 2004 Feb;10(2):256-60.
- Adney DR, van Doremalen N, Brown VR et al., Replication and shedding of MERS-CoV in upper respiratory tract of inoculated dromedary camels. Emerg Infect Dis. 2014 Dec;20(12):1999-2005. doi: 10.3201/eid2012.141280.
- Babkin IV, Babkina IN. The origin of the variola virus. Viruses. 2015 Mar 10;7(3):1100-12. doi: 10.3390/v7031100.
- Banana Virus Rumor. China.org.cn. March 16, 2007.
- Calisher CH, Childs JE, Field HE et al., Bats: important reservoir hosts of emerging viruses. Clin Microbiol Rev. 2006 Jul;19(3):531-45.
- Casti JL. X-Events: The Collapse of Everything. 2012. Morrow/HarperCollins Kirkus.
- Chan JF, Kok KH, Zhu Z et al., Genomic characterization of the 2019 novel human-pathogenic coronavirus isolated from a patient with atypical pneumonia after visiting Wuhan. Emerg Microbes Infect. 2020 Dec;9(1):221-236.
- Daszak P, Cunningham AA, Hyatt AD. Emerging infectious diseases of wildlife-threats to biodiversity and human health. Science. 2000 Jan 21;287(5452):443-9.
- Drexler JF, Corman VM, Drosten C. Ecology, evolution and classification of

bat coronaviruses in the aftermath of SARS. Antiviral Res. 2014 Jan:101:45-56.

- Griffin DE. Measles virus. D.M. Knipe, P.M. Howley (Eds.), Fields Virology (edn 5), Lippincott Williams & Wilkins, Philadelphia. 2007. 1551-1585.
- Haagmans BL, Al Dhahiry SH, Reusken CB et al., Middle East respiratory syndrome coronavirus in dromedary camels: an outbreak investigation. Lancet Infect Dis. 2014 Feb;14(2):140-5.
- Han HJ, Wen HL, Zhou CM et al., Bats as reservoirs of severe emerging infectious diseases. Virus Res. 2015 Jul 2;205:1-6.
- Hemida MG, Perera RA, Wang P et al., Middle East Respiratory Syndrome (MERS) coronavirus seroprevalence in domestic livestock in Saudi Arabia, 2010 to 2013. Euro Surveill. 2013 Dec 12;18(50):20659.
- Huang C, Wang Y, Li X et al., Clinical features of patients infected with 2019 novel coronavirus in Wuhan, China. Lancet. 2020 Jan 24. pii: S0140-6736(20)30183-5.
- Hussein I. The story of the first MERS patient. Interview. Nature Middleeast. June 2, 2014.
- Lau SK, Feng Y, Chen H et al., Severe Acute Respiratory Syndrome (SARS) Coronavirus ORF8 Protein Is Acquired from SARS-Related Coronavirus from Greater Horseshoe Bats through Recombination. J Virol. 2015 Oct;89(20): 10532-47. doi: 10.1128/JVI.01048-15.
- Lau SK, Woo PC, Li KS et al., Severe acute respiratory syndrome coronavirus-like virus in Chinese horseshoe bats. Proc Natl Acad Sci U S A. 2005 Sep 27;102(39):14040-5.
- Leo YS, Chen M, Lee CC, et al. Severe accurate respiratory syndrome-Singapore, 2003. MMWR Morb Mortal Wkly Rep 2003;52:405-11.
- Li W, Shi Z, Yu M, Ren W, Smith C, Epstein JH, Wang H, Crameri G, Hu Z, Zhang H, Zhang J, McEachern J, Field H, Daszak P, Eaton BT, Zhang S, Wang LF. Bats are natural reservoirs of SARS-like coronaviruses. Science. 2005 Oct 28;310(5748):676-9.
- Li Y, Yu IT, Xu P et al., Predicting super spreading events during the 2003 severe acute respiratory syndrome epidemics in Hong Kong and Singapore. Am J Epidemiol. 2004 Oct 15;160(8):719-28.

- Memish ZA, Mishra N, Olival KJ, et al., Middle East respiratory syndrome coronavirus in bats, Saudi Arabia. Emerg Infect Dis. 2013 Nov;19(11):1819-23.
- New SARS-like virus is 'threat to the entire world,' WHO head says. Fox News. May 29, 2013.
- Plowright RK, Eby P, Hudson PJ et al., Ecological dynamics of emerging bat virus spillover. Proc Biol Sci. 2015 Jan 7;282(1798):20142124.
- Pollack MP, Pringle C, Madoff LC, Memish ZA. Latest outbreak news from ProMED-mail: novel coronavirus - Middle East. Int J Infect Dis. 2013 Feb;17(2):e143-4.
- ProMed mail. NOVEL CORONAVIRUS - SAUDI ARABIA: HUMAN ISOLATE 2012.9.20.
- Stein RA. Super-spreaders in infectious diseases. Int J Infect Dis. 2011 Aug;15(8):e510-3.
- Tamotsu Shibutani. Improvised News: A Sociological Study of Rumor. 1966. Ardent Media.
- USA today. Control of SARS lies in identifying 'super spreaders'. April 5, 2003.
- Wang C, Horby PW, Hayden FG, Gao GF.A novel coronavirus outbreak of global health concern. Lancet. 2020 Jan 24. pii:S0140-6736(20)30185-9.
- Woodward A. The outbreaks of both the Whuan coronavirus and SARS likely started in Chinese wet markets. Business Insider US, Jan 30, 2020.
- Woolhouse ME, Dye C, Etard JF et al., Heterogeneities in the transmission of infectious agents: implications for the design of control programs. Proc Natl Acad Sci U S A. 1997 Jan 7;94(1):338-42.
- Yang J. How medical sleuths stopped a deadly new SARS-like virus in its tracks. 2012.10.21. The Star.com.
- Zaki AM, van Boheemen S, Bestebroer TM et al., Isolation of a novel coronavirus from a man with pneumonia in Saudi Arabia. N Engl J Med. 2012 Nov 8;367(19):1814-20.
- Zhou, P., Yang, XL., Wang, XG. et al. A pneumonia outbreak associated with a new coronavirus of probable bat origin. 2020: Nature 579. 270-273.

- 나심 니콜라스 탈레브 저. 차익종 역. 블랙스완. 동녘사이언스. 2008.
- 메릴린 루싱크 저. 강영옥 역. 바이러스. 더숲. 2019.
- 식품의약품안전처. 정책브리핑 '지하수 사용 김치 제품의 노로바이러스 등 오염 방지대책 실시'. 2013.
- 이언 크로프턴, 제레미 블랙 저. 이정민 역. 빅히스토리. 생각정거장. 2017.
- 칼 세이건 저. 홍승수 역. 코스모스. 사이언스북스. 2006.
- Abergel C, Legendre M, Claverie JM. The rapidly expanding universe of giant viruses: Mimivirus, Pandoravirus, Pithovirus and Mollivirus. FEMS Microbiol Rev. 2015 Nov;39(6):779-96.
- Babkin IV, Babkina IN. The origin of the variola virus. Viruses. 2015 Mar 10;7(3):1100-12.
- Choi KS, Kye SJ, Kim JY, Lee HS. Genetic and antigenic variation of shedding viruses from vaccinated chickens after challenge with virulent Newcastle disease virus. Avian Dis. 2013 Jun;57(2):303-6.
- Freeman CL1, Harding JH, Quigley D, Rodger PM. Structural control of crystal nuclei by an eggshell protein. Angew Chem Int Ed Engl. 2010 Jul 12;49(30):5135-7.
- Grant A, Hashem F, Parveen S. Salmonella and Campylobacter: Antimicrobial resistance and bacteriophage control in poultry. Food Microbiol. 2016 Feb;53(Pt B):104-9.
- Grmek MD. History of virology, viral diseases, and virologists. Hist Philos Life Sci. 1994;16(2):339-54.
- Jeong OM, Kim MC, Kim MJ et al., Experimental infection of chickens, ducks and quails with the highly pathogenic H5N1 avian influenza virus. J Vet Sci. 2009 Mar;10(1):53-60.
- Lecoq H. Discovery of the first virus, the tobacco mosaic virus: 1892 or 1898?]. C R Acad Sci III. 2001 Oct;324(10):929-33.
- Lustig A, Levine AJ. One hundred years of virology.J Virol. 1992 Aug;66(8):4629-31.
- Munster VJ, Bausch DG, de Wit E, Fischer R, Kobinger G, Muñoz-Fontela

C et al., Outbreaks in a Rapidly Changing Central Africa — Lessons from Ebola. N Engl J Med 2018;379:1198-1201.

- Nasir A, Caetano-Anollés G. A phylogenomic data-driven exploration of viral origins and evolution. Sci Adv. 2015 Sep 25;1(8):e1500527. doi: 10.1126/sciadv.1500527. PMID: 26601271; PMCID: PMC4643759.
- Philippe N, Legendre M, Doutre G et al., Pandoraviruses: amoeba viruses with genomes up to 2.5 Mb reaching that of parasitic eukaryotes. Science. 2013 Jul 19;341(6143):281-6.
- Roach DR, Donovan DM. Antimicrobial bacteriophage-derived proteins and therapeutic applications. Bacteriophage. 2015 Jun 23;5(3):e1062590.
- Sid H, Benachour K, Rautenschlein S. Co-infection with Multiple Respiratory Pathogens Contributes to Increased Mortality Rates in Algerian Poultry Flocks. Avian Dis. 2015 Sep;59(3):440-6.
- Wolfe ND, Dunavan CP, Diamond J. Origins of major human infectious diseases. Nature. 2007 May 17;447(7142):279-83.

제3장

- Beyer RM, Manica A, Mora C. Shifts in global bat diversity suggest a possible role of climate change in the emergence of SARS-CoV-1 and SARS-CoV-2. Sci Total Environ. 2021 Jan 26:145413. doi:10.1016/j.scitotenv.2021.145413. Epub ahead of print. PMID:33558040;PMCID: PMC7837611.
- Deganutti, G., Prischi, F. & Reynolds, C.A. Supervised molecular dynamics for exploring the druggability of the SARS-CoV-2 spike protein. J Comput Aided Mol Des. 2020.
- Douglas RG. Influenza in man. In: Kilbourne ED, editor. The influenza viruses and influenza. New York; Academic Press. 1975: 375-447.
- Gao F, Bailes E, Robertson DL et al., Origin of HIV-1 in the chimpanzee Pan troglodytes troglodytes. Nature. 1999 Feb 4;397(6718):436-41.
- Garten RJ, Davis CT, Russell CA et al., Antigenic and genetic characteristics

of swine-origin 2009 A(H1N1) influenza viruses circulating in humans. Science. 2009 Jul 10;325(5937):197-201.

- Kim TJ, Tripathy DN. Reticuloendotheliosis virus integration in the fowl poxvirus genome: not a recent event. Avian Dis. 2001 Jul-Sep;45(3):663-9.
- Lan, J., Ge, J., Yu, J. et al. Structure of the SARS-CoV-2 spike receptor-binding domain bound to the ACE2 receptor. 2020: Nature 581, 215-220.
- Laude H, Van Reeth K, Pensaert M. Porcine respiratory coronavirus: molecular features and virus-host interactions. Vet Res. 1993;24(2):125-50.
- Ma W, Lager KM, Vincent AL et al., The role of swine in the generation of novel influenza viruses. Zoonoses Public Health. 2009 Aug;56(6-7): 326-37.
- Messina, J.P., Brady, O.J., Golding, N. et al. The current and future global distribution and population at risk of dengue. Nat Microbiol 4. 1508-1515. 2019. https://doi.org/10.1038/s41564-019-0476-8.
- Plagemann PG. Porcine reproductive and respiratory syndrome virus: origin hypothesis. Emerg Infect Dis. 2003 Aug;9(8):903-8.
- Rasschaert D, Duarte M, Laude H. Porcine respiratory coronavirus differs from transmissible gastroenteritis virus by a few genomic deletions. J Gen Virol. 1990 Nov;71(11):2599-607.
- Romero-Tejeda A, Capua I. Virus-specific factors associated with zoonotic and pandemic potential. Influenza Other Respir Viruses. 2013 Sep;7 Suppl 2:4-14.
- Ryan F. Virus X: Tracking the New Killer Plagues-Out of the Present and and Into the Future, Brown and Company, Boston, MA. 1997.
- Shang et al. Structural basis of receptor recognition by SARS-CoV-2. Nature 581, 221-224. 2020.
  https://doi.org/10.1038/s41586-020-2179-y
- Virology Blog, Reverse zoonoses: Human viruses that infect other animals. April 8, 2009.
- Wang, G. et al. H5N1 avian influenza re-emergence of Lake Qinghai: phylogenetic and antigenic analyses of the newly isolated viruses and roles of migratory birds in virus circulation. J Gen Virol 89. 2008:697-702.

• Yang Y, Liu C, Du L et al., Two Mutations Were Critical for Bat-to-Human Transmission of Middle East Respiratory Syndrome Coronavirus. J. Virol. 2015 Sep;89(17):9119-23.
• 뉴스1. 코로나 때문에 홍역 23년래 최고…20만명 숨져. 2020.11.13.
• 여행신문, [커버스토리] 2018년 한국인 출국 동향- 9년 연속 출국자 신기록 …지방분산 속 성수기 파워 여전. 2019.1.28.
• 천지일보. "기후변화가 코로나19 만들었다"… 英·美 연구진 발표. 2021.02.15.
• 쿠키뉴스. 야생동물 유래 감염병 72%…메르스·코로나 등 해외 유입 막는다. 2020.6.3.
• 통계청. 통계로 본 축산업 구조변화. 2020.12.4.
• 한겨레신문. 세계 해외관광객 연간 14억명 돌파. 2019.8.31.
• 한계레신문. '겨울 평균 10℃' 임박…열대 풍토병 뎅기열 한반도 덮치나. 2020.7.28.
• 한국관광공사. 숫자로 보는 한국관광. 2018.
• 한국일보. [김영준의 균형] 빈 숲. 2019.12.24.
• 한국일보. [김영준의 균형] 생물다양성과 질병. 2020.01.28.
• 한국일보. [김영준의 균형] 천산갑의 비늘. 2019.08.07.
• The Worldbank. Mortality rate, infant(per 1,000 live births). http://data.worldbank.org/indicator/SP.DYN.IMRT.IN
• YTN. 코로나19에 뎅기열까지...중남미·동남아 이중고. 2020.5.16.

제4장

• 황병익. '역신의 정체와 신라 <처용가>의 의미 고찰'. 정신문화연구. 2011.
• 캐서린 아놀드 지음. 서경의 옮김. 팬데믹1918. 홍콩커넥션. 황금시간. 333-344.
• Alirol E, Getaz L, Stoll B et al., , Urbanisation and infectious diseases in a globalised world. The Lancet Infectious Diseases. 2011 Feb;11(2):131-141.
• Anti P, Owusu M, Agbenyega O, Annan A, Badu EK, Nkrumah EE, Tschapka M, Oppong S, Adu-Sarkodie Y, Drosten C. Human-Bat Interactions in Rural West Africa. Emerg Infect Dis. 2015 Aug;21(8):1418-21.
• Barre-Sinoussi F, Chermann JC, Rey F ET AL., Isolation of a T-lymphotropic

retrovirus from a patient at risk for acquired immune deficiency syndrome (AIDS). Science. 1983 May 20;220(4599):868-71.

- Bauch SC, Birkenbach AM, Pattanayak SK, Sills EO. Public health impacts of ecosystem change in the Brazilian Amazon. Proc Natl Acad Sci USA. 2015 Jun 16;112(24):7414-9.
- Bausch DG, Schwarz L. Outbreak of ebola virus disease in Guinea: where ecology meets economy. PLoS Negl Trop Dis. 2014 Jul 31;8(7):e3056.
- Centers for Disease Control (CDC). Pneumocystis pneumonia--Los Angeles. Morb Mortal Wkly Rep. 1981 Jun 5;30(21):250-2.
- Centers for Disease Control (CDC). Update on acquired immune deficiency syndrome (AIDS)--United States. Morb Mortal Wkly Rep. 1982 Sep 24;31(37):507-8, 513-4.
- Changula K, Kajihara M, Mweene AS, Takada A. Ebola and Marburg virus diseases in Africa: Increased risk of outbreaks in previously unaffected areas? Microbiol Immunol 2014; 58:483-491.
- Ching PK, de los Reyes VC, Sucaldito MN et al., Outbreak of henipavirus infection, Philippines, 2014. Emerg Infect Dis. 2015 Feb;21(2):328-31. doi: 10.3201/eid2102.141433.
- Ching PK, de los Reyes VC, Sucaldito MN, et al. Outbreak of henipavirus infection, Philippines, 2014. Emerg Infect Dis. 2015;21(2):328-331. doi: 10.3201/eid2102.141433
- Fuhrman JA. Marine viruses and their biogeochemical and ecological effects. Nature. 1999 Jun 10;399(6736):541-8.
- Gatherer D, Kohl A. Zika virus: a previously slow pandemic spreads rapidly through the Americas J Gen Virol. 2015 Dec 18. doi: 10.1099/jgv.0.000381. [Epub ahead of print]
- Guan Y, Peiris M, Kong KF et al., H5N1 influenza viruses isolated from geese in Southeastern China: evidence for genetic reassortment and interspecies transmission to ducks. Virology. 2002 Jan 5;292(1):16-23.
- Hamel R, Dejarnac O, Wichit S et al., Biology of Zika Virus Infection in Human Skin Cells. J Virol. 2015 Sep;89(17):8880-96.
- Heinrich HW. Industrial accident prevention: a scientific approach. McGraw-Hill.1931.

- Hemida MG, Perera RA, Wang P et al., Middle East Respiratory Syndrome (MERS) coronavirus seroprevalence in domestic livestock in Saudi Arabia, 2010 to 2013. Euro Surveill. 2013 Dec 12;18(50):20659.
- Higgs S. Zika Virus: Emergence and Emergency. Vector Borne Zoonotic Dis. 2016 Jan 29.
- Hughes K. Focus on: Hendra virus in Australia. Vet Rec. 2014 Nov 29;175(21):533-4.
- Keele BF, Van Heuverswyn F, Li Y et al., Chimpanzee reservoirs of pandemic and nonpandemic HIV-1. Science 2006;313(5786):523-6.
- Kilpatrick AM, Randolph SE. Drivers, dynamics, and control of emerging vector-borne zoonotic diseases. Lancet. 2012 Dec 1;380(9857): 1946-55.
- Lefebvre A, Fiet C, Belpois-Duchamp C et al., Case fatality rates of Ebola virus diseases: a meta-analysis of World Health Organization data. Med Mal Infect. 2014 Sep;44(9):412-6.
- Leroy EM, Kumulungui B, Pourrut X et al., Fruit bats as reservoirs of Ebola virus. Nature. 2005 Dec 1;438(7068):575-6.
- Lo MK, Rota PA. The emergence of Nipah virus, a highly pathogenic paramyxovirus. J Clin Virol. 2008 Dec;43(4):396-400.
- Loria K. Scientists Who Discovered Ebola Almost Caused A Disaster: 'It Makes Me Wince Just To Think Of It'. Business Insider. Aug 21, 2014.
- Njeumi F, Taylor W, Diallo A et al., The long journey: a brief review of the eradication of rinderpest. Rev Sci Tech. 2012 Dec;31(3):729-46.
- Normile D. Avian Influenza. Human transmission but no pandemic in Indonesia. Science. 2006 Jun 30;312(5782):1855.
- Oude Munnink et al., Transmission of SARS-CoV-2 on mink farms between humans and mink and back to humans. SCIENCE08 JAN 2021 : 172-177
- People, Pathogen and Our Plants, World Bank, 2010.
- Quam MB, Sessions O, Kamaraj US et al., Dissecting Japan's Dengue Outbreak in 2014. Am J Trop Med Hyg. 2015 Dec 28. pii:15-0468.
- Riley S, Fraser C, Donnelly CA et al., Transmission dynamics of the etiological agent of SARS in Hong Kong: impact of public health interventions. Science. 2003 Jun 20;300(5627):1961-6.

- Sahabat Alam Malaysia. SAM is concerned of threat of JE in Tanjung Sepat. https://foe-malaysia.org/articles/sam-is-concerned-of-threat-of-je-in-tanjung-sepat/
- Shi Z, Hu Z. A review of studies on animal reservoirs of the SARS coronavirus. Virus Res. 2008 Apr;133(1):74-87.
- Shin JH, Woo C, Wang SJ et al., Prevalence of avian influenza virus in wild birds before and after the HPAI H5N8 outbreak in 2014 in South Korea. J Microbiol. 2015 Jul;53(7):475-80.
- Singh RK, Dhama K, Chakraborty S et al., (2019) Nipah virus: epidemiology, pathology, immunobiology and advances in diagnosis, vaccine designing and control strategies - a comprehensive review, Veterinary Quarterly, 39:1, 26-55, DOI: 10.1080/01652176.2019.1580827
- Sun et al., Proc Natl Acad Sci USA. 2020 Jul 21;117(29):17204-17210. doi:10.1073/pnas.1921186117.
- The New York times. Mink and the Coronavirus: What We Know. 2020. 12. 23.
- UN Intergovernmental Panel on Climate Change (IPCC), Climate Change 2007; the Fourth Assessment Report. 2007.
- UNAIDS. UNAIDS report on the global AIDS epidemic shows that 2020 targets will not be met because of deeply unequal success; COVID-19 risks blowing HIV progress way off course. 2020.7.6.
- von Bredow R, Hackenbroch V. Interview with Ebola Discoverer Peter Piot: 'It Is What People Call a Perfect Storm'. DER SPIEGEL. Issue 34. Sep 22, 2014.
- Wolfe ND, Daszak P, Kilpatrick AM, Burke DS. Bushmeat hunting, deforestation, and prediction of zoonoses emergence. Emerg Infect Dis. 2005 Dec;11(12):1822-7.
- Worobey M, Gemmel M, Teuwen DE et al., Direct evidence of extensive diversity of HIV-1 in Kinshasa by 1960. Nature. 2008 Oct 2;455(7213):661-4.
- Yang Y, Halloran ME, Sugimoto JD, Longini IM Jr. Detecting human-to-human transmission of avian influenza A (H5N1). Emerg Infect Dis. 2007 Sep;13(9):1348-53.
- Zhao K, Gu M, Zhong L et al., Characterization of three H5N5 and one H5N8 highly pathogenic avian influenza viruses in China. Veterinary Microbiol.

2013;163:351-357.
- 매일경제신문사, 속보부, 덕성여대 행사 논란, 온라인 커뮤니티서 반대 운동…'1만 6990여명 동참' 2014.08.03.
- 한의신문, 신규 에이즈 환자 1222명…80%가 성 접촉 원인. 2020.07.03.
- 한국은행. 국민소득통계:2020년 4/4분기 및 연간 실질 국내총생산(속보). 2021년 1월 26일자.
- 기획재정부. 2020년 경제전망. 2019.12.19.
- 인사이트코리아. 제약·바이오업계 실적 지각변동.셀트리온·삼성바이오 '판'을 깨다. 2021.2.17.

제5장

- Brierley L, Vonhof MJ, Olival KJ et al., Quantifying Global Drivers of Zoonotic Bat Viruses: A Process-Based Perspective. American Naturalist, January 2016.
- Buschmann et al., Nanomaterial Delivery Systems for mRNA Vaccines. Vaccines 2021, 9(1), 65; https://doi.org/10.3390/vaccines9010065.
- Chu DK, Akl EA, Duda S et al., Physical distancing, face masks, and eye protection to prevent person-to-person transmission of SARS-CoV-2 and COVID-19: a systematic review and meta-analysis. Lancet. 2020 Jun 27;395(10242):1973-1987.
- Deb B, SHah H, Goel S. Current global vaccine and drug efforts against COVID-19: Pros and cons of bypassing animal trials J Biosci (2020) 45:82
- Guan Q, Sadykov M, Mfarrej S et al., A genetic barcode of SARS-CoV-2 for monitoring global distribution of different clades during the COVID-19 pandemic. Int J Infect Dis. 2020 Nov;100:216-223.
- Han BA, Schmidt JP, Bowden SE, Drake JM. Rodent reservoirs of future zoonotic diseases. Proc Natl Acad Sci USA. 2015 Jun 2;112(22):7039-44.
- Herrick KA, Huettmann F, Lindgren MA. A global model of avian influenza prediction in wild birds: the importance of northern regions. Vet Res. 2013 Jun 13;44:42. doi:10.1186/1297-9716-44-42.

- Karimzadeh, S.; Bhopal, R.; Nguyen Tien, H. Review of Infective Dose, Routes of Transmission, and Outcome of COVID-19 Caused by the SARS-CoV-2 Virus: Comparison with Other Respiratory Viruses. Preprints 2020, 2020070613.
- Li X, Zai J, Zhao Q, Nie Q, Li Y, Foley BT, Chaillon A. Evolutionary history, potential intermediate animal host, and cross-species analyses of SARS-CoV-2. J Med Virol. 2020 Jun;92(6):602-611. doi:10.1002/jmv.25731.
- Li Y, Guo YP, Wong KC et al., Transmission of communicable respiratory infections and facemasks. J Multidiscip Healthc. 2008 May 1;1:17-27.
- Luis AD, Hayman DT, O'Shea TJ et al., A comparison of bats and rodents as reservoirs of zoonotic viruses: are bats special? Proc Biol Sci. 2013 Feb 1;280(1756):20122753.
- Maruggi G, Zhang C, Li J, Ulmer JB, Yu D. mRNA as a Transformative Technology for Vaccine Development to Control Infectious Diseases. Mol Ther. 2019 Apr 10;27(4):757-772.
- Nishiyama A, Wakasugi N, Kirikae T et al., Risk factors for SARS infection within hospitals in Hanoi, Vietnam. Jpn J Infect Dis. 2008 Sep;61(5):388-90.
- Polack FP, Thomas SJ, Kitchin N et a., Safety and Efficacy of the BNT162b2 mRNA Covid-19 Vaccine. N Engl J Med. 2020 Dec 31;383(27):2603-2615.
- R.A. Leslie et al. Inactivation of SARS-CoV-2 by commercially available alcohol-based handsanitizers/ American Journal of Infection Control 49. 2021:401-402.
- STAT. 'Against all odds': The inside story of how scientists across three continents produced an Ebola vaccine. 2020.1.7.
- The New York Tmes. Different Approaches to a Coronavirus Vaccine. By Jonathan Corum, Knvul Sheikh and Carl Zimmer. May 20, 2020.
- Tong S, Li Y, Rivailler P et al., A distinct lineage of influenza A virus from bats. Proc Natl Acad Sci U S A. 2012 Mar 13;109(11):4269-74.
- Zhang ZW, Liu T, Zeng J et al., Prediction of the next highly pathogenic avian influenza pandemic that can cause illness in humans. Infect Dis Poverty. 2015 Nov 27;4:50.
- 동아사이언스. 미국인 4명 중 1명, '코로나19 음모론' 믿는다. 2020.03.23 16:08
- BBC news. The other virus that worries Asia.

인터넷 사이트

- UNAIDS, http://aidsinfo.unaids.org/
- 미국질병통제센터(CDC), http://www.cdc.gov/
- 세계보건기구(World Health Organization), https://www.who.int/
- 세계은행, https://www.worldbank.org/
- 식품의약품안전처, https://www.mfds.go.kr/
- 위키백과, https://ko.wikipedia.org/
- 위키피디아, https://www.wikipedia.org/
- 질병관리청 홈페이지, https://www.cdc.go.kr/
- 통계청, http://kostat.go.kr/